中国海洋合成孔径雷达卫星工程、产品与处理

林明森　袁新哲　赵良波
孙吉利　韩　冰　陈　琦　等　著

国家重点研发计划（编号：2016YFC1401000）资助出版

科　学　出　版　社

北　京

内 容 简 介

本书针对我国首颗国产多极化合成孔径雷达卫星——高分三号卫星编写。首先概述合成孔径雷达卫星发展历史与趋势；然后介绍高分三号卫星工程整体情况与卫星系统设计、合成孔径雷达载荷原理与系统设计、标准产品处理方法、标准产品体系与产品性能、卫星图像质量提升技术与方法、卫星数据在海洋领域典型应用等内容，涵盖卫星工程主要环节；并对正在研制的后续业务卫星情况进行展望。

本书是作者基于高分三号卫星工程研制团队成果编写的，适合于从事遥感卫星、数据处理、图像处理、海洋科学等领域的科学和工程技术人员参考使用。

图书在版编目（CIP）数据

中国海洋合成孔径雷达卫星工程、产品与处理/林明森等著.—北京:科学出版社，2020.9

ISBN 978-7-03-065995-8

Ⅰ.① 中⋯ Ⅱ.① 林⋯ Ⅲ.①合成孔径雷达-研究 Ⅳ.①TN958

中国版本图书馆 CIP 数据核字（2020）第 166207 号

责任编辑：杨光华/责任校对：高 嵘
责任印制：彭 超/封面设计：苏 波

科 学 出 版 社 出版

北京东黄城根北街 16 号
邮政编码：100717
http://www.sciencep.com

武汉精一佳印刷有限公司印刷
科学出版社发行 各地新华书店经销
*
开本：B5（720×1000）
2020 年 9 月第 一 版 印张：19
2020 年 9 月第一次印刷 字数：381 000
定价：**198.00 元**
（如有印装质量问题，我社负责调换）

《中国海洋合成孔径雷达卫星工程、产品与处理》
编　委　会

前　言

2016 年 8 月 10 日，我国首颗民用 C 频段多极化合成孔径雷达（SAR）科学试验卫星——高分三号（以下简称 GF-3）卫星在我国太原卫星发射中心成功发射。GF-3 卫星是我国国家科技重大专项"高分辨率对地观测系统重大专项"（以下简称高分专项）中唯一的微波成像雷达卫星，也是我国正在发展的海洋水色卫星、海洋动力环境卫星和海洋监视监测三个系列海洋卫星中第一颗海洋监视监测卫星。

GF-3 卫星自发射以来，其获取的 C 频段多极化 SAR 图像已在我国海洋、减灾、水利及气象等多个领域得到了广泛应用，在引领我国民用高分辨率微波遥感卫星应用中起到重要示范作用，有效改变了我国 SAR 数据依赖进口的现状。随着国家"十四五"规划的实施，GF-3 卫星后续业务卫星等多颗国产 SAR 业务卫星已经列入发射计划，将为我国 SAR 卫星数据应用从典型示范应用过渡到业务应用提供重要的数据支撑。但是目前为止，国内至今没有对国产 SAR 卫星、卫星数据产品及数据处理方法全面介绍的专著。为此笔者撰写《中国海洋合成孔径雷达卫星工程、产品与处理》一书，旨在推广国产 SAR 卫星数据产品应用，并为从事 SAR 遥感应用的同仁及卫星数据使用者提供参考。

本书是在国家卫星海洋应用中心、航天科技集团有限公司第五研究院总体部、中国科学院空天信息创新研究院（原中国科学院电子学研究所）、中国资源卫星应用中心等 GF-3 卫星工程研制团队集体研究成果基础上撰写、充实形成的。除全面地介绍 GF-3 卫星工程全貌外，十分注重站在数据产品应用角度，介绍 GF-3 卫星 SAR 载荷原理、产品处理方法及产品特性与指标，力求为卫星数据使用者提供更丰富、更有价值的参考。在此由衷地感谢 GF-3 卫星工程研制团队，我们共同参与并见证了我国首颗多极化 SAR 卫星及后续业务卫星的研制、应用与发展进程。

本书分为 8 章：第 1 章概述 SAR 卫星发展历史，并分析发展趋势；第 2 章介绍 GF-3 卫星工程的总体情况，重点介绍卫星系统与设计方法；第 3 章介绍 SAR 载荷基本原理、与数据使用密切相关的主要技术指标及 SAR 系统基本设计流程；第 4 章介绍 GF-3 卫星标准产品处理方法；第 5 章详细介绍 GF-3 卫星标准产品体系与产品特性；第 6 章介绍 GF-3 卫星海洋图像质量提升技术研究成果；第 7 章介绍 GF-3 卫星在海洋领域的典型应用示范情况；第 8 章对后续业务卫星及海洋地面处理系统研制进行展望。

　　本书由禹卫东研究员主审，李延研究员、刘杰研究员提出了许多宝贵意见，对此谨表衷心的谢意。本书第1章、第5~8章由林明森研究员、袁新哲副研究员等撰写，第2章由赵良波高级工程师撰写，第3章由孙吉利研究员撰写，第4章由韩冰副研究员撰写，陈琦研究员与姚玉林副研究员为本书第5章内容提供了资料。"GF-3卫星海洋图像质量提升技术"研究团队西安电子科技大学邢孟道教授、孙光才副教授，国防科技大学董臻教授、何峰副教授、朱小详博士，中国科学院空天信息创新研究院仲利华副研究员，北京理工大学丁泽刚教授，上海交通大学高叶盛副教授参与了本书第6章内容的撰写；"GF-3卫星海洋目标精细识别与海洋参数反演技术"与"高分海洋应用示范"研究团队自然资源部第一海洋研究所马毅研究员、任广波副研究员、张晰副研究员，自然资源部第二海洋研究所杨劲松研究员、任林副研究员、王隽副研究员，国家海洋环境监测中心范剑超副研究员，中国科学院空天信息研究院李晓明研究员、中国海洋大学孙建副教授、广州大学解学通副教授、浙江海洋大学邵伟增副教授等为本书第7章部分内容提供了研究成果和卫星应用素材，在此表示感谢。

　　对本书中可能存在的不足，敬请读者们指正。

作　者
2020年6月28日

目　录

第1章　合成孔径雷达卫星发展概述 ···················· 1

  1.1　国外星载合成孔径雷达 ······················ 3

    1.1.1　L频段星载SAR ······················ 4

    1.1.2　S频段星载SAR ······················ 6

    1.1.3　C频段星载SAR ······················ 6

    1.1.4　X频段星载SAR ······················ 9

  1.2　中国星载合成孔径雷达 ······················ 11

    1.2.1　环境一号C卫星 ······················ 11

    1.2.2　高分三号卫星 ························· 12

  1.3　星载合成孔径雷达现状与发展趋势 ··············· 13

第2章　高分三号卫星工程 ························· 15

  2.1　卫星工程任务、应用需求及观测要素 ············· 17

    2.1.1　工程任务 ·························· 17

    2.1.2　主要应用需求 ························ 17

    2.1.3　主要观测要素 ························ 18

  2.2　卫星工程系统指标及组成 ···················· 18

    2.2.1　卫星工程系统指标 ····················· 18

    2.2.2　卫星工程组成 ························ 22

  2.3　卫星系统 ····························· 23

    2.3.1　系统组成 ·························· 23

    2.3.2　系统指标 ·························· 36

    2.3.3　卫星构形 ·························· 39

    2.3.4　卫星能源 ·························· 39

    2.3.5　卫星数据 ·························· 41

    2.3.6　姿态控制 ·························· 41

  2.4　运载火箭系统 ··························· 43

  2.5　发射场系统 ···························· 44

2.6 测控系统 ··· 44

2.7 地面系统 ··· 45

   2.7.1 数据接收系统 ·· 45

   2.7.2 数据处理系统 ·· 45

   2.7.3 任务管理系统 ·· 47

2.8 应用系统 ··· 48

第3章 高分三号卫星合成孔径雷达载荷 ······················· 49

3.1 合成孔径雷达成像原理 ·· 51

   3.1.1 距离向成像 ·· 51

   3.1.2 方位向成像 ·· 52

   3.1.3 合成孔径雷达二维成像 ··································· 54

3.2 极化合成孔径雷达基础理论 ···································· 56

   3.2.1 极化电磁波的表征 ··· 56

   3.2.2 目标极化特征的表征 ····································· 58

3.3 星载合成孔径雷达成像模式 ···································· 60

   3.3.1 条带模式 ·· 61

   3.3.2 聚束模式 ·· 61

   3.3.3 滑动聚束模式 ··· 62

   3.3.4 ScanSAR 模式 ·· 63

   3.3.5 TOPSAR 模式 ·· 63

3.4 合成孔径雷达图像主要技术指标 ····························· 64

   3.4.1 几何分辨率 ··· 64

   3.4.2 旁瓣比 ··· 65

   3.4.3 成像幅宽 ·· 66

   3.4.4 辐射分辨率 ··· 67

   3.4.5 噪声等效后向散射系数 ·································· 67

   3.4.6 辐射精度 ·· 67

   3.4.7 模糊度 ··· 68

   3.4.8 几何定位精度 ··· 69

   3.4.9 图像动态范围 ··· 70

   3.4.10 极化隔离度与通道不平衡度 ························· 70

3.5 星载合成孔径雷达系统参数设计 ┄┄┄┄┄┄┄┄┄ 71
　　3.5.1 脉冲重复频率选择 ┄┄┄┄┄┄┄┄┄┄┄┄ 71
　　3.5.2 模糊问题 ┄┄┄┄┄┄┄┄┄┄┄┄┄┄┄ 71
　　3.5.3 天线尺寸 ┄┄┄┄┄┄┄┄┄┄┄┄┄┄┄ 73
　　3.5.4 信噪比 ┄┄┄┄┄┄┄┄┄┄┄┄┄┄┄┄ 74
　　3.5.5 品质因数 ┄┄┄┄┄┄┄┄┄┄┄┄┄┄┄ 75
　　3.5.6 星载 SAR 载荷系统参数设计 ┄┄┄┄┄┄┄┄ 76
3.6 高分三号卫星合成孔径雷达系统设计 ┄┄┄┄┄┄┄┄ 77
　　3.6.1 总体方案 ┄┄┄┄┄┄┄┄┄┄┄┄┄┄┄ 78
　　3.6.2 载荷设计 ┄┄┄┄┄┄┄┄┄┄┄┄┄┄┄ 79
　　3.6.3 成像模式设计 ┄┄┄┄┄┄┄┄┄┄┄┄┄ 83

第4章　高分三号卫星标准产品处理方法 ┄┄┄┄┄┄┄┄┄ 89
4.1 地面处理系统体系架构 ┄┄┄┄┄┄┄┄┄┄┄┄┄ 91
　　4.1.1 任务控制 ┄┄┄┄┄┄┄┄┄┄┄┄┄┄┄ 92
　　4.1.2 数据录入 ┄┄┄┄┄┄┄┄┄┄┄┄┄┄┄ 92
　　4.1.3 标准产品生产 ┄┄┄┄┄┄┄┄┄┄┄┄┄ 93
4.2 数据处理流程 ┄┄┄┄┄┄┄┄┄┄┄┄┄┄┄┄ 93
　　4.2.1 数据录入流程 ┄┄┄┄┄┄┄┄┄┄┄┄┄ 93
　　4.2.2 标准产品生产流程 ┄┄┄┄┄┄┄┄┄┄┄ 94
4.3 零级产品处理 ┄┄┄┄┄┄┄┄┄┄┄┄┄┄┄┄ 96
4.4 一级产品处理 ┄┄┄┄┄┄┄┄┄┄┄┄┄┄┄┄ 96
　　4.4.1 滑动聚束模式成像处理 ┄┄┄┄┄┄┄┄┄ 97
　　4.4.2 条带模式成像处理 ┄┄┄┄┄┄┄┄┄┄┄ 99
　　4.4.3 扫描模式成像处理 ┄┄┄┄┄┄┄┄┄┄┄ 100
　　4.4.4 辐射校正 ┄┄┄┄┄┄┄┄┄┄┄┄┄┄┄ 101
　　4.4.5 极化校正 ┄┄┄┄┄┄┄┄┄┄┄┄┄┄┄ 102
　　4.4.6 多视处理 ┄┄┄┄┄┄┄┄┄┄┄┄┄┄┄ 102
4.5 二级产品处理 ┄┄┄┄┄┄┄┄┄┄┄┄┄┄┄┄ 103
4.6 产品性能分析 ┄┄┄┄┄┄┄┄┄┄┄┄┄┄┄┄ 105
　　4.6.1 聚束模式聚焦性能评价 ┄┄┄┄┄┄┄┄┄ 105
　　4.6.2 超精细条带模式通道不平衡校正 ┄┄┄┄┄ 111

　　　　4.6.3　全极化条带模式极化不平衡校正 ·························· 112

第 5 章　高分三号卫星标准产品 ································· 115

　5.1　产品等级 ·· 117

　5.2　产品结构与格式 ·· 118

　　　　5.2.1　1 级产品结构与格式 ································· 118

　　　　5.2.2　2 级产品结构与格式 ································· 119

　5.3　产品命名规则 ·· 119

　　　　5.3.1　1 级产品命名规则 ··································· 119

　　　　5.3.2　2 级产品命名规则 ··································· 122

　5.4　产品特性与性能 ·· 123

　5.5　产品描述文件 ·· 147

　　　　5.5.1　基本信息 ··· 148

　　　　5.5.2　传感器参数 ······································· 149

　　　　5.5.3　卫星平台参数 ····································· 151

　　　　5.5.4　双频 GPS 数据 ···································· 152

　　　　5.5.5　姿态参数 ··· 152

　　　　5.5.6　产品信息 ··· 153

　　　　5.5.7　图像信息 ··· 154

　　　　5.5.8　处理参数 ··· 155

　5.6　入射角文件 ·· 158

　5.7　RPC 文件 ··· 158

　5.8　标准产品基本处理方法 ······································ 160

　　　　5.8.1　后向散射系数计算 ································· 161

　　　　5.8.2　1A 级产品转换为 1B 级产品 ······················ 161

　　　　5.8.3　1 级产品处理为 2 级产品 ························· 162

　　　　5.8.4　多普勒参数计算 ··································· 164

第 6 章　高分三号卫星海洋图像质量提升技术 ·················· 165

　6.1　方位模糊抑制 ·· 167

　　　　6.1.1　单通道 SAR 复图像方位模糊抑制 ················· 168

　　　　6.1.2　双通道 SAR 方位模糊抑制 ······················· 171

　　　　6.1.3　处理结果 ··· 176

　　6.2　保分辨率旁瓣抑制 ·· 178

　　　　6.2.1　基于正则化模型的保分辨率旁瓣抑制 ······················· 179

　　　　6.2.2　基于回波观测模型成像的保分辨旁瓣抑制 ·················· 183

　　　　6.2.3　处理结果 ··· 191

　　6.3　扫描模式"扇贝效应"去除 ··· 194

　　　　6.3.1　改进的多普勒中心频率估计 ······································ 196

　　　　6.3.2　弱信噪比条件下"扇贝效应"抑制方法 ······················ 198

　　　　6.3.3　处理结果 ··· 201

　　6.4　相干斑噪声抑制 ·· 202

　　　　6.4.1　单极化图像相干斑噪声抑制 ······································ 202

　　　　6.4.2　多极化图像相干斑噪声抑制 ······································ 203

　　　　6.4.3　处理结果 ··· 206

第 7 章　高分三号卫星海洋领域典型应用 ······································ 209

　　7.1　海洋防灾减灾 ··· 211

　　　　7.1.1　台风监测 ··· 211

　　　　7.1.2　海上溢油监测 ·· 213

　　　　7.1.3　绿潮监测 ··· 217

　　　　7.1.4　海冰监测 ··· 219

　　7.2　海域与海岸带监测 ··· 223

　　　　7.2.1　海水养殖区监测 ·· 223

　　　　7.2.2　围填海监测 ·· 226

　　　　7.2.3　海岸带监测 ·· 230

　　7.3　极地环境监测与科考保障 ·· 233

　　7.4　海洋权益维护 ··· 235

　　　　7.4.1　船舶监视 ··· 235

　　　　7.4.2　油气平台监视 ·· 238

　　7.5　海洋动力环境监测与海洋科学研究 ······································ 240

　　　　7.5.1　海浪 ·· 240

　　　　7.5.2　海风 ·· 245

　　　　7.5.3　内波 ·· 247

    7.5.4　海上强降水 ······ 249

第8章　后续业务卫星展望 ······ 253

  8.1　组成卫星观测星座 ······ 255

  8.2　成像模式改进 ······ 255

    8.2.1　扫描模式改为 TOPSAR 模式 ······ 255

    8.2.2　提高波模式空间分辨率和观测幅宽 ······ 256

    8.2.3　试验模式 ······ 257

  8.3　增加 AIS 数据接收系统与星上实时处理器 ······ 259

    8.3.1　接收 AIS 数据 ······ 259

    8.3.2　星上实时处理 ······ 259

  8.4　增加卫星每日观测时间 ······ 260

  8.5　增加数据产品种类与产品描述文件信息 ······ 260

    8.5.1　增加 4 种 1A 级海洋定制产品 ······ 261

    8.5.2　增加 1C 级幅度图像地距标准产品 ······ 262

    8.5.3　增加 3 级几何精校正海洋定制产品 ······ 262

    8.5.4　增加 3 种 4 级应用海洋定制产品 ······ 263

    8.5.5　增加精密定轨产品和 AIS 报文产品 ······ 263

    8.5.6　增加产品描述文件信息 ······ 263

参考文献 ······ 264

附录 1　缩略语与术语表 ······ 271

附录 2　GF-3 波控编码表 ······ 273

第1章 合成孔径雷达卫星发展概述

海洋占地球表面积的71%以上,是生命的源泉和资源的宝库。海洋对维持当前的气候,调节地球的热量平衡,控制地球上的水循环和碳循环起着重要作用。海洋本身也是人类活动的场所,它是人类社会生存和可持续发展的有机组成部分,并对沿海国家的安全和社会经济发展产生重大影响。

海洋是复杂的动态系统,其环境要素发生着从厘米到数千千米的空间尺度和从秒到年际变化的时间尺度的波动。由于遥感卫星具有大范围、长时间序列观测的特点,为人类深入了解和认识海洋提供了其他观测方式都无法替代的数据源(林明森 等,2015)。20世纪60年代国际上开始利用海洋卫星搭载的光学和微波载荷对全球海洋生态环境和动力环境进行观测(林明森 等,2019)。目前,世界各国已发射了多颗具有可见光、红外、主被动微波载荷的海洋遥感卫星,用于海洋生态与资源调查、海洋灾害监测、海洋权益维护、海洋环境预报与安全保障等领域(蒋兴伟 等,2019)。

在这些卫星遥感载荷中,1978年6月美国发射的"海洋卫星—1号"(SEASAT-A)装载了世界上首个合成孔径雷达(synthetic aperture radar,SAR)载荷,揭开了星载SAR对地观测的序幕。经过四十多年的发展,SAR作为一种微波主动成像雷达,因其具有成像不受气候、昼夜因素影响,能够获取二维高分辨率图像的独特优势,已成为海洋观测乃至对地观测的重要技术手段之一。

在我国正在发展的海洋水色卫星、海洋动力环境卫星和海洋监视监测三个系列海洋卫星中,多极化SAR是海洋监视监测卫星的主载荷。2016年8月10日,我国首颗民用C频段多极化SAR卫星——GF-3卫星在我国太原卫星发射中心成功发射,GF-3卫星获取的可靠、稳定的多极化高分辨率SAR遥感数据,结束了我国民用SAR遥感数据长期依赖国外的历史,推动了多极化SAR数据在我国海洋、减灾、水利、气象等多个领域的应用,显著提升了我国对地观测能力。本章将梳理国内外星载SAR发展历史与现状,并对发展趋势进行展望。

1.1　国外星载合成孔径雷达

1951 年 6 月，美国 Goodyear 航空公司的 Carl Wiley 首次提出了 SAR 概念，认为通过分析回波信号中的多普勒频率可以得到更高的角分辨率，称之为多普勒波束锐化（Doppler beam sharpening，DBS），最初的研究目的是改善制导雷达的角分辨率。1972 年 4 月，美国国家航空航天局（National Aeronautics and Space Administration，NASA）的喷气推进实验室（Jet Propulsion Lab，JPL）进行了 L 频段机载 SAR 试验，获得了满意的成果，引起了海洋学术界的兴趣。

在此基础上，1978 年 6 月 SEASAT-A 卫星发射成功，SEASAT-A 卫星展示出的星载 SAR 在对地观测领域的卓越性能和巨大潜力，吸引世界各国开展了 SAR 卫星研制工作，随后不同国家发射的不同用途、性能不断提高的 SAR 卫星陆续升空。目前世界范围内已经发射了超过 26 个系列、50 余颗 SAR 卫星（张庆君，2017），其中可用于民用的主要 SAR 卫星情况如表 1.1 所示。

表 1.1　世界范围内已发射的可民用的 SAR 卫星

卫星名称	工作频段	国家或机构	发射时间	应用领域
SEASAT-A	L	美国	1978.6	海洋学研究
SIR-A	L	美国	1981.11	陆地及海洋研究
SIR-B	L		1984.10	
SIR- C/X	L、C、X		1994.4	
Cosmo-1870	S	苏联	1987.7	海洋陆地观测
Almaz-1	S		1991.3	
ERS-1	C	欧空局	1991.7	海洋观测
JERS-1	L	日本	1992.2	陆地海洋观测
ERS-2	C	欧空局	1995.4	海洋观测
RadarSat-1	C	加拿大	1995.11	海洋陆地观测
Envisat-ASAR	C	欧空局	2002.3	海洋观测
ALOS-PALSAR	L	日本	2006.1	陆地海洋观测
COSMO-SkyMed-1/2/3/4	X	意大利	2007.6～2010.11	海洋陆地观测
TerraSAR-X	X	德国	2007.6	陆地测绘

卫星名称	工作频段	国家或机构	发射时间	应用领域
RadarSat-2	C	加拿大	2007.12	海洋陆地观测
TanDEM-X	X	德国	2010.6	陆地测绘
RISAT-1	C	印度	2012.4	陆地海洋观测
HJ-1-C	S	中国	2012.11	陆地观测
ALOS-2/PALSAR-2	L	日本	2014.5	陆地海洋观测
Sentinel-1A	C	欧空局	2014.4	海洋观测
Sentinel-1B	C	欧空局	2016.4	海洋观测
GF-3	C	中国	2016.8	海洋陆地观测
SAOCOM-1A	L	阿根廷	2018.10	陆地海洋观测
RCM-1/2/3	C	加拿大	2019.6	海洋陆地观测
CGS-1	X	意大利	2019.12	海洋陆地观测

目前已发射的 SAR 卫星工作频段包括 L、S、C、X，以下按照 SAR 载荷工作频段分别进行介绍（国外 SAR 卫星资料来源于欧空局网站：https://earth.esa.int/web/eoportal/satellite-missions）。

1.1.1 L 频段星载 SAR

1. 美国

SEASAT-A 卫星载有多个海洋遥感载荷，其中 L 频段 SAR 载荷为 HH 单极化、固定入射角。SAR 载荷主要任务是获取全球海浪场和极地海冰数据，同时验证 SAR 在海洋应用中的能力。卫星在轨工作期间观测到了海面风、海浪、内波、海面溢油、海上涡旋、海上船舶及尾迹等大量海洋现象并获取了海上目标的观测数据，验证了星载 SAR 在海洋应用领域的巨大潜力，为世界各国发展星载 SAR 提供了参考。

在 SEASAT-A 取得巨大成功的基础上，美国主要利用航天飞机成像雷达任务（shuttle imaging radar，SIR）对当时 SAR 载荷新技术进行了验证。航天飞机分别于 1981 年 11 月、1984 年 10 月和 1994 年 4 月将 SIR-A、SIR-B 和 SIR-C/X 三部成像雷达送入太空。其中 SIR-C/X-SAR 是在 SIR-A，SIR-B 基础上发展起来的，是当时最先进的天基 SAR 系统。SIR-C/X 载荷工作频段包括 L、C 和 X，实现了四极化工作方式（HH，HV，VH 和 VV），主要用于地理测绘、水文、生态和海洋应用研究。2000 年 2 月 11 日至 22 日执行的航天飞机地形测绘任务（shuttle radar topography mission，SRTM），基于 SIR-C/X 系统升级改造后的 C、X 频段 SAR，实现了首次天基固定基线单航过交轨干涉测量，获取了地球表面 80%以上的地貌数据，得到的高精度数字高程模型（digital elevation model，DEM）至今仍是测绘领域重要的数据源。在 SIR 任务之后，美国 SAR 卫星研制主要转向军事用途，民用 SAR 卫星数据部分通过参加航天飞机成像雷达任务国际合作的国家获取。

2. 日本

日本于 1992 年 2 月 11 日发射了日本地球资源卫星（Japanese Earth resource satellite，JERS），该卫星 SAR 载荷工作在 L 频段，HH 单极化、分辨率为 25 m。其后，日本于 2006 年 1 月 24 日发射了先进陆地观测卫星（advanced land observering satellite，ALOS），卫星搭载的 L 频段相控阵 SAR（phase array L-band synthetic aperture radar，PALSAR）为单、双极化，具有四极化试验模式，最高分辨率能达到 7 m。

ALOS-2 是 ALOS 卫星的后续计划，于 2014 年 5 月 24 日发射升空，轨道高度 628 km，轨道倾角 97.9°，太阳同步轨道，轨道重复周期 14 天，雷达工作频段为 L 频段（中心频率 1.275 GHz），ALOS-2 卫星主要技术参数如表 1.2 所示。与 JERS、ALOS 卫星都载有光学载荷不同，ALOS-2 只搭载 PALSAR-2 载荷。PALSAR-2 最高分辨率提高到 1 m，新增的高灵敏度模式，通过优化噪声等效散射系数（noise equivalent sigma zero，NESZ）提高了对水体与海面油膜等弱散射目标观测效果；极化方面，ALOS-2 增加了紧缩极化试验模式，相对于分时极化方式，能够在不降低观测范围的情况下，获取地物极化信息。

表 1.2 ALOS-2 卫星主要技术参数

参数	聚束模式	条带模式			扫描模式	
		超精细	高灵敏度	精细	扫描	宽幅扫描
分辨率/m	3×1（R×A）	3	6	20	100	60
入射角/(°)	8~70	8~70	8~70	8~70	8~70	8~70
幅宽/km	25×25（R×A）	50	40~50	30~70	350	490
极化方式	SP	SP/DP	SP/DP/CP/FP	SP/DP/CP/FP	SP/DP	SP/DP
NESZ/dB	-24	-24	-28~-25	-26~-23	-26~-23	-26

注：R×A 表示距离×方位（后同）；SP 表示 HH 或 HV 或 VV（后同）；DP 表示 HH+HV 或 VV+VH（后同）；FP 表示 HH+HV+VV+VH（后同）；CP 表示紧缩极化（后同）

日本 SAR 卫星主要用于陆地测图、全球环境监测、灾害监测、资源调查等方面。具体到海洋应用有海上灾害监测、海上交通监测、海冰与极地冰川监测等。

3. 阿根廷

SAOCOM 卫星星座是阿根廷与意大利合作研制的 L 频段多极化 SAR 卫星，包括 SAOCOM-1A 与 SAOCOM-1B 两颗卫星。其中 SAOCOM-1A 卫星已于 2018 年 10 月 7 日发射升空，轨道高度 650 km，轨道倾角 98°，太阳同步轨道，雷达工作频段为 L 频段（中心频率 1.275 GHz），SAOCOM 卫星主要技术指标如表 1.3 所示。SAOCOM 卫星主要用于表面土壤湿度制图、地面形变测量及为灾害应急监测提供数据支持。

表 1.3　SAOCOM 卫星主要技术指标

成像模式	极化方式	入射角/(°)	幅宽/km	分辨率/m	NESZ/dB
条带	SP/DP	20~50	>40	<10	−25
	FP	20~35	>20	<10	−25
窄幅 TOPSAR	SP/DP	25~45	>150	<30	−25
	FP	20~35	>100	<50	−25
宽幅 TOPSAR	SP/DP	25~45	>350	<50	−25
	FP	20~35	>220	<100	−25
	CP	25~45	>350	<50	−25

1.1.2　S 频段星载 SAR

目前在国外已发射的 SAR 卫星中，只有苏联采用 S 频段作为 SAR 工作频段。1987 年 7 月 25 日，苏联成功发射了 SAR 技术验证卫星 Cosmos-1870，在此基础上，苏联于 1991 年 3 月 31 日发射了"钻石"（Almaz）系列 SAR 卫星中的 Almaz-1 卫星。Almaz-1 卫星运行在轨道高度约 300 km 的非太阳同步圆形近地轨道上，轨道倾角 73°。双侧视 SAR 载荷工作在 S 频段，HH 单极化，入射角范围 30°～60°，分辨率为 10～15 m。卫星主要用于海洋学研究、地质测绘及生态环境监测等。

1.1.3　C 频段星载 SAR

1. 欧空局

欧空局分别于 1991 年 7 月和 1995 年 4 月，发射了欧空局首批微波遥感卫星——欧洲遥感卫星—1 号（European remote sensing satellite-1，ERS-1）与欧洲遥感卫星—2 号（ERS-2）。ERS-1、ERS-2 卫星装载了兼具 SAR 和测风散射计功能的 C 频段微波成像仪，天线波束指向固定，VV 极化，SAR 模式包括分辨率 30 m 的成像模式和专用于海浪观测的波模式。作为 ERS-1、ERS-2 卫星后续任务，欧空局于 2002 年 3 月发射了欧洲环境卫星——Envisat。Envisat 卫星搭载的先进合成孔径雷达（advanced synthetic aperture radar，ASAR）继承了 ERS-1、ERS-2 的成像模式，并且增加了交替极化方式、可变入射角和大幅宽的扫描模式等新的成像能力。

在 Envisat 卫星失效后，欧空局发射了"哨兵"1 号（Sentinel-1）卫星星座。Sentinel-1 卫星是哥白尼计划中的重要组成部分，由 Sentinel-1A、Sentinel-1B 卫星组成。2 颗卫星分别于 2014 年 4 月 3 日和 2016 年 4 月 25 日发射升空。Sentinel-1 卫星轨道高度 693 km，轨道倾角 98.18°，太阳同步轨道，轨道重复周期为 12 天，雷达工作频段为 C 频段（中心频率为 5.405 GHz），Sentinel-1 卫星主要技术指标如表 1.4 所示。Sentinel-1 卫星保持了 ERS-1、ERS-2、Envisat-ASAR 的 C 频段 SAR 观测数据的连续性，干涉宽幅模式采用了方位向电扫描 SAR 成像模式（terrain observation by progressive scans synthetic aperture radar，TOPSAR）。

表 1.4　Sentinel-1 卫星主要技术指标

成像模式	入射角/（°）	分辨率/m（R×A）	幅宽/km	极化方式	NESZ/dB
条带模式	20～45	5×5	80	SP/DP	−22
干涉宽幅模式	29～46	5×20	250	SP/DP	−22
超宽幅模式	19～47	20×40	400	SP/DP	−22
波模式	22～35、35～38	5×5	20×20	SP	−22

海洋是欧空局 SAR 卫星最重要的应用领域之一，主要包括全球海浪场、全球风场、海上溢油、海冰与极地冰川、海上船舶监测、海岸带监测及海洋科学研究等。欧空局 SAR 卫星保持了长达二十多年的连续观测，是最重要的海洋应用与科学研究 SAR 数据源之一。

2. 加拿大

加拿大航天局于 1995 年 11 月 4 日在美国范登堡空军基地成功发射了世界上首颗商业 SAR 卫星——雷达卫星—1 号（RadarSat-1）。该卫星运行在 780 km 的近极地太阳同步轨道上，SAR 载荷工作在 C 频段，HH 单极化，具有 7 种成像模式。RadarSat-1 卫星首次采用了可变视角的扫描成像模式（scan synthetic aperture radar，ScanSAR），观测幅宽达到了 500 km，有效提高了卫星覆盖能力。RadarSat-2 是 Radarsat-1 后续商用雷达卫星，它继承了 RadarSat-1 所有的工作模式，并增加了双、四极化方式、高分辨成像模式及双侧视成像能力，以满足不同商业用户观测需求。RadarSat-1、RadarSat-2 卫星具有多种成像模式和高质量的数据产品，是目前世界上应用最广泛、最成功的商业 SAR 卫星之一。

雷达卫星星座任务（radarsat constellation mission，RCM）是加拿大最新一代雷达成像卫星，组成星座的 3 颗卫星于 2019 年 6 月 12 日成功发射，卫星轨道高度 600 km，轨道倾角 97.74°，太阳同步轨道（三星同轨道面等相位分布），轨道重复周期 12 天，雷达工作频段为 C 频段（中心频率 5.405 GHz），RCM 卫星主要技术指标如表 1.5 所示。RCM 卫星载有 C 频段多极化 SAR 载荷和船舶自动识别系统（automatic identification system，AIS）。RCM 卫星继承了 RadarSat-2 卫星主要成像模式，具有低分辨率、中分辨率、高分辨率、超高分辨率、四极化成像模式，并且针对初生海冰、海面溢油与船舶监测，分别设计了低噪声模式与船舶检测模式。除四极化模式外，其他成像模式都可采用紧缩极化方式。相对于 RadarSat-2 卫星，RCM 卫星降低了轨道高度，因而采用了更小的卫星平台。通过 3 星组网，RCM 星座能够每天重访加拿大国土和附近海域，实现每天全球 90%区域的覆盖，并对北极地区每天重访达到 4 次。RCM 主要应用领域为海洋监测，灾害风险评估并确定灾害易发区域及生态系统监测等。

表 1.5　RCM 卫星主要技术指标

成像模式	分辨率/m	幅宽/km	视数（R×A）	NESZ/dB
低分辨率模式	100	500	8×1	−22
50 m 中分辨率模式	50	350	4×1	−22
16 m 中分辨率模式	16	30	1×4	−25
30 m 中分辨率模式	30	125	2×2	−24
高分辨率模式	5	50	1×1	−22
超高分辨率模式	3	20	1×1	−22
低噪声模式	100	350	4×2	−22
船舶检测模式	可变	350	可变	−22
四极化模式	9	20	1×1	−22

注：除四极化模式外，其他成像模式采用紧缩极化方式

3. 印度

RISAT-1（radar imaging satllite-1）是印度第一颗民用 C 频段成像雷达卫星，于 2012 年 4 月 26 日发射升空，轨道高度 536 km，轨道倾角 97.55°，太阳同步轨道，雷达工作频段为 C 频段（中心频率 5.35 GHz），RISAT-1 主要技术指标如表 1.6 所示。RISAT-1 主要用于农业、林业、土壤和地质、海冰与海岸带监测、灾害监测等。RISAT-1 卫星是世界上首颗采用紧缩极化方式的 SAR 卫星。

表 1.6　RISAT-1 主要技术指标

参数	成像模式				
	精细条带 1	精细条带 2	中分辨率扫描	粗分辨率扫描	滑动聚束
极化	DP／CP	FP／CP	DP／CP	DP／CP	DP／CP
分辨率/m	3	3～9	25	50	1
幅宽/km	30	30	120	240	10×10

1.1.4　X 频段星载 SAR

1. 意大利

2007 年 6 月 8 日意大利国防部与航天局发射了军民两用的地中海-空天卫星星座（COSMO-SkyMed）中的首颗卫星 COSMO-SkyMed-1，至 2010 年 11 月 5 日 COSMO-SkyMed 星座卫星全部 4 颗卫星在轨运行。COSMO-SkyMed 卫星具有 5 种成像模式，单、双极化方式，最高分辨率达到 1 m，主要应用于地中海周边地区灾情监测、海岸带与海上灾害监测、海事管理及军事领域。

由于 COSMO-SkyMed 卫星星座已经超寿命运行，COSMO-SkyMed 第二代卫星星座（COSMO-SkyMed second generation，CSG）首发星于 2019 年 12 月 8 日发射升空，卫星轨道高度 619.6 km，轨道倾角 97.86°，太阳同步轨道，雷达工作频段为 X 频段（中心频率 9.6 GHz），CSG 卫星主要技术指标如表 1.7 所示。与 COSMO-SkyMed 卫星相比，CSG 卫星成像模式在空间分辨率与观测能力方面有了进一步提升，所有成像模式都具有双极化数据获取能力，并且提高了全极化数据获取能力。

表 1.7 CSG 卫星主要技术指标

成像模式	极化方式	入射角/(°)	成像范围/km (R×A)	分辨率/m (R×A)	NESZ/dB
聚束-2A	SP/DP	20~25	3.1×7.3	0.35×0.55	−23.5
		25~50	3.2×7.3	0.35×0.51	−22.5
		50~60	4.4×7.3	0.35×0.48	−20.0
聚束-2B	SP/DP	20~60	10×10	0.63×0.63	−20
聚束-2C	SP/DP	20~25	5×10	0.8×0.8	−22
		25~50			−20
		50~60			−19
条带	SP/DP	20~50	40×40	3×3	−22
		50~60	40×30		
乒乓	DP/FP	20~60	30×30	12×5	−22
全极化条带	FP	20~45	40×15	3×3	−22
扫描-1	SP/DP	20~60	100×100	20×4	−22
扫描-2	SP/DP	20~50	200×200	40×6	−22
		50~60	200×190		

2. 德国

TerraSAR-X/TanDEM-X 卫星编队是德国的军民两用雷达卫星。TerraSAR-X、TanDEM-X 卫星分别于 2007 年 6 月 15 日、2010 年 6 月 21 日从拜科努尔航天中心发射升空，轨道高度 514.8 km，轨道倾角 97.44°，太阳同步轨道，轨道重复周期 11 天。2 颗卫星工作技术参数完全一致，都工作在 X 频段（中心频率 9.65 GHz），具备 4 种成像模式（条带、扫描、聚束、滑动聚束，入射角范围分别为 20°~45°、20°~45°、20°~55°、20°~55°），并且在世界上首次采用了 TOPSAR 模式（试验模式）。TerraSAR-X/TanDEM-X 卫星主要技术参数如表 1.8 所示。

表 1.8　TerraSAR-X/TanDEM-X 主要技术指标

参数		成像模式			
		条带	扫描	滑动聚束	聚束
观测幅宽/km（地距）	方位	>50	>150	10	5
	距离	30	100	15	15
分辨率/m	方位	3	15	2.0	1.0
	距离	3	16	1.2	1.2

TerraSAR-X/TanDEM-X 编队卫星数据主要用于全球地形测绘。在海浪、海面风、海上目标监视方面也有应用。由于是世界上首个的双星编队干涉 SAR 系统，该系统首次实现了双星顺轨干涉高分辨海表面流场直接测量。

1.2　中国星载合成孔径雷达

1.2.1　环境一号 C 卫星

我国于 1976 年开始了 SAR 研制工作，1979 年 9 月，原中国科学院电子学研究所获取了我国第一批 X 频段机载 SAR 遥感图像，并于 1988 年开始了 SAR 卫星总体设计和论证工作。

2012 年 11 月我国首颗民用 SAR 卫星环境一号 C 卫星（HJ-1C）卫星发射成功，卫星轨道高度 499 km，轨道倾角 97.37°，太阳同步轨道，轨道重复周期 31 天，卫星搭载 S 频段 SAR 载荷，VV 单极化，具有 2 种成像模式，最高分辨率 5 m（禹卫东 等，2014），HJ-1C 卫星主要技术指标如表 1.9 所示。HJ-1C 卫星与之前发射的 HJ-1A、HJ-1B 卫星组成星座用于环境与灾害监测。

表 1.9　HJ-1C 卫星主要技术指标

参数	条带模式	扫描模式
观测幅宽/km	95～105	30～40
分辨率/m	95～105	95～105
NESZ/dB	−18	−18
视数（R×A）	4×1	1×1

1.2.2　高分三号卫星

进入 21 世纪，随着海洋维权、海洋开发和海洋资源保护对 SAR 数据需求激增，国家卫星海洋应用中心于 2005 年开始了 SAR 卫星的海洋应用需求论证工作，2006 年国家卫星海洋应用中心联合航天科技集团第五研究院与中国科学院空天信息创新研究院（原中国科学院电子学研究所）在对海面风、海浪、海上船舶、海面溢油、海冰等典型海洋监视监测要素散射特性及对卫星观测需求论证基础上，确定 C 频段多极化 SAR 为海洋系列卫星中的海洋监视监测卫星载荷。

2008 年 C 频段多极化 SAR 列入民用航天背景型号预研项目，中国科学院空天信息创新研究院联合国家卫星海洋应用中心承担了项目研究工作。在十一五期间，项目完成了 C 频段多极化 SAR 卫星载荷方案和关键技术研究工作，研制了星载 SAR 原理样机系统。在此基础上组织了机载海上飞行试验，基于试验数据开展了海洋主要监视监测要素信息提取与应用研究工作，并取得了初步应用成果，为卫星工程预研奠定了技术基础。2011～2012 年是卫星工程预研阶段，该阶段主要完成了卫星综合立项论证及可行性研究，进行卫星及载荷系统关键技术攻关，完成系统方案设计。其中，国家卫星海洋应用中心作为主用户组织完成了卫星用户需求与性能指标论证工作。

2012 年 7 月国家国防科技工业局批准 1 m 分辨率 C 频段多极化 SAR 成像卫星工程立项，并正式命名卫星代号为 GF-3 卫星；2012 年 12 月航天科技集团第五研究院组织 GF-3 卫星转入初样研制阶段，开展了产品初样研制和多项验证试验；2015 年 4 月卫星转入正样阶段，进行产品正样研制，并于 2016 年 6 月完成了正样研制总结评审。2016 年 8 月 10 日 6 时 55 分 GF-3 卫星由长征四号丙（以下简称 CZ-4C）运载火箭在太原卫星发射中心成功发射。2016 年 8 月 15 日 SAR 载荷首次开机成像，获取了我国首幅星载多极化 SAR 图像。2017 年 1 月 9 日完成卫星与载荷系统、星地一体化与地面系统在轨测试，于 2017 年 1 月 23 日正式交付用户在轨运行。

作为我国完全自主研制的首颗多极化高分辨率 SAR 卫星，GF-3 卫星运行在平均轨道高度约 755km 的太阳同步回归冻结轨道，采用 ZY-1000B 平台。C 频段多极化 SAR 载荷具有 12 种成像模式，包括为典型海洋要素海浪与海面风观测设计的专用成像模式——波模式与全球观测模式。其空间分辨率范围 1～500 m，观测幅宽 10～650km，能够获取单极化、双极化与四极化遥感数据。经过近 4 年的在轨运行，GF-3 卫星运行状态良好。截至 2020 年 6 月底，GF-3 卫星对全球有效覆盖 32 195 万 km²，对全国有效覆盖 960 万 km²，包括完成了我国陆地国土 10 m 分辨率全覆盖，累计向各行业用户分发数据 1 235 177 景（高分卫星运行与数据分发情况月度报告，2020），在我国海洋、减灾、水利和气象等应用领域发挥了重要作用。

1.3 星载合成孔径雷达现状与发展趋势

1. 普遍采用卫星组网或编队方式运行

目前业务化在轨运行的 SAR 卫星或者其后续任务,都采用了卫星组网或编队运行方式。在系统鲁棒性方面,与单颗运行的卫星相比,卫星组网、编队更能容忍单星故障,降低了任务失败的风险。在卫星观测时效方面,卫星组网能够提高卫星重访与全球覆盖性能。以 GF-3 卫星及其后续计划发射的 2 颗业务卫星为例,3 颗卫星组网运行后,最短平均重访周期将由单星的 14.5 h 左右提高到 3.6 h 左右。同时,卫星星座覆盖能力也大幅提高,若 3 颗卫星均采用最大成像幅宽成像模式,可在 48 h 的有效成像时间内,完成全球覆盖(详见 8.1 节)。

在性能提升与功能扩展方面,卫星组网、编队的卫星协同工作,能够提升系统性能。以星载干涉 SAR 应用为例,多星编队干涉基线配置灵活,干涉基线不受卫星平台限制,并且能够实现单航过干涉或多基线干涉,能够提高地面数字高程模型、地表形变监测、地面运动目标检测、洋流测速、植被高度与生物量反演性能。目前概念阶段的卫星组网、编队任务还涉及高分宽幅成像、多角度成像、层析 SAR 高精度地表三维重建等应用,扩展了 SAR 卫星功能。

2. 具有多极化数据获取能力

按照获取极化散射矩阵的极化层次不同,极化 SAR 可以分为单极化、双极化、四极化和紧缩极化,星载 SAR 发展经历了从单极化 SAR 向多极化 SAR 发展的过程。相对于单极化 SAR,极化 SAR 能够获取观测地物全极化特征信息,使得对目标极化散射机理刻画成为可能,极大拓展 SAR 数据应用领域。

目前在轨的民用 SAR 卫星都具有多极化数据获取能力,其中 GF-3 卫星、RadarSat-2 卫星、ALOS-2 卫星、TerraSAR-X / TanDEM-X 卫星、RISAT-1 卫星、SAOCOM 卫星、CGS 卫星、RCM 卫星都具有四极化数据获取能力。此外,印度的 RISAT-1 卫星、加拿大 RCM 卫星与日本 ALOS-2 卫星(试验模式)采用了紧缩极化方式,该极化方式与普遍采用的交替发射线极化信号获取四极化数据相比,既能获取基本等效的四极化信息,又不降低观测幅宽。

3. 高分辨率宽幅成像

高分辨率宽幅成像一直是星载 SAR 系统设计追求的目标。传统体制 SAR 空间分辨率与成像幅宽存在固有矛盾,这种矛盾在星载 SAR 成像条件下尤其突出。为了突破传统星载 SAR 系统性能限制,各国陆续提出了方位多波束、变脉冲重复频率、俯仰向数字波束形成（digital beam forming，DBF）、多发多收（mutiple-input，multiple-output，MIMO）等多种实现高分辨率宽幅成像的新工作模式（邓云凯 等，2020）。

目前在轨的 SAR 卫星中，加拿大的 RadarSat-2 卫星（超精细条带模式）、意大利的 COSMO-SkyMed 卫星（高分辨率条带模式）与我国的 GF-3 卫星（超精细条带模式）已经采用了方位多波束技术。已列入发射计划的星载 SAR 任务中，计划 2022 年发射的德国新一代星载 SAR——"高分辨率宽刈幅（high resolution wide swath，HRWS）"卫星任务，准备对基于距离向 DBF 的高分宽幅成像技术进行在轨验证。

4. 多频段观测

目前在轨的星载 SAR 都是单频段 SAR 卫星，多频段星载 SAR 能够提供幅度、相位、极化信息之外观测地物不同频段电磁散射特征信息，有望提升卫星应用效果。由美国 NASA 和印度航天研究组织（India Space Rearch Oranization，ISRO）共同发起的 NISAR（NASA-ISRO SAR）卫星任务计划于 2021 年发射，将是全球首颗双频 SAR 卫星。NISAR 卫星带有 L、S 频段 SAR 载荷，主要用于地球生态系统结构、陆地形变、冰雪圈、海洋与海岸带监测、地质学研究等领域。

5. 针对海洋观测目标设计专用成像模式

海洋观测要素众多，海洋观测要素之间空间尺度、散射特性与观测需求差异大，加之海洋环境复杂多变，增加了 SAR 卫星海洋观测的难度。在 SAR 卫星海洋观测中，针对海洋观测要素设计专用成像模式已成为趋势。

欧空局的 ERS-1/2、Envisat-ASAR、Sentinel-1A/B 卫星和中国 GF-3 卫星针对全球海浪谱观测，同时考虑卫星能源平衡因素，设计了中等分辨率（5～8 m），空间观测间隔几十千米至上百千米（50～300 km）的波模式；Envisat-ASAR 与 GF-3 卫星针对海面风场观测，设计了低空间分辨率（500～1 000 m），幅宽达到数百千米（400～650 km）的全球观测模式；ALOS-2 与 RCM 卫星针对初生海冰、海面油膜等弱散射目标观测，分别设计了高灵敏度模式和低噪声专用模式，这两种模式都是通过优化 NESZ 指标，提高弱散射目标的观测效果。此外，RCM 卫星还针对海上船舶目标设计了船舶检测模式，该模式主要特点是能够根据不同类型船舶检测任务设定成像模式空间分辨率，采用高入射角与交叉极化，在满足分辨率要求条件下采用低发射带宽信号等，通过上述措施能够有效降低海杂波和热噪声对船舶检测性能的影响。

第 2 章　高分三号卫星工程

GF-3 卫星是"高分专项"中唯一的微波成像雷达卫星，也是我国首颗 C 频段多极化高分辨率 SAR 卫星。GF-3 卫星具有高分辨率、大成像幅宽、高辐射精度和长时工作的特点，能够全天候和全天时实现全球海洋和陆地监视监测，并且能够通过左右姿态机动扩大对地观测范围和提升快速响应能力。GF-3 卫星获取的 C 频段多极化 SAR 图像用于海洋、减灾、水利及气象等多个领域，是我国实施海洋开发、进行陆地环境资源监测和应急防灾减灾的重要技术支撑（张庆君，2017）。

作为我国自主研制的首颗 C 频段多极化 SAR 卫星，GF-3 卫星在研制过程中，突破了整星机电热一体化设计技术、多极化相控阵天线技术、高精度 SAR 内定标技术、大型相控阵 SAR 天线展开机构技术、大热耗 SAR 天线热控技术、脉冲大功率供电技术、大挠性星体条件下的卫星控制技术等 9 项核心关键技术（张庆君，2017）。

GF-3 卫星具有以下特点。

（1）具备 12 种成像模式，卫星图像分辨率和成像幅宽范围大，图像分辨率 1～500 m，相应幅宽 10～650 km，具有详查和普查功能。卫星定量化水平高。

（2）SAR 天线装配及热控设计要求高，SAR 天线平面度要求优于 5 mm，全阵面温度一致性要求优于 7℃。

（3）平台供电能力强，可适应载荷高功率脉冲工作的需求，SAR 载荷天线峰值功率 15 360 W，平均功耗约 8 000 W。

（4）卫星挠性特性突出，姿态控制精度和稳性要求高，具备姿态机动及连续二维姿态导引能力。

（5）采用星上自主健康管理机制，实现在轨实时监测与量化管理，降低了整星故障风险。

（6）采用并网控制技术，能够在应急状况下将载荷高压母线变换成 28 V 供平台使用，以提升卫星可靠性和安全性。

（7）GF-3 卫星是首颗 8 年设计寿命的低轨遥感卫星。

本章将对 GF-3 卫星工程整体情况进行介绍，并重点对卫星系统进行介绍。

2.1　卫星工程任务、应用需求及观测要素

2.1.1　工程任务

　　GF-3 卫星工程主要任务是通过其获取的高分辨率、多极化观测数据，实现全天时、全天候海洋与陆地观测，提高海洋监视监测和灾害管理水平，并提高农业、国土、环保、国安、公安、电子政务与主体功能区、住建、交通、统计、林业、地震、测绘等行业的调查与监测能力，提升突发事件快速响应能力，填补我国民用自主高分辨多极化 SAR 遥感数据空白，并在引领我国民用高分辨率微波遥感卫星应用中起到重要示范作用。

2.1.2　主要应用需求

　　GF-3 卫星主要应用需求如下。

　　（1）获取我国主张的 300 万 km^2 管辖海域监视数据，提供油气资源勘探开发、船舶作业、岛礁变化、海面溢油等信息，提升海洋权益维护能力，为海上侵权突发事件快速响应提供服务。

　　（2）对海洋和陆地灾害进行快速监测和评估，提供风暴潮、巨浪、海冰、海面溢油、干旱、洪涝、滑坡、泥石流等灾害信息，提升防灾减灾能力，完善我国卫星减灾应用体系。

　　（3）为水利部门在涉水灾害监测与评估、水资源评价与管理、水环境监测、水土保持监测提供自主 SAR 卫星数据源，弥补光学卫星遥感在水利应用能力上的不足。

　　（4）为气象部门提供灾害天气、气候变化、环境事件的预报预测和监测服务，提高气象部门监测预测能力。

　　（5）为农业、国土、环保、国安、公安、电子政务与主体功能区、住建、交通、统计、林业、地震、测绘等部门提供监测服务，提高行业应用能力。

　　（6）获取全球大洋和近海的高分辨率风、浪监测数据，提高海洋预报和海况预报精度。

　　（7）更新海岛和海岸带环境综合调查数据，为海洋综合管理提供服务。

2.1.3　主要观测要素

1. 海洋观测要素

海洋观测要素包括海浪、海面风、海上船舶、油气平台、海面溢油、海冰、绿潮、岛礁、海岸线及海岸带典型地物、内波、中尺度涡、锋面、台风、海上强降水等。

2. 陆地观测要素

陆地观测要素包括洪涝灾害、滑坡、泥石流、地震及次生灾害、房屋、农作物、交通线及交通设施、旱灾、地面沉降、塌陷、地裂缝、土地利用变化、自然资源、工矿企业、化工园区、固体废料、地表水体、土壤含水量、堰塞湖、水利工程（大坝、堤防等）。

2.2　卫星工程系统指标及组成

2.2.1　卫星工程系统指标

1. 观测范围

1）覆盖范围

可进行全球观测，根据卫星系统和地面接收系统的配置可划分为实时观测区域和回放观测区域。

（1）实时观测区域：南纬 5°～北纬 50°、东经 70°～东经 150° 数据接收站可建立数据传输链路的区域。

（2）回放观测区域：我国数据接收站覆盖范围外的观测区域。

2）重访能力

（1）单侧视情况下平均重访周期小于 3 天。

（2）双侧视情况下，在 10 m 分辨率 100km 测绘带宽的模式下，实时观测区内 90%地区重访周期小于 1.5 天。

2. 观测能力

（1）具备全天候全天时条件下全球观测能力，并通过卫星姿态机动实现左右侧视对地观测以扩大观测范围。

（2）工作频段及中心频率：C 波段/5.4 GHz。

（3）观测入射角：常规入射角为 20°～50°；扩展入射角为 10°～20° 或 50°～60°。

（4）成像模式和能力：GF-3 卫星设计了 12 种常规成像模式以满足不同用户的使用需求，成像模式主要技术指标见表 2.1。成像模式工作原理与设计相关内容将在第 3 章进行介绍。

表 2.1 GF-3 卫星 SAR 成像模式和能力

序号	成像模式		分辨率/m			成像幅宽/km		视数④ (A×E)	极化方式⑤
		标称	方位向	距离向①	标称	范围		
1	聚束②		1	1.0～1.5	0.9～2.5	10×10	≥10×10	1×1	可选单极化
2	超精细条带		3	3	2.5～5	30	≥30	1×1	可选单极化
3	精细条带 1		5	5	4～6	50	≥50	1×1	可选双极化
4	精细条带 2		10	10	8～12	100	95～110	1×2	可选双极化
5	标准条带		25	25	15～30	130	95～150	3×2	可选双极化
6	窄幅扫描		50	50～60	30～60	300	≥300	2×3	可选双极化
7	宽幅扫描		100	100	50～110	500	≥500	2×4	可选双极化
8	全极化条带 1		8	8	6～9	30	20～35	1×1	全极化
9	全极化条带 2		25	25	15～30	40	35～50	3×2	全极化
10	波成像模式③		10	10	8～12	5×5	≥5×5	1×2	全极化
11	全球观测成像模式		500	500	350～700	650	≥650	4×2	可选双极化
12	扩展入射角	低入射角	25	25	15～30	130	120～150	3×2	可选双极化
		高入射角	25	25	20～30	80	70～90	3×2	可选双极化

注：①指地距；②指连续两次观测时间间隔约 10 s，方位向与距离向成像范围各 10 km；③指连续两次观测间隔约 50 km，可调整，方位向与距离向成像范围各 5 km；④指视数为方位向×距离向；⑤可选单极化指单次成像可得 HH、HV、VV 和 VH 中的 1 种极化图像；可选双极化指单次成像可得（HH、HV）和（VV、VH）中的 1 种极化组合图像；全极化指单次成像可同时获得 HH、HV、VV 和 VH 4 种极化组合图像

3. 卫星工作模式

根据飞行任务要求，卫星共设计 6 种工作模式。

（1）成像对地实时传输模式：在地面卫星接收站可视范围内，卫星处于正常

飞行姿态，SAR 分系统对地成像，将接收到的 SAR 回波成像数据、相应辅助数据发送至地面数据接收站。

（2）记录模式：卫星处于正常飞行姿态，SAR 系统对地成像，接收到的 SAR 回波成像数据、辅助数据送至固态存储器进行存储。

（3）回放模式：在地面卫星接收站可视范围内，卫星处于正常飞行姿态，SAR 分系统不成像，将存储在固态存储器中的 SAR 回波成像数据、辅助数据回放至地面数据接收站。

（4）边记边放模式：在地面卫星接收站可视范围内，卫星处于正常飞行姿态，SAR 分系统对地成像，图像数据送至固态存储器进行记录，同时固态存储器将当前记录的数据或者历史记录数据发送至地面数据接收站。

（5）平台服务系统数据传输模式：卫星在飞经地面数据接收站数据接收范围时，向地面数据接收站发送平台服务系统数据。

（6）PN 码传输模式：卫星飞经地面数据接收站数据接收范围时，向地面发送 PN 码，不进行加扰、信道编码等处理。

4. 图像处理

1）平面定位精度

无控制点情况下平面定位精度优于 230 m（入射角 20°～50°，3σ）。

2）图像性能指标

图像性能指标如表 2.2 所示。

表 2.2　GF-3 卫星成像性能[①]

序号	名称	技术指标	
1	工作频段及中心频率	C 频段/5.4 GHz	
2	极化方式	可选单极化、可选双极化、全极化	
3	极化隔离度[②]	≥35 dB	
4	极化通道不平衡度[③]	幅度≤±0.5 dB，相位≤±10°	
5	等效噪声系数	分辨率 1～10 m	成像边缘优于−19 dB
		分辨率 25～500 m	成像中心优于−25 dB，成像边缘优于−21 dB

续表

序号	名称	技术指标	
6	相对辐射精度（3σ）	1 景	1.0 dB
		1 轨	1.5 dB
		3 天	2.0 dB
		寿命期	3.0 dB
7	绝对辐射精度（3σ）	1.5 dB（1 景），2 dB（长期）	
8	辐射分辨率（1σ）	分辨率 1～10 m：3.5 dB，分辨率 25～500 m：2 dB	
9	峰值旁瓣比	分辨率 1～10 m	<−22 dB
		分辨率 25～500 m	<−20 dB
10	积分旁瓣比	分辨率 1～10 m	<−15 dB
		分辨率 25～500 m	<−13 dB
11	方位模糊度	分辨率 1～10 m	<−20 dB
		分辨率 25～500 m	<−18 dB
12	距离模糊度	分辨率 1～10 m	<−20 dB
		分辨率 25～500 m	<−20 dB

注：①技术指标定义与计算方法详见 3.3 节；②图像隔离度指标为经过地面外场定标修正后的图像综合指标；③极化通道不平衡度指标为经过地面外场定标后的指标

3）图像产品

GF-3 卫星地面系统生产的标准产品包括 0～2 级 4 种产品（表 2.3）。标准产品处理方法、产品规格与性能指标将分别在第 4 章与 5.5 节进行详细介绍。

表 2.3　GF-3 卫星标准产品分级与定义

产品级别		产品形式	英文全称	简称
0 级		雷达回波数据产品	raw data	RAW
1 级	1A 级	单视复图像（斜距）产品	single look complex image	SLC
	1B 级	单视（幅度）图像（斜距）产品	single look product	SLP
		多视（幅度）图像（斜距）产品	multi look product	MLP
2 级		系统级几何校正产品	systematic geolocation correction product	SGC

4）数据定标

（1）星上内定标：SAR 载荷成像前后和成像模式切换过程中可进行星上内定标。

（2）地面外场定标：具备外定标功能，可根据需要开展外定标工作。

5）接收及传输的时效性

（1）常规模式下，地面接收系统在 4 h 内向地面处理系统提供原始数据。

（2）应急模式下，地面接收系统在 45 min 内向地面处理系统提供原始数据。

6）处理及分发的时效性

（1）常规模式下，地面处理系统收到地面接收系统传输的原始数据后 2 h 内完成 2 级产品生产并开始向主用户传输。

（2）应急模式下，地面处理系统收到地面接收系统传输的原始数据（不多于卫星在轨 1 min 成像数据）后 30 min 内完成 2 级产品生产并开始向主用户传输。

7）数据存储周期

地面系统对 0～2 级产品数据进行 90 天在线存储，对专题产品数据进行 180 天近线存储，对全部数据实现长期离线存储。

5. 工程寿命

卫星系统在轨设计寿命 8 年；测控系统、地面系统、应用系统满足长期使用要求。

2.2.2　卫星工程组成

GF-3 卫星工程由卫星系统、运载火箭系统、发射场系统、测控系统、地面系统和应用系统共六大系统组成，如图 2.1 所示。

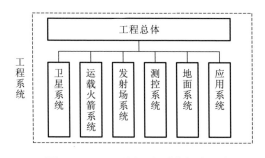

图 2.1　GF-3 卫星工程系统组成示意图

（1）卫星系统负责研制一颗满足最高 1 m 分辨率成像要求的 C 频段、多极化 SAR 成像卫星，并提供全寿命期的在轨技术支持。

（2）运载火箭系统负责研制生产 1 发 CZ-4C 运载火箭，并以一箭一星的方式，将卫星送入指定轨道。

（3）发射场系统负责运载火箭与卫星的测试发射保障和组织实施。

（4）测控系统负责运载火箭与卫星的发射测控，卫星在轨测控任务。

（5）地面系统负责卫星的在轨任务协调与管理、数据接收、0～2 级产品处理、存档、分发、定标等。

（6）应用系统负责应用共性关键技术研究、专题应用关键技术研究、应用产品生产、真实性检验评价，完成示范应用。

2.3　卫　星　系　统

GF-3 卫星配置一套相控阵体制 SAR 系统，具有聚束、条带、扫描、波模式等 12 种常规成像模式，空间分辨率 1～500 m，成像幅宽达到 10～650 km。采用高速信号调制技术和高增益点波束天线，实现 2×450 Mbit/s 的数据传输速率，能够在 525 s 内实现整星左右侧视切换并稳定。

2.3.1　系统组成

GF-3 卫星由服务系统及有效载荷两大部分组成（图 2.2）。其中服务系统包括：结构分系统、电源分系统、总体电路分系统、数管分系统、测控分系统、热控分系统、控制分系统、推进分系统共 8 个分系统；有效载荷包括 SAR 分系统、数传分系统、数传天线分系统共 3 个分系统。其中 SAR 分系统包括安装在舱内的 SAR 电子设备及安装在舱外的 SAR 天线两部分。

1. 结构分系统

结构分系统为星上设备提供安装面和安装空间，实现星上设备的安装和定位、电缆绑扎固定、星箭解锁分离等功能。卫星主结构保证卫星在地面、发射和在轨工作期间卫星构形的完好性，在卫星总装、停放、起吊、翻转、运输、试验、发射和在轨工作时承受来自相应环境的载荷。

GF-3 卫星结构设计的突出特点为星体结构上需承载安装在星体外侧长度 15 m、重量约 1 400 kg 的大型有源相控阵天线。为保证卫星发射时的力学环境要求，并

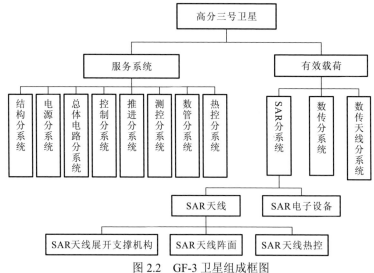

图 2.2　GF-3 卫星组成框图

满足 SAR 天线在轨展开后优于 5 mm 的平面精度，卫星结构采用加强梁设计，为 SAR 天线提供稳定的结构支撑（赵良波 等，2017）。

　　GF-3 卫星平台结构选用了国内光学遥感卫星普遍采用的板筒式两舱结构，卫星构型如图 2.3 所示。图中，外挂在星体 X 向两侧的 SAR 天线设计质量约 1 400 kg，整星星体横截面宽度（Y 向尺寸）2 100 mm 明显大于 SAR 天线阵面宽度 1 450 mm，整星纵向为 Z 向。

　　卫星结构由服务舱和载荷舱组成，结构布局如图 2.4 所示。服务舱结构为承力筒加蜂窝板的承力体系，承力筒由下至上贯穿服务舱，四周连接剪切板，水平连接顶板与底板。载荷舱结构采用蜂窝板构成的"两横一纵隔板传力布局"的盒形结构，由底板、顶板、隔板和外板组成（杨强 等，2017）。

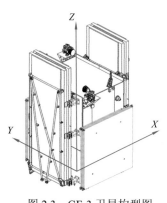

图 2.3　GF-3 卫星构型图

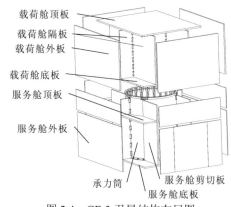

图 2.4　GF-3 卫星结构布局图

2. 电源分系统

电源分系统为卫星的有效载荷和服务系统供电，满足卫星在整个寿命期间、各种工作模式下的功率需求。GF-3 卫星平台负载较为稳定，且为长期负载功耗，而 SAR 载荷为脉冲工作模式，短时间连续工作，不同成像模式下功率需求跨度较大，卫星供电系统围绕 SAR 载荷开展设计。

在供电体制方面，从卫星电源需求和轨道特点分析，GF-3 卫星用电设备分为平台相对稳定的长期负载和 SAR 载荷用电设备峰值功率较大的短期脉冲负载。根据这一特点，可供选择的供电体制有单母线供电体制和双母线供电体制两种。单母线供电体制为一次电源单母线输出，稳定负载和脉冲负载共用一条供电母线。其优点是电源系统设备数量较少，体积、质量较小，能够充分合理利用能源，成本相对较低；缺点是脉冲负载给供电母线带来的频域和时域噪声干扰较大，对母线上其他设备抗干扰能力和电源系统滤波技术要求较高。双母线供电体制为一次电源双独立母线输出，两条母线在卫星接地点单点共地，一条供给平台稳定负载，一条供给载荷脉冲负载。其优点是能够有效避免脉冲负载对稳定负载带来的干扰；缺点是电源系统设备数量较多，体积、质量相对较大（刘杰 等，2017）。

如采用单母线供电，母线电压为优先满足载荷需求而选择高压，则需要配置高滤波性能的二次电源模块为平台设备低电压供电，且在卫星载荷脉冲工作模式下，电磁环境较为复杂，大量星上设备要考虑脉冲负载对稳定负载的干扰。因此，GF-3 卫星选择双母线供电体制，一条母线给平台设备稳定供电，一条母线给 SAR 载荷供电，两条母线相互独立，互不影响。

在母线拓扑结构方面，可以选择全调节母线、半调节母线和不调节母线（陈琦 等，2012）。全调节母线拓扑结构比较适合低轨应用，能够较好地满足和适用 GF-3 卫星平台设备对电源的需求；不调节母线输出阻抗小，响应速度快，可以最大限度地满足短期峰值负载和脉冲负载的供电需要，非常适合 SAR 载荷脉冲工作的电源使用要求。

GF-3 卫星电源分系统最终采用双母线供电体制，其中平台采用低压全调节母线，供给功率需求低的平台各分系统使用，SAR 载荷有源相控阵天线采用高压不调节母线，以满足 SAR 天线的高功率脉冲用电需求。

3. 总体电路分系统

总体电路分系统实现卫星合理、可靠、安全的配电控制，实现火工装置的安全引爆控制，实现卫星所有设备之间能量流和信息流的传输，以及卫星与运载、地面测试设备之间的电连接。

GF-3 卫星 SAR 载荷具有高功率、脉冲工作的特点，配电系统设计需要同时兼顾合理分配整星能源、抑制 SAR 载荷工作产生的电磁兼容性干扰和供电通路有效保护的需要，因此，卫星配电系统采用混合式能源分配、熔断器与限流保护分类应用的配电方案，以满足 SAR 卫星的上述需求。

同时为保证 GF-3 卫星在轨期间正常工作，总体电路分系统设计了大功率直流-直流变换作为协调控制单元，当平台母线出现无输出或输出功率不满足当前负载需求的情况，造成母线电压异常下降时，大功率直流-直流变换器将启动工作，建立双母线功率交互的通路（张大鹏 等，2009），将高压载荷母线富裕功率分配至故障低压平台母线，稳定异常母线电压，实现母线间应急供电，提高卫星的可靠性。并网控制用直流-直流变换器工作原理框图如图 2.5 所示（张庆君 等，2017）。

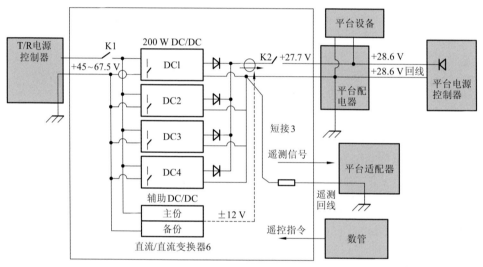

图 2.5　GF-3 卫星并网控制原理

4. 数管分系统

数管分系统是卫星的重要服务分系统，是卫星平台的信息管理核心。它将卫星星务数据综合在以数管计算机为核心所构成的系统中，用以实现卫星遥控及上注数据的管理分发、卫星数据调度管理、程控、卫星自主健康管理、星上自主闭环控制与整星管理，提供星上时间基准及时间校正功能。GF-3 卫星数管分系统区别于一般卫星的主要特点是，开展了适用于 SAR 卫星的自主任务规划设计及自主健康管理设计。

GF-3 卫星不同于普通的光学遥感卫星，在轨应用较为复杂，要综合考虑测控上行通道弧段选取、卫星姿态设置、SAR 成像区域选取、成像模式设置、波位选取、极化方式选取、成像时长规划、下传数据弧段选择、下传模式设置、下传通道切换、下传数据量规划、下传文件号选取等一系列复杂的前期准备工作，这导致用户在完成一次任务应用时要花费巨大的时间成本进行前期任务规划、指令设置编排等操作，对一线操作人员要求较高，而且易出现操作失误，会降低卫星的可靠性。

根据 GF-3 卫星的任务特点，对数管分系统自主任务规划进行设计，设计了 9 种自主任务规划编排指令模板，包括单次记录、单天线单站实传、单天线单站回放、单天线单站边记边放、单天线单站边记边放（回放起始标志）、单天线双站顺序或序号回放、单天线双站边记边放、单天线双站边记边放（回放起始标志）、固态存储器擦除，并将其固化在数管分系统中，提高了卫星的可靠性、安全性、可用性、易用性。大幅降低卫星对地面人工控制的依赖，减少上注的操作指令，使任务规划更加简单明了，可解决 GF-3 卫星在轨应用复杂的问题，减少漏指令、错指令的情况出现，并获得了很好的应用效果（张驰 等，2017）。

提高卫星在轨运行的高可靠性、高自主性，已成为当前航天领域的共识。随着遥感卫星技术的发展，遥感卫星计算机对星上各分系统的数据处理和管理能力得到较大提升，这为星上数据自主管理的智能自主化提供了良好的硬件基础。针对 GF-3 卫星高可靠、高自主和长寿命的需求，设计并实现了基于在轨自主实时监视与量化管理的自主健康管理系统。

自主健康管理系统是由基于中央单元（central terminal unit，CTU）的专项健康管理和基于数据处理单元（data processing unit，DPU）的共性健康管理两部分共同协同实现，如图 2.6 所示。CTU 健康管理用于汇集卫星遥测参数和分系统健康状态，实现卫星整星级自主健康管理策略，对卫星健康指数进行生成和发布；DPU 健康管理用于对卫星各分系统的遥测参数进行统计分析、边界检查、期望值检查、偏差检查、趋势分析、监视表维护等共性健康管理。在 GF-3 卫星自主健康管理系统设计中包括多项共性关键技术，为卫星自主健康管理从简单到智能自主的提升起到重要作用。

GF-3 卫星的在轨运行结果表明：卫星对健康状况的敏感性和故障处置的及时性均得到显著提升，同时也提高了遥测在轨监视的标准化程度和在轨自主运行的管理效率（王文平 等，2017）。

5. 测控分系统

测控分系统由统一 S 频段（unified S-band，USB）测控子系统、导航接收子系统、中继测控子系统三部分组成。USB 子系统负责提供对地测控通道，完成遥测、遥控和测距功能；同时中继测控子系统作为测控通道的备份，实现地面测控

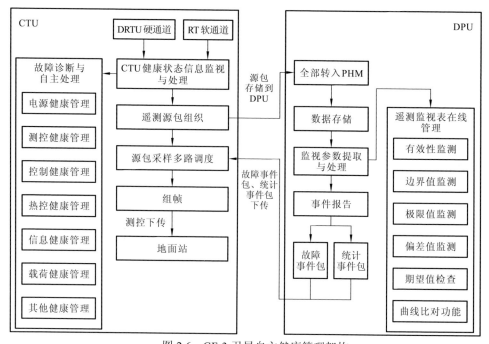

图 2.6　GF-3 卫星自主健康管理架构

DRTU 为双远置终端单元，RT 为远程终端，PHM 为预测与健康管理

网视距范围外的测控通信，扩展可测控弧段，保障对地测控子系统出现故障时，仍可持续实现对卫星进行监视和控制。导航接收子系统为卫星提供连续高精度测量数据，适应卫星大角度机动状态下，持续提供卫星实时在轨位置、速度信息。测控分系统组成如图 2.7 所示。

　　GF-3 卫星测控分系统在实现常规功能的基础上，还实现了与大功率载荷之间的电磁兼容性设计、大角度机动下的高精度定轨和 8 年长寿命设计。由于 GF-3 卫星配备有高发射功率 SAR 载荷及常规的测控和数传分系统，卫星电磁环境复杂，无法满足包含有高灵敏度接收设备的测控分系统的任务需求，且为适应 SAR 载荷成像需求，卫星需要大角度机动，由此导航接收机须克服因大角度机动带来可观测导航卫星的频繁更换，导致影响导航接收机捕获、连续定位等问题。同时，卫星对地和对天面相对较小，需要通过射频天线的合理布局、频谱合理分配和设备电磁兼容性设计来保障星上射频系统天线的安装和正常工作。对卫星长寿命、高可靠性需求，测控分系统须针对易受空间环境影响的设备，采取差错控制编码纠错技术和单粒子防护设计，提高设备在轨运行的可靠性。因此，测控分系统在设计初期就开展测控设备与 SAR 载荷之间的电磁兼容性设计与验证工作，同时采用高精度实时快速导航定位算法和自主健康管理方法，实现了导航子系统快速连续定位，确保为整星提供连续高精度的测量数据。

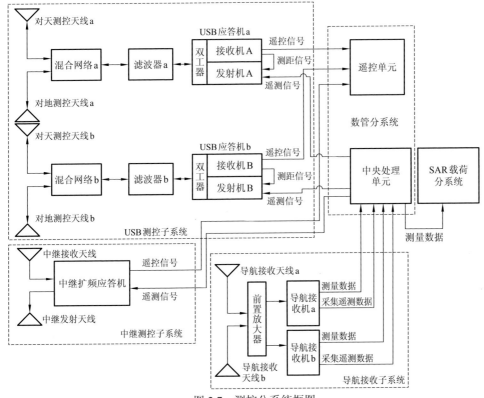

图 2.7　测控分系统框图

通过导航接收机的实时原始观测数据进行精密轨道评估，分析实时的定位数据精度。精密轨道精度采用相邻两天定轨弧段重叠的 6 h 轨道做差异统计。轨道精度都在轨道切向、法向、径向三个方向上统计。位置差异在切向、法向、径向和三维上的平均值分别是 9.8 mm、13.4 mm、7.3 mm 和 18.7 mm。速度差异在切向、法向、径向和三维上的平均值分别是 0.008 2 mm/s、0.006 6 mm/s、0.008 7 mm/s 和 0.014 0 mm/s。其中，精密轨道每天 6 h 重叠位置差异最大值不超过 4 cm。

通过分析在轨实时定位数据，对比精密定轨数据，在轨实时定位精度优于 3.05 m（三轴，1σ），满足实时定位精度≤10 m（三轴，1σ）的指标要求（涂兰芬 等，2017）。

6. 热控分系统

热控分系统要为星上设备提供合适的界面温度，通过控制航天器内外热交换过程，为星上仪器设备提供合适的热环境，确保所有仪器、设备及星体本身构件的温度都处在要求的范围内。GF-3 卫星以被动热控结合主动热控方式完成卫星平台和大部分仪器设备的热控制。同时为解决 SAR 天线多模式、大热耗且热耗集中的问题，采用智能随动控温的方式完成 SAR 天线热控。

GF-3 卫星 SAR 天线热控设计过程中，通过对天线各表面散热能力的分析，选取合理的散热面；通过布置适合于天线构型的正交热管网络，实现有效的热扩散；通过智能随动控温方法，保证天线设备的温差；采用热仿真分析、地面热试验和在轨测试的方法对热控措施的有效性进行了验证。

对平板有源 SAR 天线来说，热控面临的主要问题包括：①大功率设备工作时热耗的排散；②工作过程中设备间的温差抑制。

聚束模式下，阵面发热的热流密度超过 600 W/m^2，局部热流密度超过 5 000 W/m^2，因此需要通过良好的扩热措施将热耗扩散到整个阵面，有效利用天线结构和其他设备的热容，避免发热设备温度的急剧抬升。合理规划散热路径，开设一定面积的散热面，保证每轨内天线的发热量可以及时排散到冷空间中。

SAR 天线尺寸大，天线面板与卫星本体及太阳翼之间的辐射耦合强烈，如图 2.8 所示。+X 侧天线受到太阳翼的遮挡，其背面到达的外热流小；-X 侧天线不受太阳翼的遮挡，其背面到达的外热流大。天线背面同太阳翼和星体之间有很强的辐射耦合，增加了天线背面不同区域的温度差异，即使包覆多层隔热组件，透过多层隔热组件的热流差别也可达 16 W/m^2，所造成的天线设备的温差可达 10 ℃以上，需要采取有效的途径控制天线设备间的温差。

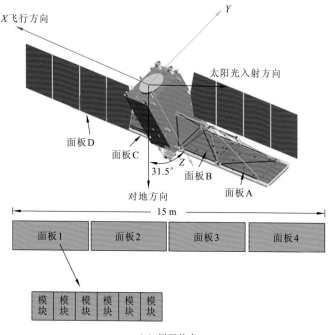

（a）展开状态

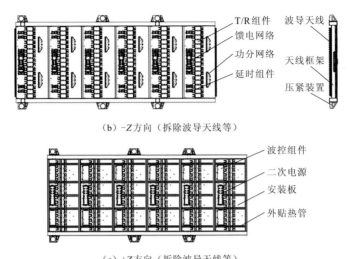

（b）-Z 方向（拆除波导天线等）

（c）+Z 方向（拆除波导天线等）

图 2.8　SAR 天线在星上展开状态及单个面板构型图

通过分析仿真，SAR 天线+Z 面不受星体及卫星太阳翼遮挡和辐射耦合，辐射环境相对简单，且在右侧视常规工作模式下，天线+Z 外热流稳定。天线波导表面喷涂低吸收比、高发射率白漆散热，同时在天线安装板+Z 面喷涂黑漆热控涂层，强化安装板同波导之间的辐射换热。

SAR 天线阵面采取等温化设计，在有源安装板内部预埋 4 根热管，同时在外表面外贴 5 根热管，形成正交热管网络，将安装板上二次电源、收发组件、延时组件、波控单元等连接成一个热整体。图 2.9 给出了布置热管网络前后，有源安装板内温度分布。从图 2.9（a）中可以看出，没有热管网络情况下，天线工作时，安装板内的温差超过 40 ℃。从图 2.9（b）可以看出，增加热管网络后，天线安装板内温差可控制在 3 ℃以内。

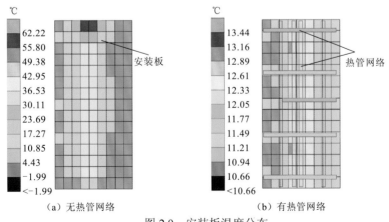

（a）无热管网络　　　　　　　　　　　（b）有热管网络

图 2.9　安装板温度分布

　　由于 SAR 天线 24 个模块之间相对独立，仅通过碳纤维框架实现结构连接。碳纤维热导率低，因此天线各模块间导热耦合较弱。天线尺寸庞大，通过热管、金属等措施实现结构上的强导热耦合比较困难，付出的重量代价大。因此在 GF-3 卫星 SAR 天线热控中采用了一种智能随动控温方法，通过实时获取阵面设备的温差并进行适度补偿的方式，控制阵面的温度梯度。安装板上布置加热回路和温度传感器，通过温控仪进行伺服控制，保证天线电子设备的温度水平。同时每个模块上的部分回路参与智能随动的控温策略，保证各设备之间的温度一致性。

　　通过在轨验证，以 SAR 天线在轨一次时长 6.7 min 的超精细条带成像模式，从图 2.10（a）中可以看出，同一时刻 T/R 组件的最高温度为 17.4 ℃，最低温度为 15.3 ℃，最大温差为 2.1 ℃。图 2.10（b）为一次时长 20 min 的波模式成像，从温度

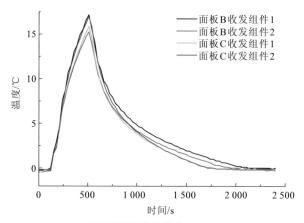

（a）超精细条带模式（6.7 min）

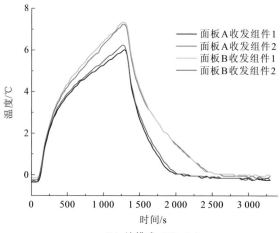

（b）波模式（20 min）

图 2.10　在轨 SAR 天线温度

结果分析,在这次成像过程中,T/R 组件最高温度 7.35 ℃,同时刻最低温度 6.15 ℃。成像期间 T/R 组件最大温差 2.1 ℃。SAR 天线温度水平和温差水平均满足要求(张传强 等,2017)。

7. 控制分系统

控制分系统主要完成卫星的姿态与轨道控制,实现卫星对地定向、整星零动量三轴稳定控制,并具有侧摆机动、卫星轨道保持和轨道机动等能力。卫星正常轨道运行模式采用"星敏感器＋陀螺"的姿态确定方法,动量轮控制的整星零动量姿态控制方式。

控制分系统由姿态敏感器、执行机构和控制器三部分组成。控制分系统组成框图如图 2.11 所示。

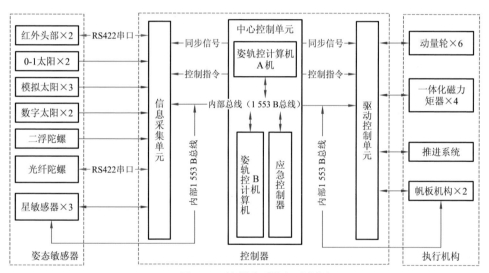

图 2.11　控制分系统组成框图

GF-3 卫星对控制分系统姿态测量精度、姿态确定精度、卫星姿态控制精度、卫星机动能力、寿命、质量、可靠性和地面验证等方面都提出了更高的要求。需要克服大型 SAR 天线展开过程长时间的扰动,并建立长期侧视飞行＋全零多普勒导引的飞行姿态,同时在卫星转动惯量、惯量差是传统遥感卫星的 6～10 倍的情况下,需实现卫星的大角度机动。主要性能指标:稳定度优于 0.000 5 °/s（3σ）;三轴惯性姿态测量精度优于 0.003°（3σ）;全零多普勒导引姿态精度 0.003°（3σ）;星体绕滚动轴左姿态变换 63°的响应时间（含稳定时间）不大于 525 s;在轨寿命 8 年。

为了满足任务要求,控制分系统通过新研制的高精度小型一体化星敏感器、

200 Am^{2}一体化磁力矩器、摆动式太阳翼驱动机构和基于 1553B 总线体系的控制器等核心产品，并采用高精度姿态导引和姿态控制方案，实现了卫星在轨高精度、高稳定度运行；采用基于二级总线的轻小型化体系结构，实现控制分系统相对以往遥感卫星减重 40~50 kg；采用硬件冗余和系统重构方案实现控制分系统 8 年长寿命设计，并对关键单机开展了寿命验证（周剑敏 等，2017）。在轨测试结果表明：姿态控制精度优于 0.000 2°（3σ），姿态稳定度优于 0.000 1°/s（3σ），惯性空间测量精度优于 0.001°（3σ），控制分系统在轨功能正常，指标均优于设计指标。

8. 推进分系统

推进分系统为整星提供冲量，配合控制分系统共同完成卫星的姿态与轨道控制。GF-3 卫星推进分系统是采用无水肼推进剂的单组元推进系统，通过喷气控制为整星提供姿轨控制所需冲量，配合控制分系统共同完成卫星的姿态与轨道控制。

GF-3 卫星推进分系统配置了 16 个 5N 推力器。作为卫星轨道调整、轨道维持及应急情况下姿态控制的主要执行机构，推进分系统由控制分系统根据实际需要进行统一控制。

9. SAR 分系统

SAR 分系统是 GF-3 卫星上唯一的对地探测载荷，SAR 分系统由卫星舱外的 SAR 天线阵面、SAR 天线展开支撑桁架机构及中央电子设备组成，在卫星发射前，SAR 天线的 4 个面板通过可展开支撑桁架机构压紧折叠于卫星的两侧。卫星发射入轨后，SAR 天线阵面向 ±X 两侧展开至平板状态。

SAR 天线阵面采用平板有源相控阵技术（图 2.12），天线机械尺寸为 15 m（方位向）×1.5 m（距离向），电口径 15 m（方位向）×1.232 m（距离向）。天线阵面在方位向分为 4 个子阵面，每个子阵面由 6 个模块组成，整个天线阵面共包含 24 个模块，单个模块由波导缝隙天线、四通道 T/R 组件、延时线、波束控制单元、射频收发及定标馈电网络、二次电源、高低频电缆、有源安装板和热控等部分组成，每个模块有 32 个 H 极化通道和 32 个 V 极化通道，全阵面共计 1 536 个发射/接收通道。发射模式下，SAR 天线通过发射链路完成输入线性调频信号的功率放大，向指定空域辐射水平极化或垂直极化电磁能量；接收模式下，天线阵面接收水平极化或垂直极化回波信号，也可同时接收双极化回波信号，并通过低噪声放大链路后送至中央电子设备。为实现天线的性能监测、故障检测和隔离，SAR 天线具有独立的定标网络，在中央电子设备的控制下，可完成收发链路的标定（任波 等，2017）。

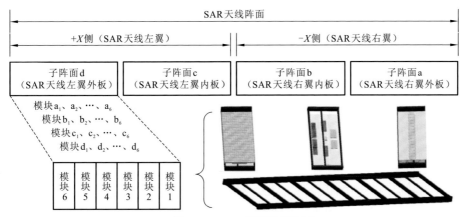

图 2.12　SAR 天线阵面划分

SAR 分系统中央电子设备完成系统监测、时序控制、工作流程控制及星务数据通信；产生 SAR 分系统的基准频率、定时信号及发射调频信号；放大、采集、处理 SAR 天线阵面接收到的雷达回波；进行数据压缩及打包，形成原始数据并送给数传分系统；与 SAR 天线一起完成天线阵面 T/R 组件的性能监测、分系统内定标等功能。SAR 分系统详细设计内容见 3.4 节。

10. 数传分系统

数传分系统用于接收 SAR 分系统发送的原始数据及数管分系统保存的平台星务数据，通过 2 个数传通道完成数据记录和回放，并通过星地传输链路传输至地面接收站。数传分系统主要由 4 部分的主要功能组成。

（1）数据处理部分包括 1 台数据处理器，主要由高级在轨系统（advanced orbiting system，AOS）单元、开关单元和编码单元组成。AOS 单元完成 SAR 原始数据、平台星务数据的接收，并进行符合 CCSDS 标准的 AOS 格式编排；开关单元根据不同的工作模式，完成 AOS 数据向固态存储器传输的流向控制；编码单元将来自 AOS 单元或固态存储器的数据流进行信道编码后送对地数传通道进行传输。

（2）对地数传通道配置 2 个 X 波段数传通道，采用双圆极化天线，通过不同的极化方式，将 2 个通道数据通过相同的频点发送至地面站，有效利用信道带宽，提高数传分系统传输能力。

（3）数据记录部分具备记录、回放、边记边放、擦除、自检等功能。

（4）数传控制及配电部分为数传分系统提供一次、二次供电及指令电源，接收数管分系统指令完成相应动作，同时反馈模拟遥测信息，并控制数传分系统单机设备。

根据工作任务的不同，数传分系统在轨可由待机模式进入准实传模式、记录回放模式、记录模式、回放模式、实传模式等工作模式。

11. 数传天线分系统

数传天线分系统用于接收来自数传分系统对地数传通道的射频信号，并根据控制分系统发送的指向控制信号或自身计算的指向控制信号进行对地面接收站的跟踪，同时将射频信号辐射至地面数据接收站。数传分系统采用二维机械扫描点波束天线，由天线组件、伺服控制器和综合接口单元等部分组成，根据不同的使用需求可分为单天线单站、单天线双站和双天线双站三种使用方式。

数传天线分系统主要完成以下功能。

（1）接收数传分系统发送的 2 路 X 波段射频信号，并将信号辐射至地面接收站。

（2）接收控制分系统发送的指向控制信号，并根据控制信号实现天线对地面站的跟踪要求，同时向控制分系统反馈转动信息。

（3）接收数管分系统发送的总线广播数据（包括卫星时间、姿态数据、GPS 定位与轨道数据等）自行计算天线对地面站指向信号，实现对地面站跟踪要求。

（4）2 副数传天线均具有正交双圆极化功能，每副天线可单独工作，也可同时工作。

2.3.2　系统指标

1. 卫星寿命

（1）卫星在轨工作寿命：8 年。

（2）卫星 8 年寿命末期可靠性：0.6。

2. 整星重量

发射重量：2 795 kg。

3. 卫星轨道

卫星工作在重复周期为 29 天（共 418 轨）的标称轨道，具体轨道参数（轨道平根数）如下。

（1）轨道类型：太阳同步回归冻结轨道。

（2）轨道半长轴：$a = 7\ 126.436\ 5$ km。

（3）轨道平均高度：755.436 3 km（地球平均半径 6 371 km）。

（4）轨道偏心率：$e = 0.001\ 15$。

（5）轨道倾角：$i = 98.411\ 0°$。

（6）轨道近地点幅角：$\omega = 90°$。

（7）降交点地方时：6:00 a.m.。

4. 控制与推进

（1）控制模式：整星三轴稳定控制模式。

（2）姿态测量精度：$\leqslant 0.01°$（三轴，3σ）。

（3）姿态指向精度：$\leqslant 0.03°$（三轴，3σ）。

（4）姿态稳定度：$\leqslant 5 \times 10^{-4}\ °/\text{s}$（三轴，$3\sigma$）。

（5）侧摆能力（滚动）：$\pm 31.5°$，机动稳定时间小于 525 s。

（6）具有二维姿态导引能力。

（7）单组元肼推进系统。

5. 供配电

（1）供电体制：整星双独立母线供电。

（2）太阳电池阵最大输出功率：平台太阳电池阵 1 050 W，T/R 太阳电池阵 3 100 W。

（3）太阳电池：三结砷化镓，效率不小于 28%。

（4）平台镉镍蓄电池容量：2×50 Ah。

（5）T/R 锂离子蓄电池容量：1×225 Ah。

6. 热控

（1）一般电子设备：$-10 \sim 45\ ℃$。

（2）SAR 天线阵面 T/R 组件等有源部件：$-20 \sim 45\ ℃$。

7. 测控

测控体制：星地 USB 测控体制＋中继扩频测控体制。

8. 精密定轨

（1）精密定轨体制：双频全球定位系统（global positioning system，GPS）精密定轨体制。

（2）双频 GPS 指标要求如下。

实时定位精度：优于 10 m（三轴，1σ）。

实时测速精度：优于 0.2 m/s（三轴，1σ）。

9. 数据存储和传输

1）对地数据传输

（1）频率：X 频段/8.212 GHz。

（2）占用带宽：不大于 375 MHz（1 dB 带宽）。

（3）调制方式：SQPSK。

（4）编码方式：AOS 格式编排/LDPC 编码。

（5）EIRP：≥28 dBW。

（6）双极化频率复用方式：左旋＋右旋。

（7）极化隔离度：≥27 dB。

（8）波束指向精度：±0.4°。

（9）下行码率：2×450 Mbps。

（10）误码率：优于 $1×10^{-6}$（C/N0≤104 dBHz）。

2）星上数据记录

存储容量不小于 2×1 Tbits。

10. SAR 载荷

SAR 载荷主要技术指标如表 2.4 所示。

表 2.4　GF-3 卫星 SAR 载荷主要技术指标

序号	名称	技术指标	
1	工作频段	C	
2	中心频率/GHz	5.4	
3	极化方式	可选单极化、可选双极化、全极化	
4	天线形式	有源相控阵平面天线	
5	极化隔离度/dB	>30	
6	最大信号带宽/MHz	240	
7	脉冲重复频率范围/Hz	1 000～6 000	
8	回波采样起始范围/μs	50～500	
9	接收机动态范围/dB	输入	≥62
		输出	≥38
10	采样位数/bit	8	
11	数据压缩方式	分块自适应量化（block adaptive quantization，BAQ）3 bit、BAQ 4 bit、高 4 bit 截取、8 bit 直通	
12	数据率/Mbps	<1 280	

2.3.3　卫星构形

卫星入轨后，$+X$ 轴为卫星飞行方向，$+Y$ 轴垂直卫星轨道面，$+Z$ 轴（纵轴）指向地面，太阳翼、SAR 天线均朝卫星 $\pm X$ 向展开。卫星在轨飞行状态分为正飞、右侧视和左侧视。

在卫星正飞状态下，$+X$ 为卫星飞行方向，$+Y$ 垂直卫星轨道面，$+Z$ 为对地方向，如图 2.13 所示。

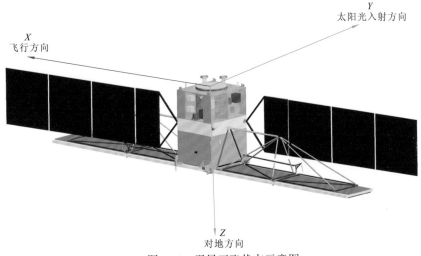

图 2.13　卫星正飞状态示意图

卫星飞行中，以"右侧视"状态正常飞行成像，即绕 $-X$ 轴按照右手法则旋转 31.5°，如图 2.14 所示。

以"左侧视"状态应急飞行成像，即绕 $+X$ 轴按照右手法则旋转 31.5°，如图 2.15 所示。

2.3.4　卫星能源

为适应 SAR 载荷成像过程中高功率、脉冲工作的特点，GF-3 卫星采用双母线供电体制，一条供给平台设备使用，一条供给 SAR 载荷使用，两条母线相互独立，互不干涉。平台母线选用 S4R 全调节母线，通过镉镍蓄电池储能；载荷母线采用不调节母线，通过锂离子蓄电池储能。为提高卫星在轨安全性，在卫星应急状态下可利用大容量锂离子蓄电池供电能力，采用直流/直流变换器将载荷高压电源转换为低压电源，供平台设备使用。

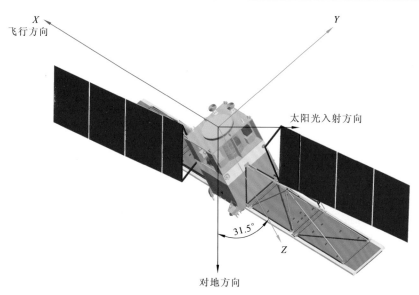

图 2.14 卫星右侧视状态示意图

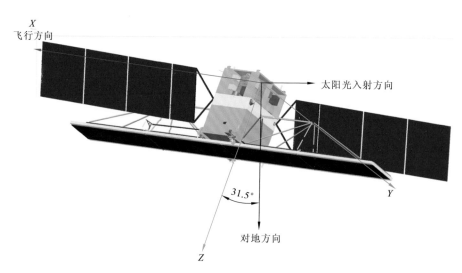

图 2.15 卫星左侧视状态示意图

平台母线系统采用开关顺序充电分流调节器（sequential switch shunt series regulator，S4R）两域控制全调节母线。光照期，主误差放大器（main error amplifier，MEA）和蓄电池误差放大器（battery error amplifier，BEA）共同控制 S4R 电路稳定母线电压和完成对蓄电池组充电。S4R 电路对太阳电池输出功率调节分配原则为：母线负载需求有第一优先权，其次是满足充电需求，母线负载和充电都不需要的功率对地分流调节。当母线负载由轻到重时，所有对地分流 S4R 电路依次退出分流，然后将进行充电的 S4R 电路依次退出充电，仍不能满足负载需要时，蓄电池组受 MEA 控制通过放电调节电路对母线提供电能，并稳定母线电压。阴影期，蓄电池组受 MEA 控制通过放电调节电路对母线提供电能，稳定母线电压。

载荷母线采用不调节母线系统，母线电压始终被蓄电池组电压钳位，跟随蓄电池组电压变化而变化。在光照期当蓄电池组需要充电时，BEA 控制顺序开关分流调节器（sequential switching shunt regulator，S3R）电路退出分流，太阳电池输出功率首先满足负载需要，剩余功率为蓄电池组充电，母线电压会随蓄电池组电压升高而升高，如果太阳电池的输出功率不能满足负载需要，蓄电池组参与放电，联合供电。当蓄电池组充满电后，太阳电池输出功率只满足负载需要，多余太阳电池功率由电源控制单元（power control unit，PCU）控制对地分流。在阴影期蓄电池组直接对母线供电，母线电压会随蓄电池组电压降低而降低。

GF-3 卫星能源系统可满足 12 种成像模式对平台母线及载荷母线的能源需求。

2.3.5　卫星数据

GF-3 卫星可通过数传通道向地面站下传两种类型的数据：SAR 载荷数据和平台数据。

SAR 载荷数据包括两部分，分别是 SAR 分系统对接收到的回波进行采样、量化、压缩后的原始数据和卫星平台提供的成像辅助数据，这两部分数据由 SAR 分系统进行统一打包后，通过低电压差分信号（low voltage differential signaling，LVDS）接口发送给数传分系统，进行星上存储或对地下传。

平台服务数据是数管分系统采集并存储的星上遥测数据和导航接收子系统双频 GPS 原始数据，通过 LVDS 接口传输至数传分系统并进行下传。

数传分系统对数据进行统一的 AOS 格式编排，并进行记录或通过数传天线的频率极化复用双通道进行对地传输。

2.3.6　姿态控制

1. 姿态控制系统组成

卫星姿态控制系统由姿态敏感器、执行机构和控制器三部分组成，如图 2.11 所示。

姿态敏感器包括：星敏感器、二浮陀螺、光纤陀螺、红外地球敏感器、太阳敏感器。执行机构包括：动量轮、一体化磁力矩器、摆动式太阳翼驱动机构（帆板机构）、推进系统。控制器包括：中心控制单元、驱动控制单元、信息采集单元。

2. 卫星姿态控制

正常飞行模式下，采用陀螺预估结合星敏感器修正的方法进行姿态确定；采用高稳定度控制算法通过动量轮实现姿态调整和稳定，一体化磁力矩器提供必要的卸载力矩，必要时采用喷气保护。卫星根据任务需求保持在滚动侧视飞行姿态角等常用姿态，并引入姿态导引控制；根据目标姿态，驱动摆动式帆板驱动机构自主摆动到指定角度，实现太阳翼对日定向，同时根据数据下传任务，计算并输出数传天线控制指令，保证数传弧段内数传天线的指向精度。

3. 二维姿态导引

卫星在左侧视和右侧视飞行状态下均进行二维姿态导引。姿态导引的目的是消除地球自转、地球椭率和卫星轨道扁率引起的多普勒中心频率变化，保证 SAR 数据多普勒中心频率不发生模糊，便于成像处理。根据目标侧视角、轨道根数，计算目标姿态导引角。偏航导引计算公式为

$$\psi = \arctan \frac{\sin i \cdot \cos u}{N - \cos i} \tag{2.1}$$

式中：i 为轨道倾角；u 为卫星纬度辐角；N 为每天的卫星回归次数，此计算公式适用于球形地球模型，在椭球地球模型下，该角度与实际角度有微小偏差。图 2.16 给出一轨内的偏航控制曲线，服从余弦规律，最大值为 $3.8928°$。

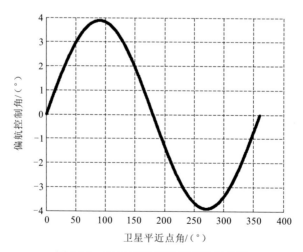

图 2.16 GF-3 卫星偏航导引控制曲线

在偏航导引基础上，加入俯仰导引，俯仰角计算公式为

$$\gamma = \arccos \frac{1 + e\cos\theta}{1 + e^2 + 2e\cos\theta} \qquad (2.2)$$

式中：e 为轨道偏心率；θ 为真近心角。图 2.17 给出一轨内的俯仰控制曲线，服从余弦规律，最大值为 $0.0659°$。

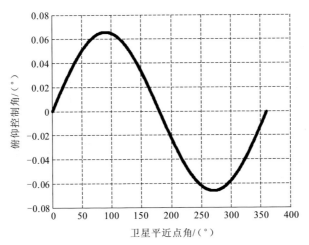

图 2.17　GF-3 卫星俯仰导引控制曲线

2.4　运载火箭系统

采用 CZ-4C 运载火箭将 GF-3 卫星送入预定轨道。CZ-4C 运载火箭是常温液体推进剂三级运载火箭，是在长征四号乙（CZ-4B）运载火箭的基础上进行改进设计，提高了火箭的任务适应性和测试发射可靠性。CZ-4C 运载火箭全长 48 m，一二级直径 3.35 m，三级直径为 2.9 m，起飞质量 250 t，太阳同步轨道运载能力 2.8 t（800 km）。

CZ-4C 运载火箭可以满足多种卫星在发射轨道、重量和包络空间等方面的要求，同时采用新的测发控模式，可以显著提高火箭测试和发射的可靠性，缩短发射场发射工作周期。

CZ-4C 运载火箭由结构系统、动力系统、控制系统、遥测系统、外测安全系统和地面测发控系统组成。火箭研制过程中采用常规的三级推进系统二次启动技术和一体化测试发射控制技术为国内首创，达到国际先进水平。常规推进剂多次启动上面级主发动机，是发动机技术的一项重大突破，填补了国内空白；相应采取的推进剂管理技术解决了推进剂浅箱管理技术难题，创造了常规上面级二次起动首次飞行即获圆满成功的业绩；运载火箭一体化测试发射控制技术在国内首次实现了系统的高度集成，解决了以往测试透明度低、周期长、操作多、可靠性差等瓶颈，在系统信息共享度、实时自动判读能力、抗干扰性能和测试可靠性等方面有突破性提高。CZ-4C 运载火箭综合性能达到国际同类常规三级火箭先进水平（陈振知 等，2013）。

2.5 发射场系统

GF-3 卫星由太原卫星发射中心实施发射。太原卫星发射中心是中国试验卫星、应用卫星和运载火箭发射试验基地之一，始建于 1967 年，已建成具有多功能、多发射方式，集指挥控制、测控通信、综合保障系统于一体的现代化发射场，航天综合发射能力实现从每年执行一次任务到每年执行 10 次以上高密度火箭卫星发射任务的跃升。

太原卫星发射中心具备了多射向、多轨道、远射程和高精度的测量能力，担负太阳同步轨道气象、海洋、资源、通信等多种型号的中、低轨道卫星和运载火箭的发射任务。发射中心分为技术区与发射区。技术区主要设施包括转载厂房、运载火箭综合测试厂房、卫星综合测试厂房等，以及配套的供气、供配电、消防、指挥通信等勤务保障系统。发射区设施主要包括脐带勤务塔、导流槽、瞄准间、加注库房、火工品组装间、电视摄像机间及高速摄影场坪、测发楼等，以及配套供配电、供气、空调、消防、调度通信、指挥监控及 RF 转发系统等。

2.6 测控系统

测控系统是 GF-3 卫星工程的一个重要组成部分，负责发射阶段遥测接收与状态监视、弹道测量及安全测试；负责对卫星发射和轨道早期段的状态监测、轨道测量与确定、轨道控制、遥控操作等测控任务，以及长期运营阶段卫星的在轨管理。

测控系统包含卫星测控系统（见 2.3.1 小节）和地面测控系统两部分。GF-3 卫星地面测控系统由统一 USB 测控网和中继控制系统组成，测控业务由西安卫星测控中心统一安排。

GF-3 卫星对地测控采用 USB 测控体制。在卫星寿命期，星上 USB 测控系统始终处于工作状态，卫星星地 USB 测控系统共同协作完成星地测控通信、遥控、遥测及测距功能。

GF-3 卫星中继测控采用扩频测控体制。中继测控作为对地测控的备份手段，实现地面测控网视距范围以外的测控通信，扩展可测控弧段，保障 USB 对地测控子系统出现故障时，仍可持续实现对卫星的监测和控制。

2.7　地　面　系　统

地面系统是衔接 GF-3 卫星数据获取、数据最终应用之间不可缺少的关键环节，GF-3 卫星地面系统由数据接收系统、数据处理系统和任务管理系统三个下一级系统构成。

2.7.1　数据接收系统

地面数据接收系统由数据接收站分系统、数据传输分系统、接收管理与监测分系统构成。

（1）数据接收站分系统主要完成 GF-3 卫星数据的接收、记录和快视处理（仅密云站具备快视处理和显示能力）。数据接收站分系统由密云站、三亚站、喀什站、北极站、牡丹江站五站组网运行，形成高分辨率对地观测数据接收站网。各接收站接收设备主要由天伺馈子系统、跟踪接收子系统、记录与快视子系统、测试子系统、站监控管理子系统、故障诊断子系统、技术支持子系统组成，具备双圆极化频率复用数据接收能力，具备针对 GF-3 卫星数据接收、记录的能力。

（2）数据传输分系统主要负责将密云站、喀什站、三亚站、北极站及牡丹江站所接收的 GF-3 卫星原始数据，通过传输网络专线经北京接收中心节点，及时、准确、快速地传送到处理中心。数据传输分系统根据功能需求分为光纤数据传输子系统、数据传输管理子系统和牡丹江接收站传输子系统，分别完成高分数据的网络传输及传输任务的监控与管理工作。

（3）接收管理与监测分系统主要负责搭建地面数据接收系统的业务化运行、管理和控制的基础平台，受理外部请求、规划星地资源、制定数据获取计划，管理调度地面数据接收系统完成数据获取、传输和质量监测任务，保障 GF-3 卫星数据接收系统的统一协调、稳定、高效运行。接收管理与监测分系统由接收资源管控子系统、数据质量监测子系统构成。系统组成如图 2.18 所示。

2.7.2　数据处理系统

数据处理系统负责对 GF-3 卫星原始数据进行自动化标准生产处理（标准产品处理方法详见第 4 章），满足可用要求的数据自动生成 0～2 级产品，其他产品

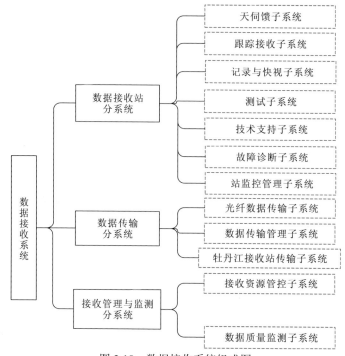

图 2.18　数据接收系统组成图

根据用户需求订单驱动生产；对 GF-3 卫星数据和各级产品进行在线、近线、离线三级存储管理，实现集中存档，安全管理；对标准化产品进行全国统一分发和服务，为用户提供 GF-3 卫星遥感图像标准产品；利用定标场，开展 GF-3 卫星数据定标。

　　GF-3 卫星定标场位于内蒙古自治区鄂托克旗（106°41′～108°54′E，38°18′～40°11′N），地理位置如图 2.19 所示。

图 2.19　鄂托克旗定标场区地理位置

定标场主要功能是完成卫星数据辐射定标、极化定标及图像质量评价。图 2.20 为 GF-3 卫星定标使用的部分有源、无源定标器。

（a）有源定标器

（b）无源定标器（二面角反射器 ）

图 2.20　GF-3 卫星定标器

2.7.3　任务管理系统

任务管理系统负责用户需求的汇集与分析，统筹规划星地资源的使用，实现用户需求闭环管理；编排 GF-3 卫星观测任务，组织实施 GF-3 卫星对地观测、数据接收与传输、生产任务和分发任务等。

2.8 应 用 系 统

　　GF-3 卫星应用系统由海洋应用示范系统、减灾应用示范系统、水利应用示范系统、气象应用示范系统和共性技术研发与服务系统组成，分别用于卫星数据在海洋、减灾、水利、气象及其他应用领域的示范应用。

　　GF-3 卫星海洋应用示范基于高分海洋环境遥感信息处理与业务应用示范系统开展（GF-3 卫星海洋应用示范内容见第 7 章），系统的逻辑组成如图 2.21 所示，包括用于 4 个高分海洋专题应用分系统、1 个高分数据预处理及专题制图分系统和 1 个高分海洋应用管理与综合服务分系统。

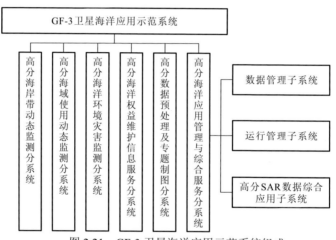

图 2.21　GF-3 卫星海洋应用示范系统组成

　　4 个高分海洋专题应用分系统分别为：高分海岸带动态监测分系统、高分海域使用动态监测分系统、高分海洋环境灾害监测分系统、高分海洋权益维护信息服务分系统，用于生产上述领域 4 级海洋专题应用产品。

　　高分数据预处理及专题制图分系统集成了高分数据共性处理方法，用于为海洋专题应用分系统提供支撑。

　　高分海洋应用管理与综合服务分系统包括 3 个子系统：运行管理子系统、数据管理子系统和高分 SAR 数据综合应用子系统。运行管理子系统与数据管理子系统用于系统运行与数据管理；高分 SAR 数据综合应用子系统集成了"GF-3 卫星应用共性关键技术"项目群：GF-3 卫星海洋图像质量提升技术、GF-3 卫星图像几何精校正技术、GF-3 卫星海上目标精细识别与海洋参数反演等项目研究成果，用于海洋数据产品与应用产品处理。

第 3 章　高分三号卫星合成孔径雷达载荷

　　SAR 通过发射宽带信号，结合合成孔径技术，能在距离向和方位向上同时获得二维高分辨率图像。与传统光学遥感和高光谱遥感相比，SAR 具备全天候、全天时的成像能力，还有一定的穿透性，获得的图像能够反映目标微波散射特性。随着 SAR 系统技术的发展，其观测能力从单极化扩展到了多极化。多极化 SAR 利用电磁波的极化特性及地物对照射电磁波的变极化效应，获得地物的极化散射特性，包含比单极化 SAR 更丰富的地物信息。

　　卫星是一种非常理想的 SAR 运动载体，具有稳定的轨道、速度和姿态，有利于实现高分辨率、宽覆盖、全球化的对地观测，因此近年来星载 SAR 得到了长足的发展，星载 SAR 已成为获取地物信息的一种重要技术手段。

　　多极化 SAR 载荷是 GF-3 卫星的核心载荷，具备 12 种成像模式，极化方式覆盖了单极化、双极化和全极化。为了便于普通读者理解本章及本书后续内容，本章内容安排上，首先介绍 SAR 的基础知识，包括 SAR 的成像原理、极化基础理论及成像模式，给出与图像使用密切相关的 SAR 图像主要技术指标定义与计算方法，最后重点对星载 SAR 系统参数设计与 GF-3 卫星 SAR 系统设计进行介绍。

3.1　合成孔径雷达成像原理

SAR 载荷理想条件下随平台一起做匀速直线运动，平台飞行方向定义为方位向，与之垂直的方向为距离向。与一般用于目标检测的雷达不同，SAR 的突出优点是能获得观测区域的二维高分辨率灰度图像。其距离向高分辨率图像通过脉冲压缩技术获得，方位向高分辨率图像通过合成孔径技术获得，图像灰度变化反映了不同地面目标对电磁波的不同反射特性。

3.1.1　距离向成像

在距离向，SAR 主动发射脉冲信号，通过测量雷达与观测目标之间的回波延时，推算出两者之间的距离。分辨率是描述雷达区分地面相邻点目标能力的指标。SAR 通常采用脉冲压缩技术，获取较高的距离分辨率。

距离分辨率 ρ_r 主要由发射信号带宽 B 决定，即

$$\rho_r = \frac{c}{2B} \tag{3.1}$$

式中：c 为光速；B 为发射信号带宽。

为了提高距离分辨率，要求发射信号具有大的信号带宽。为了提高雷达作用距离，要求发射信号具有较高能量，通常只能靠加大信号的时宽来得到。因此 SAR 需要采用大时宽带宽积信号，目前研究最多、应用最广的是线性调频信号。

具有归一化幅度的线性调频信号可表示为

$$s(t) = \mathrm{rect}\left(\frac{t}{T_P}\right) \exp\left(j2\pi f_c t + j\pi k t^2\right) \tag{3.2}$$

式中：t 为距离时间；T_P 为发射脉冲宽度；f_c 为中心频率；k 为线性调频信号的调频斜率；j 为虚数单位；$\mathrm{rect}\left(\dfrac{t}{T_P}\right)$ 为矩形函数，定义为

$$\mathrm{rect}(u) = \begin{cases} 1, & |u| \leqslant \dfrac{1}{2} \\ 0, & |u| > \dfrac{1}{2} \end{cases} \tag{3.3}$$

在脉冲持续期内，信号频率变化范围即为该信号带宽：

$$B = kT_P \tag{3.4}$$

SAR 主动发射线性调频脉冲信号，对于距离为 R 的点目标，其回波信号为

$$s_\mathrm{r}(t) = A \cdot \mathrm{rect}\left(\frac{t-t_0}{T_\mathrm{P}}\right) \exp\left[\mathrm{j}2\pi f_\mathrm{c}(t-t_0)+\mathrm{j}\pi k(t-t_0)^2\right] \qquad (3.5)$$

式中：A 为回波信号幅度；$t_0=2R/c$ 为目标回波延迟时间。SAR 对接收到的回波信号进行下变频、正交解调和滤波处理后，基带回波信号为

$$s_\mathrm{r}(t) = A \cdot \mathrm{rect}\left(\frac{t-t_0}{T_\mathrm{P}}\right) \exp\left(-\mathrm{j}2\pi f_\mathrm{c}t_0\right) \exp\left[\mathrm{j}\pi k(t-t_0)^2\right] \qquad (3.6)$$

对其进行匹配滤波，得到脉冲压缩输出结果为

$$s_\mathrm{o}(t) = F^{-1}\left\{F\left[s_\mathrm{r}(t)\right]\cdot F\left[h(t)\right]\right\} = \frac{AT_\mathrm{P}}{2}\mathrm{sinc}(\pi k t_0 T_\mathrm{P})\exp(\mathrm{j}2\pi f_\mathrm{c}t_0) \qquad (3.7)$$

式中：$h=\exp(-\mathrm{j}\pi k t^2)$，为匹配滤波器函数。

　　图 3.1 给出点目标回波的脉冲压缩结果，可以看出脉冲压缩结果具有 sinc 函数形式，在 $t=t_0$ 处幅度最大，通常采用幅度峰值下降 3 dB 处的宽度为时间分辨率，约为 $1/B$，进而可得到式（3.1）所表示的距离分辨率。

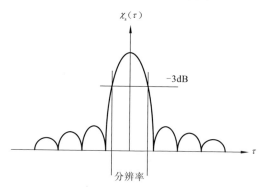

图 3.1　线性调频信号的模糊函数

3.1.2　方位向成像

　　SAR 成像的特点主要体现在通过合成孔径技术实现方位向高分辨率成像。合成孔径本质上是一种"虚拟孔径"，是从真实孔径引申过来的。真实孔径天线主瓣宽度就是其方位分辨率：

$$\rho_\mathrm{a} = R\lambda/L_\mathrm{a} \qquad (3.8)$$

式中：R 为雷达到目标的距离；λ 为发射信号波长；L_a 为天线方位向口径长度。

　　由式（3.8）可知，真实孔径雷达的方位分辨率随距离的增加而降低，在星载雷达成像条件下，该方位分辨率太低，在很多场合难以满足应用要求。

SAR 以匀速直线运动沿航迹飞行，雷达以一定的重复频率发射脉冲，接收并存储回波信号。当飞过一定长度后，对所存储的回波信号进行合成处理，如同飞行轨迹上放置多个阵元发射和接收信号，从而等效成一个大的"虚拟阵列"。由于每个阵元到目标距离不同，回波信号存在相位差，回波信号经过下变频和 A/D 采样后，分别补偿不同相位，获得一个等效窄波束，从而实现对目标的聚焦，显著提高方位分辨率。

星载 SAR 飞行几何示意图如图 3.2 所示。

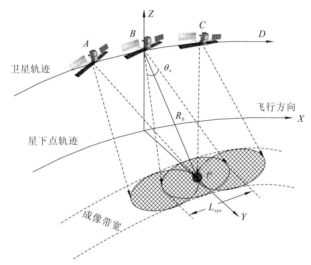

图 3.2　星载 SAR 飞行几何示意图

假设平台以速度 v 沿 X 方向作匀速直线飞行，雷达以正侧视方式工作。由于平台的运动，雷达可以在一个比真实天线大得多的孔径上对目标区域进行观测。当平台处于位置 A 和 C 之间时，目标 P 处于雷达波束内。当平台处于位置 B 时，目标 P 处于波束中心位置，此时形成的合成孔径长度近似为

$$L_s \approx R_0 \theta_a \qquad (3.9)$$

式中：R_0 为 P 点到合成孔径中心的斜距；θ_a 为方位向波束宽度，近似为 $\theta_a \approx \lambda / L_a$。

假设 $t=0$ 时，卫星方位位置为 $x=0$，则任意 t 时刻，卫星位置为 $x=v_s t$，$t \leqslant |T_{s/2}|$，T_s 为合成孔径时间，$T_s = L_s / v$。

当卫星处于位置 x 时，天线相位中心到点目标 P 的距离为

$$R(t) = (R_0^2 + v_s^2 t^2)^{1/2} \approx R_0 + \frac{v_s^2 t^2}{2R_0} \qquad (3.10)$$

回波信号与发射信号之间相位差为

$$\phi = \frac{-4R(t)}{\lambda} \approx -\frac{4\pi}{\lambda}R_0 - \frac{2\pi v_s^2 t^2}{2R_0} \tag{3.11}$$

式中：第一项为斜距引起的固定相位项，第二项为随位置 x 变化的相位项。由相位变化而引起的空间多普勒频率为

$$f_d = \frac{1}{2\pi}\frac{\mathrm{d}\phi}{\mathrm{d}t} = -\frac{2v_s^2 t}{\lambda R_0} \tag{3.12}$$

线性调频斜率为

$$f_r = \frac{\mathrm{d}f_d}{\mathrm{d}t} = -\frac{2v_s^2}{\lambda R_0} \tag{3.13}$$

在整个合成孔径长度内，回波信号多普勒频率带宽为

$$B_d = f_r T_s = \frac{2v_s^2 L_s}{\lambda R_0} \tag{3.14}$$

由以上各式，可得方位分辨率为

$$\rho_a = \frac{v_s}{B_d} = \frac{L_a}{2} \tag{3.15}$$

式（3.15）是条带模式下的理想方位分辨率。考虑多视处理和方向图展宽等因素，实际分辨率还要低一些。但是与真实孔径雷达相比，SAR 理论分辨率大大提高，仅与天线口径有关，而与雷达到目标的距离无关。

3.1.3　合成孔径雷达二维成像

与传统雷达相比，SAR 的突出特点是可通过复杂相参信号处理实现距离、方位两个维度上的高分辨。前面两小节详细介绍了 SAR 在距离向、方位向上形成高空间分辨的基本原理，两者的具体实施途径十分相似，都是通过匹配滤波来实现。然而，SAR 沿轨发射并接收来自不同观测角度地物散射信号的过程中，对于同一被观测对象而言，其与 SAR 天线相位中心之间的距离持续变化，同时，这一变化随被观测对象位置的不同存在显著的空变特征，从而引发了 SAR 成像中距离和方位两维的耦合问题，解决这一问题的核心内容是通过距离徙动校正实现距离-方位的解耦。用于 SAR 二维成像聚焦的各种成像算法（Cumming et al.，2019）之间的本质差异即表现在完成距离徙动校正方法上的不同。

传统 SAR 成像算法可分为两大类，一类是以距离多普勒（range Doppler，RD）算法、尺度变标（chirp scaling，CS）算法和波数域（wave number 或 ω-k）算法为典型代表的频域成像算法，另一类则是以后向投影（back projection，BP）算法（Munson et al.，1983）为典型代表的时域成像算法。

1. RD 算法

RD 算法利用方位位置不同、但近距相同的目标距离徙动曲线形状一致的特点，基于方位向线性调频时频对应关系，在距离时域、方位多普勒域（频域）对相同近距目标 SAR 回波信号进行统一的距离徙动校正，其中沿斜距空变的距离徙动量通过插值的方式进行校正。

2. CS 算法

CS 算法避免了 RD 算法的插值操作，算法只由相位复乘和傅里叶变换等简单操作组成，通过对 chirp（线性调频）信号进行频率调制，实现信号尺度变换，从而利用相位相乘代替时域插值完成随斜距变化的距离徙动校正。CS 算法既能保证一定成像精度也具有较高的处理效率，但仅适用于线性调频信号的处理。

3. ω-k 算法

ω-k 算法最早用于地震信号处理，算法中随斜距变化的距离徙动量的校正通过在距离-方位二维频域的 Stolt 变换完成，其中，Stolt 变换主要通过插值完成变换域的非均匀采样频谱的均匀化处理。经典 ω-k 算法对成像参数的空变误差十分敏感，后续针对这一问题出现了多种改进算法。

4. BP 算法

BP 算法是一种在时域进行 SAR 回波成像处理的算法。它的基本实现思路是计算 SAR 天线相位中心与成像平面网络点之间的斜距，换算为回波延迟时间，进而计算得到对应位置目标回波的相位，并进行补偿。不同方位位置接收到的同一目标的回波信号经上述处理后进行同相累加，此时对应网格点位置的目标散射能量达到最大，从而形成目标 SAR 影像。经典 BP 算法的主要缺点是处理时效性差，后续改进算法主要针对效率问题进行提升。

ω-k 算法和 BP 算法都是没有使用近似的精确成像算法，它们或适用条件受限或时效性差，而 CS 算法兼顾精度和效率，是目前应用最广的 SAR 成像算法，同时也是被扩展或改进最多的算法。GF-3 卫星地面处理系统中各种成像模式所采用的成像算法都是以 CS 算法作为内核的各种改进算法。

3.2　极化合成孔径雷达基础理论

3.2.1　极化电磁波的表征

极化是电磁波的一种固有属性，可通过电场矢量在空间中随时间变化的振动方向描述。如图 3.3 所示，若实际三维空间中的平面电磁波沿＋z 轴传播，则电场矢量可由 x、y 方向的两个正交基 e_x、e_y 表示，因此，电场矢量 E 在时刻 t 的瞬时值为

$$E(z,t) = |E_x|\cos(wt - kz + \phi_x)e_x + |E_y|\cos(wt - kz + \phi_y)e_y \tag{3.16}$$

式中，$|E_x|$ 和 $|E_y|$ 为幅度，w 为角速度，k 为波数，ϕ_x 和 ϕ_y 为相位。

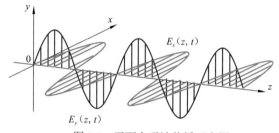

图 3.3　平面电磁波传播示意图

根据式（3.16）中 w 和 ϕ 的变化情况不同，极化波可以在广义上分为完全极化波、部分极化波和完全非极化波三种（Lee，2013）。一般情况下，雷达发射的波可以近似认为是一种完全极化波，通常用极化椭圆和琼斯（Jones）矢量描述；而雷达接收的波是部分极化波，通常用斯托克斯（Stokes）矢量来描述。

1. 极化椭圆

一般情况下，$E_x \neq 0$，$E_y \neq 0$，$\phi_x - \phi_y \neq 0$，完全极化波的 w、ϕ 为常数，与时间无关，则消除式（3.16）中的 $wt - kz$ 项，可得到下式：

$$\left[\frac{E_x(z,t)}{|E_x|}\right]^2 - 2\left[\frac{E_x(z,t)E_y(z,t)}{|E_x \| E_y|}\right]\cos(\phi_y - \phi_x) + \left[\frac{E_y(z,t)}{|E_y|}\right]^2 = \sin^2(\phi_y - \phi_x) \tag{3.17}$$

根据式（3.17），固定 $z = z_0$，则随着时间的变化，完全极化波的电场端点在 x-y 平面上形成一个椭圆，称为极化椭圆。极化椭圆还包含旋转方向，若电场矢量旋向与传播方向满足右手螺旋，称之为右旋极化；反之为左旋极化。极化椭圆形象地展示了完全极化波的极化特性，其几何参数极化方位角 ψ 和椭圆率角 χ 可

完成描述极化状态。

如图 3.4 所示，极化方位角 ψ 定义为

$$\psi = \frac{1}{2}\arctan\left[\frac{2|E_x||E_y|}{|E_x|^2+|E_y|^2}\cos(\phi_y-\phi_x)\right] \tag{3.18}$$

椭圆率角 χ 定义为

$$\chi = \frac{1}{2}\arcsin\left[\frac{2|E_x||E_y|}{|E_x|^2+|E_y|^2}\sin(\phi_y-\phi_x)\right] \tag{3.19}$$

式中：ψ 的取值范围为 $[-\pi/2, \pi/2]$；χ 的取值范围为 $[-\pi/4, \pi/4]$。当 χ 变为 0 时，电场端点的轨迹由椭圆变为一条直线，此时电磁场为线极化波。GF-3 卫星 SAR 载荷就是采用了水平和垂直的线极化波。通常，水平极化波的电场矢量与电磁波的入射面垂直，垂直极化波的电场矢量同时与水平极化方向和电磁波传播方向垂直。

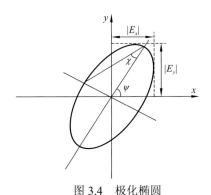

图 3.4　极化椭圆

2. 极化矢量

琼斯矢量和斯托克斯矢量是两种典型的极化矢量表示方法。

琼斯矢量适用于完全极化波的表示。将式（3.16）中电场 $\boldsymbol{E}$ 表示为矢量形式，即为琼斯矢量，如下式所示：

$$\boldsymbol{E} = \begin{bmatrix} E_x \\ E_y \end{bmatrix} = \begin{bmatrix} |E_x|\mathrm{e}^{\mathrm{j}\phi_x} \\ |E_y|\mathrm{e}^{\mathrm{j}\phi_y} \end{bmatrix} \tag{3.20}$$

琼斯矢量以完整复矢量的方式描述了电场矢量的关键信息，比极化椭圆的描述更便于数学运算，后续的目标极化特性的表征也是从该矢量出发。用琼斯矢量中的两个分量的比值可以表示电磁波的极化特性，即极化比

$$\rho = \frac{|E_x|}{|E_y|} e^{j(\phi_x - \phi_y)} = \frac{\cos(2\chi)\sin(2\varphi) + i\sin(2\chi)}{1 - \cos(2\varphi)\sin(2\chi)} \quad (3.21)$$

斯托克斯矢量用 4 个表示回波强度的系数描述电磁波的极化态，适用于完全极化波和部分极化波。对于完全极化波，该矢量定义为

$$\boldsymbol{g} = \begin{bmatrix} g_0 \\ g_1 \\ g_2 \\ g_3 \end{bmatrix} = \begin{bmatrix} |E_x|^2 + |E_y|^2 \\ |E_x|^2 - |E_y|^2 \\ 2\operatorname{Re}\{E_x E_y^*\} \\ -2\operatorname{Im}\{E_x E_y^*\} \end{bmatrix} \quad (3.22)$$

式中：Re 为复数的实部；Im 为复数的虚部；*为复数的共轭；g_0、g_1、g_2、g_3 为斯托克斯矢量的参数，g_0 为波束的总能量，g_1 为线极化的能量，g_2 为极化方位角为 45° 或 135° 时线极化的能量，g_3 为左圆极化和右圆极化的能量和。在完全极化波情况下，四者满足如下关系

$$g_0^2 = g_1^2 + g_2^2 + g_3^2 \quad (3.23)$$

表 3.1 给出了 4 种典型电磁波的琼斯矢量和斯托克斯矢量。

表 3.1　典型极化波的极化矢量

极化态	水平极化	垂直极化	45° 线极化	135° 线极化	左圆极化	右圆极化
琼斯矢量	$[1 \ 0]^T$	$[0 \ 1]^T$	$[0 \ 1]^T$	$[0 \ 1]^T$	$\frac{1}{\sqrt{2}}[1 \ j]^T$	$\frac{1}{\sqrt{2}}[1 \ j]$
斯托克斯矢量	$[1\,1\,0\,0]$	$[1\,{-}1\,0\,0]$	$[1\,0\,1\,0]^T$	$[1\,0\,{-}1\,0]^T$	$[1\,0\,0\,1]$	$[1\,0\,0\,{-}1]$

3.2.2　目标极化特征的表征

1. 极化散射矩阵

如同雷达散射截面（radar cross-section，RCS）表征目标入射波与散射波之间的幅度变换特性，极化散射矩阵（Sinclair 散射矩阵）表征了由地物的变极化效应所引入的目标入射波与散射波之间的极化变换（蒋莎，2018）。

设照射到地物目标的入射电磁波和经地物变极化效应散射的散射电磁波的琼斯矢量分别为 $\boldsymbol{E}^{tr}$ 和 $\boldsymbol{E}^{re}$，则在线极化基的情况下，极化散射矩阵 $\boldsymbol{S}$ 与 $\boldsymbol{E}^{tr}$、$\boldsymbol{E}^{re}$ 的关系为

$$E^{\text{re}} = \frac{-e^{jkr}}{r} S E^{\text{tr}} = \frac{-e^{jkr}}{r} \begin{bmatrix} S_{\text{HH}} & S_{\text{HV}} \\ S_{\text{VH}} & S_{\text{VV}} \end{bmatrix} E^{\text{tr}} \qquad (3.24)$$

式中：r 为地物目标与天线之间的距离；S 矩阵是一个复矩阵，包含了目标完整的极化散射特性，是全极化系统获取信息的最终表达形式，也是各种数据处理和分析的对象。S 矩阵中的 S_{HH} 和 S_{VV} 称为共极化分量，S_{HV} 和 S_{VH} 称为交叉极化分量，各极化通道散射系数的强度之和为目标散射回波总功率，记为

$$\text{span} = |S_{\text{HH}}|^2 + |S_{\text{HV}}|^2 + |S_{\text{VH}}|^2 + |S_{\text{VV}}|^2 \qquad (3.25)$$

2. 相干矩阵与协方差矩阵

在实际场景中，常有随着时间和空间发生变化而不固定的雷达目标，该类目标称为分布目标。当完全极化波照射到分布目标时，其后向散射波为部分极化波，不能用琼斯矢量表示，因此，分布目标的极化散射特性不能使用极化散射矩阵表达，而需另外的表征方式，即相干矩阵和协方差矩阵（蒋莎，2018）。

首先，在对极化 SAR 数据进行分析时，可在相互正交的矩阵基下将极化散射矩阵表示为各矩阵基元素的线性组合，即极化散射矢量。不同的矩阵基得到的极化散射矢量不同，常用的为 Lexicographic 基和 Pauli 基两种。

Lexicographic 基为

$$\psi_{\text{L}} = \left\{ \begin{bmatrix} 2 & 0 \\ 0 & 0 \end{bmatrix} \begin{bmatrix} 0 & 2 \\ 0 & 0 \end{bmatrix} \begin{bmatrix} 0 & 0 \\ 2 & 0 \end{bmatrix} \begin{bmatrix} 0 & 0 \\ 0 & 2 \end{bmatrix} \right\} \qquad (3.26)$$

利用该基对极化散射矩阵进行矢量化，对应的散射矢量为

$$\boldsymbol{k}_{\text{L}} = \begin{bmatrix} S_{\text{HH}} & S_{\text{HV}} & S_{\text{VH}} & S_{\text{VV}} \end{bmatrix}^{\text{T}} \qquad (3.27)$$

从上式可以看出，Lexicographic 基下的散射矢量 $\boldsymbol{k}_{\text{L}}$ 中 4 个分量直接对应极化散射矩阵中的 4 个元素。

Pauli 基为

$$\psi_{\text{P}} = \left\{ \sqrt{2} \begin{bmatrix} 1 & 0 \\ 0 & 1 \end{bmatrix} \quad \sqrt{2} \begin{bmatrix} 1 & 0 \\ 0 & -1 \end{bmatrix} \quad \sqrt{2} \begin{bmatrix} 0 & 1 \\ 1 & 0 \end{bmatrix} \quad \sqrt{2} \begin{bmatrix} 0 & -i \\ i & 0 \end{bmatrix} \right\} \qquad (3.28)$$

对应的 Pauli 散射矢量是

$$\boldsymbol{k}_{\text{P}} = \frac{1}{\sqrt{2}} \begin{bmatrix} S_{\text{HH}} + S_{\text{VV}} & S_{\text{HH}} - S_{\text{VV}} & S_{\text{HV}} + S_{\text{VH}} & i(S_{\text{HV}} - S_{\text{VH}}) \end{bmatrix}^{\text{T}} \qquad (3.29)$$

这两个散射矢量可以相互转换，转换公式如下：

$$\begin{cases} \boldsymbol{k}_{\text{P}} = \boldsymbol{Q} \boldsymbol{k}_{\text{L}} \\ \boldsymbol{k}_{\text{L}} = \boldsymbol{Q}^{-1} \boldsymbol{k}_{\text{P}} \end{cases} \qquad (3.30)$$

式中：$\boldsymbol{Q} = \dfrac{1}{\sqrt{2}} \begin{bmatrix} 1 & 0 & 0 & 1 \\ 1 & 1 & 0 & -1 \\ 0 & i & 1 & 0 \\ 0 & 1 & -i & 0 \end{bmatrix}$。

$\boldsymbol{k}_{\mathrm{L}}$、$\boldsymbol{k}_{\mathrm{P}}$ 两个目标散射矢量与其共轭转置矢量进行外积后空间平均，则可得极化协方差矩阵 $\boldsymbol{C}$ 和极化相干矩阵 $\boldsymbol{T}$，如下：

$$\boldsymbol{C} = \left\langle \boldsymbol{k}_{\mathrm{L}} \boldsymbol{k}_{\mathrm{L}}^{\mathrm{H}} \right\rangle \tag{3.31}$$

$$\boldsymbol{T} = \left\langle \boldsymbol{k}_{\mathrm{P}} \boldsymbol{k}_{\mathrm{P}}^{\mathrm{H}} \right\rangle \tag{3.32}$$

极化协方差矩阵 $\boldsymbol{C}$ 和极化相干矩阵 $\boldsymbol{T}$ 之间的转换关系为

$$\begin{cases} \boldsymbol{T} = \boldsymbol{Q}\boldsymbol{C}\boldsymbol{Q}^{\mathrm{H}} \\ \boldsymbol{C} = \boldsymbol{Q}^{\mathrm{H}}\boldsymbol{T}\boldsymbol{Q} \end{cases} \tag{3.33}$$

常用的地物目标极化散射特性表征方式为极化协方差矩阵，将式（3.27）代入式（3.31），得到极化协方差矩阵 $[\boldsymbol{C}]_{4\times4}$ 的详细表达，如式（3.33）所示，可以看出极化协方差矩阵中的所有元素均由 $\boldsymbol{S}$ 矩阵中的元素计算得到。

$$[\boldsymbol{C}]_{4\times4} = \left\langle \boldsymbol{k}_{\mathrm{L}} \boldsymbol{k}_{\mathrm{L}}^{\mathrm{H}} \right\rangle = \begin{bmatrix} \left\langle |S_{\mathrm{HH}}|^2 \right\rangle & \left\langle S_{\mathrm{HH}}S_{\mathrm{HV}}^* \right\rangle & \left\langle S_{\mathrm{HH}}S_{\mathrm{VH}}^* \right\rangle & \left\langle S_{\mathrm{HH}}S_{\mathrm{VV}}^* \right\rangle \\ \left\langle S_{\mathrm{HV}}S_{\mathrm{HH}}^* \right\rangle & \left\langle |S_{\mathrm{HV}}|^2 \right\rangle & \left\langle S_{\mathrm{HV}}S_{\mathrm{VH}}^* \right\rangle & \left\langle S_{\mathrm{HV}}S_{\mathrm{VH}}^* \right\rangle \\ \left\langle S_{\mathrm{VH}}S_{\mathrm{HH}}^* \right\rangle & \left\langle S_{\mathrm{VH}}S_{\mathrm{HV}}^* \right\rangle & \left\langle |S_{\mathrm{VH}}|^2 \right\rangle & \left\langle S_{\mathrm{VH}}S_{\mathrm{VV}}^* \right\rangle \\ \left\langle S_{\mathrm{VV}}S_{\mathrm{HH}}^* \right\rangle & \left\langle S_{\mathrm{VV}}S_{\mathrm{HV}}^* \right\rangle & \left\langle S_{\mathrm{VV}}S_{\mathrm{VH}}^* \right\rangle & \left\langle |S_{\mathrm{VV}}|^2 \right\rangle \end{bmatrix} \tag{3.34}$$

对于极化 SAR，常使用地物散射互易假设，即 $\boldsymbol{S} = \boldsymbol{S}^{\mathrm{T}}$，对于单站 SAR 系统的大多数自然地物比较容易满足该性质，该假设在大多数极化定标算法和极化分解算法中使用。在散射互易假设下有 $S_{\mathrm{HV}} = S_{\mathrm{VH}}$，则相关矩阵和协方差矩阵均变为 3×3 矩阵，分别记为 $[\boldsymbol{C}]_{3\times3}$、$[\boldsymbol{T}]_{3\times3}$。

3.3 星载合成孔径雷达成像模式

随着星载 SAR 应用范围的不断扩展，为了满足不同应用领域对星载 SAR 系统性能的特殊需求，在最初条带模式基础上，产生了多种 SAR 成像模式（韩晓磊，2013），以下将对现有星载 SAR 成像模式做简单介绍。

3.3.1　条带模式

条带模式是星载 SAR 的标准工作模式,在成像过程中卫星的波束指向始终不变,利用卫星运动推动地面波束足印前进,因此条带模式的相位信息是始终连续的。它的方位向分辨率由雷达天线的方位向尺寸决定,通过减小天线的方位向尺寸,可提高方位向分辨率。但根据最小天线面积原理,减小方位向尺寸的同时,必须增加俯仰向尺寸,这导致测绘带宽度变窄。在条带模式中,分辨率和测绘带宽度是一对矛盾,不能同时提高,条带模式的工作原理示意图如图 3.5 所示。图中,V_S 为卫星速度,H 为卫星高度,R_0 为卫星到成像刈幅中心的斜距。

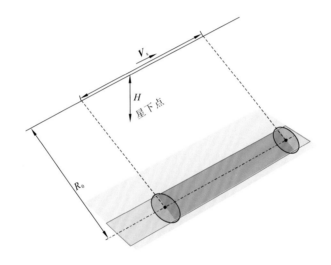

图 3.5　条带模式工作原理示意图

3.3.2　聚束模式

聚束模式作为 SAR 的一种重要的高分辨率成像模式,最初是由对旋转物体的成像研究,如转台成像和医用层析照相技术发展而来的。它通过雷达波束转动,使要成像的区域始终处于雷达波束的照射之下,从而延长了合成孔径时间,得到很高的方位分辨率。但是,这种波束旋转操作导致方位向成像区域缩小,失去方位向连续成像能力,聚束模式的成像区域不超过天线波束的照射范围,工作原理如图 3.6 所示。图中 θ_{start}、θ_{end} 分别为天线波束方位向扫描起始角和结束角。

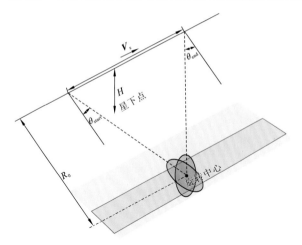

图 3.6　聚束模式成像原理示意图

3.3.3　滑动聚束模式

　　滑动聚束模式是聚束模式的扩展，它通过控制天线波束扫描速度，使天线波束始终指向位于测绘带远端的虚拟旋转中心。它的方位向成像范围大于聚束模式，方位向的分辨率低于聚束模式，滑动聚束模式可以通过控制波束扫描速度，实现分辨率和方位向成像范围之间的折中权衡。在滑动聚束模式中所有目标进入、离开波束时间、多普勒频率范围均随方位坐标的不同发生变化，回波数据的方位向带宽主要取决于成像时间，它的工作原理如图 3.7 所示。图中 R_{rot} 为卫星到等效旋转中心的最近斜距。

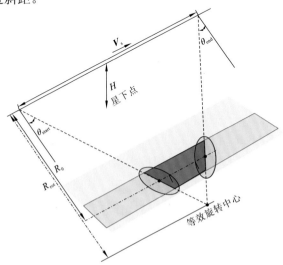

图 3.7　滑动聚束模式成像原理示意图

3.3.4　ScanSAR 模式

ScanSAR 模式是为了提高测绘带宽度而设计，它通过天线波束在距离向不同子测绘带之间循环切换，将合成孔径的时间分配到不同的距离子测绘带，实现了宽测绘带成像，但由于完整的合成孔径时间被分配给不同的子测绘带，方位向分辨率相应降低，3 个子测绘带 ScanSAR 模式工作原理如图 3.8 所示。图中，T_{d1}、T_{d2} 与 T_{d3} 分别为天线波束在不同子测绘带驻留时间。

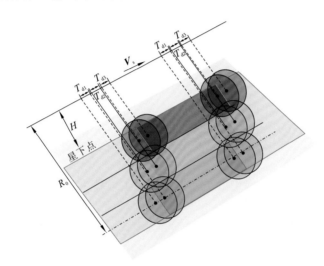

图 3.8　ScanSAR 工作原理示意图

由于不连续的工作方式，不同方位位置目标被天线方向图的不同部分加权，ScanSAR 模式会产生"扇贝效应"等方位向不均匀现象。因此，有效的辐射校正方法对 ScanSAR 模式至关重要。

3.3.5　TOPSAR 模式

TOPSAR 模式通过天线波束方位向反向扫描，实现短时间大场景覆盖，然后将波束切换到其他子测绘带进行成像，它的工作原理如图 3.9 所示。TOPSAR 模式可以实现同 ScanSAR 模式相同的测绘带宽度，但它的波束扫描和时间分配方式，等效压缩了天线方向图，使方位向不同位置的目标被完整的天线方向图加权，克服了 ScanSAR 模式的方位向非均匀现象，得到了方位向辐射强度大体均匀的图像产品，有利于后续的 SAR 图像应用。

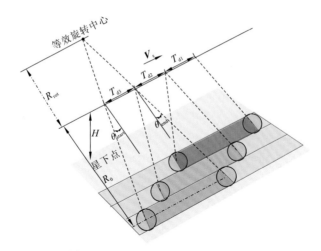

图 3.9 TOPSAR 模式工作原理示意图

3.4 合成孔径雷达图像主要技术指标

本节介绍与 SAR 图像应用效果密切相关的主要技术指标。

3.4.1 几何分辨率

几何分辨率是 SAR 区分地面相邻点目标能力的定量表示,定义为点目标冲激响应(或称点目标扩展函数)半功率点处的宽度,是衡量 SAR 系统分辨两个相邻地物目标最小距离的尺度。几何分辨率由点目标冲激响应半功率主瓣宽度决定。图 3.10 给出点目标冲激响应和几何分辨率的示意图。

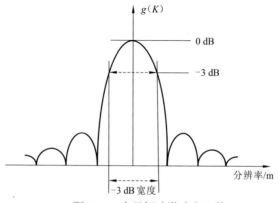

图 3.10 点目标冲激响应函数

SAR 几何分辨率包括距离分辨率和方位分辨率。SAR 图像中点目标冲激响应沿距离向主瓣半功率宽度（3 dB）对应的地面长度定义为距离分辨率；沿方位向主瓣半功率宽度（3 dB）对应的地面长度定义为方位分辨率。

1. 距离分辨率

距离分辨率近似估算公式表示为

$$\rho_r = \frac{K_r K_1 c}{2B\sin\theta} = \frac{K_r K_1 \rho_g}{\sin\theta} \tag{3.35}$$

式中：c 为光速；K_r 为距离向成像处理加权展宽系数；K_1 为 SAR 系统幅频与相频非理想因素引起的距离向展宽系数；θ 为入射角；B 为信号带宽；ρ_g 为斜距分辨率。

2. 方位分辨率

条带模式方位分辨率近似估算公式表示为

$$\rho_a = \frac{K_a K_1 K_2 K_3}{2K_4} L_a \tag{3.36}$$

式中：K_a 为方位向成像处理加权展宽系数；K_1 为方位向天线特性（sinc 函数）对信号多普勒频谱加权引入的方位分辨率展宽系数；K_2 为成像处理算法等其他因素引起的展宽系数；K_3 为地速对方位向空间分辨率的改善系数，$K_3 = R_E / (R_E + H)$；R_E 为星下点地球半径，H 为平台高度；K_4 为方位向天线波束宽度的展宽系数。

3.4.2　旁瓣比

旁瓣比是描述脉冲响应特性的技术指标，旁瓣比指标包括峰值旁瓣比（peak side lobe ratio，PSLR）和积分旁瓣比（integral side lobe ratio，ISLR）。

1. 峰值旁瓣比（PSLR）

PSLR 是点目标冲激响应主瓣峰值强度与第一旁瓣的强度之比，通常用分贝（dB）表示。峰值旁瓣比分为距离向峰值旁瓣比和方位向峰值旁瓣比。

$$\text{PSLR} = 10\lg\frac{P_{s\max}}{P_m} \tag{3.37}$$

式中：$P_{s\max}$ 为冲激响应的最高旁瓣峰值；P_m 为冲激响应的主瓣峰值。

2. 积分旁瓣比（ISLR）

ISLR 是点目标冲激响应剖面上主瓣能量与旁瓣能量之比，通常用分贝（dB）表示。积分旁瓣比分为距离向积分旁瓣比和方位向积分旁瓣比。

$$ISLR = 10\lg\frac{E_s}{E_m} \tag{3.38}$$

式中：E_s 和 E_m 分别为冲激响应的旁瓣能量和主瓣能量。

$$E_m = \int_a^b |h(\tau)|^2 \mathrm{d}\tau \tag{3.39}$$

$$E_s = \int_{a-10\mathrm{ML}}^b |h(\tau)|^2 \mathrm{d}\tau + \int_b^{b+10\mathrm{ML}} |h(\tau)|^2 \mathrm{d}\tau \tag{3.40}$$

式中：h 为系统冲激响应函数；a, b 为主瓣和旁瓣的交点，（a, b）内为主瓣；ML 为主瓣宽度，$(-\infty, a) \cup (b, \infty)$ 内为旁瓣。由于加权、噪声和非线性等因素，实际冲激响应的主瓣和旁瓣交点（即第一零点）不为零，难于测量，在实际系统中，一般取-3 dB 主瓣宽度的 2.257 倍作为主瓣和旁瓣交点的位置。

3.4.3 成像幅宽

成像幅度定义为处理所有距离向数据能够获得的有效图像宽度，是衡量 SAR 系统对地覆盖程度的重要指标。图 3.11 给出了条带模式成像幅度示意。

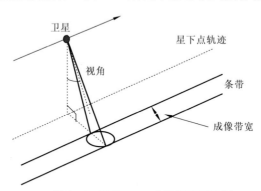

图 3.11 星载 SAR 成像幅度示意图

$$w = \int_{R_{\mathrm{near}}}^{R_{\mathrm{far}}} l \tag{3.41}$$

式中：R_{near} 为卫星到成像区域近端的距离；R_{far} 为卫星到成像区域远端的距离；$w = \int l$ 为沿垂直于卫星飞行方向从成像区域近端到成像区域远端的线积分，积分是在成像区域的同一高度上。在实际计算成像幅度时（即在确定 R_{near} 和 R_{far} 时），需要扣除图像两端距离徙动不完全及脉冲积累不完全的目标点。

3.4.4　辐射分辨率

辐射分辨率是 SAR 卫星成像范围内区分不同目标后向散射系数的能力，是衡量图像质量等级的一种度量。辐射分辨率的表达式有多种形式，可采用如下公式估算：

$$\gamma_N = 10\lg\left(1 + \frac{1+\text{SNR}^{-1}}{\sqrt{N}}\right) \tag{3.42}$$

式中：N 是视数；SNR 是接收机输出信噪比。

辐射分辨率越低，图像的斑点噪声去除能力越强，图像的可读性越好，可以通过多视处理或图像滤波来实现图像的相干斑噪声抑制，从而达到降低辐射分辨率的目的。

3.4.5　噪声等效后向散射系数

噪声等效后向散射系数（$\text{NE}\sigma^0$）指与系统噪声输出相同电平的输入信号对应的目标后向散射系数。$\text{NE}\sigma^0$ 反映了 SAR 系统对弱散射目标的检测能力，计算公式为

$$\text{NE}\sigma^0 = \frac{\sigma^0}{\text{SNR}} = \frac{2(4\pi)^3 K T_0 F_n R^3 L V_s \sin\eta}{P_{av} G^2(R) \lambda^3 k_r k_a \rho_r} \tag{3.43}$$

式中：K 为波尔兹曼常数；T_0 接收机温度；F_n 为接收机噪声系数；R 为卫星至目标点的最短距离；L 为系统损耗；V_s 为卫星速度；η 为入射角；P_{av} 为发射信号平均功率；G 为天线功率增益，随距离 R 改变；λ 为发射信号波长；k_r 与距离向加权等其他实际因素有关；k_a 为与方位向加权等其他实际因素有关；ρ_r 为斜距分辨率。

3.4.6　辐射精度

辐射精度表征 SAR 图像中目标的后向散射系数的精确程度，反映了 SAR 系统定量遥感的能力。指标上分为相对辐射精度与绝对辐射精度。

1. 相对辐射精度

相对辐射精度影响因素包括方向图指向误差、仪器引起的增益误差、处理器误差、信号空间传播误差、接收机噪声和外来干扰噪声，是对系统稳定性的一种

衡量。随测量时间间隔不同，又可分为一景内相对辐射精度和两景间（一轨、三天、寿命期等）相对辐射精度。

1）一景内相对辐射精度

在同一景雷达图像内不同位置测定目标后向散射系数或雷达截面积相对值的最大误差（3σ）。通常，最大误差值用 3σ 表示，以分贝（dB）为单位。

$$RA_1 = 10\lg(1 + \varepsilon_{\sigma^0 1}) \tag{3.44}$$

式中：RA_1 为图像内的相对辐射精度（dB）；$\varepsilon_{\sigma^0 1}$ 为一景图像内测定目标后向散射系数或雷达截面积的最大相对误差（比值）。

2）两景间相对辐射精度

在不同时间得到的两景雷达图像内，测定目标后向散射系数或雷达截面积相对值的最大误差（3σ）。通常，最大误差值用 3σ 表示，以分贝（dB）为单位。以分贝（dB）表示的两景图像间的相对辐射精度表达式如下：

$$RA_2 = 10\lg(1 + \varepsilon_{\sigma^0 2}) \tag{3.45}$$

式中：RA_2 为两景图像间的相对辐射精度（dB）；$\varepsilon_{\sigma^0 2}$ 为在两景图像内测定目标后向散射系数或雷达截面积的最大相对误差（比值）。

2. 绝对辐射精度

绝对辐射精度是指雷达图像不同位置目标后向散射系数的测量值与真实值之间的均方根误差，除包括影响相对辐射精度的因素外，还包括外定标引入所有误差，即含外定标设备的精度、定标场背景噪声干扰造成的误差。

绝对辐射精度可定义为目标后向散射系数或雷达截面积的测量值与该目标后向散射系数或雷达截面积的实际值之间的误差。最大误差值用 3σ 表示，以分贝（dB）为单位。以分贝（dB）表示的绝对辐射精度表达式如下：

$$AA = 10\lg(1 + \varepsilon_{A\sigma^0}) \tag{3.46}$$

式中：AA 为图像的绝对辐射精度（dB）；$\varepsilon_{A\sigma^0}$ 为在图像内测定目标后向散射系数或雷达截面积最大绝对误差（比值）。

3.4.7　模糊度

模糊度（ambiguity to signal ratio，ASR）是表征 SAR 模糊性的基本参数，也是评价雷达图像质量的一个重要指标，定义为一个 SAR 图像分辨单元中模糊信号强度与主信号强度之比。模糊度指标包括距离模糊度（range ambiguity to signal ratio，RASR）与方位模糊度（azimuth ambiguity to signal ratio，AASR）。

1. 距离模糊度（RASR）

RASR 指混入测绘带内的模糊区信号 $S_{ai}(\tau)$ 功率与主观测区信号 $S_i(\tau)$ 功率的比值，一般以分贝度量。距离模糊度数学表达式为

$$\text{RASR}(\tau_i) = \frac{S_{ai}(\tau_i)}{S(\tau_i)} \tag{3.47}$$

式中：$S_{ai}(\tau_i)$ 为模糊区信号功率，表达式如下：

$$S_{ai} = \sum_{\substack{n \neq 0 \\ -\infty}}^{\infty} G_r^2(\tau_i + n/f_p) \frac{\sigma^0[\theta_i(\tau_i + n/f_p)]}{R^3(\tau_i + n/f_p)\sin[\theta_i(\tau_i + n/f_p)]} \tag{3.48}$$

式中：n 为整数，表示模糊区序号，n 理论最大值为地球相切时的模糊区序号，一般第一模糊区影响最大；$G_r^2(\tau)$ 为距离向天线方向图，若收发天线方向图不一样时，应把 $G_r^2(\tau)$ 改成 $G_T(发)*G_R(收)$；τ_i 为第 i 个采样上的回波信号时延；f_p 为脉冲重复频率；θ_i 为入射角；σ^0 为场景内目标后向散射系数，随 θ_i 而变化；$R(\tau_i)$，$R(\tau_i + n/f_p)$ 分别为观测带内第 i 个分辨单元上的斜距和相应模糊区斜距。

$S_i(\tau_i)$ 为观测带内信号功率，表达式如下：

$$S_i = G_r^2(\tau_i) \frac{\sigma^0[\theta_i(\tau_i)]}{R^3(\tau_i)\sin[\theta_i(\tau_i)]} \tag{3.49}$$

2. 方位模糊度（AASR）

AASR 指混入方位向处理频带（B_p）内的方位模糊区信号 $S_a(f_d)$ 功率与观测区信号功率的比值，一般以分贝度量。

方位模糊度与工作模式密切相关，下面分别给出方位模糊度数学表达式：

$$\text{AASR} = \frac{\sum_{m \neq 0} \int_{-B_p/2}^{B_p/2} G_a^2(f_d + f_{DC} + mf_p)\,\mathrm{d}f_d}{\int_{-B_p/2}^{B_p/2} G_a^2(f_d + f_{DC})\,\mathrm{d}f_d} \tag{3.50}$$

式中：m 为模糊区序号，m 理论最大值为 ∞，一般第一模糊区影响最大；f_{DC} 为多普勒中心频率；$G_a(f)$ 为方位向天线方向图；f_p 为脉冲重复频率；B_p 为图像方位向处理带宽。

3.4.8　几何定位精度

几何定位精度是指若干个地面检查点与经过几何定位算法处理后的 SAR 图像中的检查点位置之间直线距离的均方根误差。对于检查点，利用平差后的地面

点坐标值 $(\hat{X},\hat{Y},\hat{Z})$，其与检查点的坐标值 $(X_{\text{check}},Y_{\text{check}},Z_{\text{check}})$ 之间的均方根误差可按下式计算：

$$\begin{cases} \text{RMSE}_X^2 = \dfrac{\sum\limits_{i=1}^{n_c}(\hat{X}-X_{\text{check}})^2}{n_c} \\[4mm] \text{RMSE}_Y^2 = \dfrac{\sum\limits_{i=1}^{n_c}(\hat{Y}-Y_{\text{check}})^2}{n_c} \\[4mm] \text{RMSE}_Z^2 = \dfrac{\sum\limits_{i=1}^{n_c}(\hat{Z}-Z_{\text{check}})}{n_c} \end{cases} \tag{3.51}$$

式中：n_c 为检查点数。

3.4.9 图像动态范围

图像动态范围是指图像最大值 $I_{\max}$ 和最小值 $I_{\min}$ 之比，通常用分贝数表示。

$$D = 10\lg\frac{I_{\max}}{I_{\min}} \tag{3.52}$$

图像动态范围反映了图像区域地面目标后向散射系数的差异。不同地面场景的图像具有不同的动态范围。例如山区图像的动态范围较大，而海面图像的动态范围较小。

3.4.10 极化隔离度与通道不平衡度

极化 SAR 需要测量目标的散射矩阵，假设地物目标散射矩阵为

$$\boldsymbol{S} = \begin{bmatrix} S_{\text{HH}} & S_{\text{HV}} \\ S_{\text{VH}} & S_{\text{VV}} \end{bmatrix} \tag{3.53}$$

经过 SAR 系统成像处理实际获得的地物目标散射矩阵为

$$\boldsymbol{M} = \begin{bmatrix} M_{\text{HH}} & M_{\text{HV}} \\ M_{\text{VH}} & M_{\text{VV}} \end{bmatrix} \tag{3.54}$$

实测目标矩阵 $\boldsymbol{M}$ 可表示为

$$\boldsymbol{M} = A\mathrm{e}^{\mathrm{j}\phi}\begin{pmatrix} 1 & \delta_1 \\ \delta_2 & f_1 \end{pmatrix}\begin{pmatrix} S_{\text{HH}} & S_{\text{HV}} \\ S_{\text{VH}} & S_{\text{VV}} \end{pmatrix}\begin{pmatrix} 1 & \delta_4 \\ \delta_3 & f_2 \end{pmatrix} + \begin{pmatrix} N_{\text{HH}} & N_{\text{HV}} \\ N_{\text{VH}} & N_{\text{VV}} \end{pmatrix} \tag{3.55}$$

式中：δ_1 和 δ_2 为接收通道极化隔离度；δ_3 和 δ_4 为发射通道极化隔离度；f_1 为接收通道不平衡度；f_2 为发射通道不平衡度。

3.5 星载合成孔径雷达系统参数设计

SAR 作为一个微波成像系统，它的各个系统参数间存在相互制约的关系，对于星载 SAR，这种相互制约关系尤其突出（禹卫东，1997）。为了使雷达系统获得综合最优的成像性能，需要对各项参数进行精心设计。

3.5.1 脉冲重复频率选择

根据奈奎斯特采样定律，雷达脉冲重复频率（pulse repetition frequency，PRF）要大于多普勒带宽 B_d，即

$$\mathrm{PRF} > B_d = \frac{2v_a}{L_a} \tag{3.56}$$

同时，脉冲重复时间（pulse repetition time，PRT）要大于测绘带回波对应的时间宽度，有

$$\mathrm{PRT} = \frac{1}{\mathrm{PRF}} > \frac{2W_g \sin\theta}{c} \tag{3.57}$$

式中：c 为光速；W_g 为成像幅宽；θ 为入射角。

所以，PRF 由下面的不等式来决定：

$$\frac{2v_a}{L_a} < \mathrm{PRF} < \frac{2W_g \sin\theta}{c} \tag{3.58}$$

该式表明，平台飞行速度越低，雷达就有更多的时间来观察地面，则能够观测的测绘带宽度越大。满足上式，只是保证了不混叠，并未保证不模糊。

3.5.2 模糊问题

对成像带内的目标而言，总可以找到另一区域，其回波延时和成像带内回波延时相差整数 PRT，回波通过天线波束旁瓣进入雷达接收机，从而造成它们的回波无法区分，引起距离模糊。类似的，总存在另一区域，其回波的多普勒中心频率为 PRF 的整数倍，回波通过天线波束旁瓣进入雷达接收机，从而造成频谱混叠，引起方位模糊。因此，不管如何选择 PRF，模糊问题总是存在的。

严重的模糊将最终导致雷达图像的分辨率下降及强目标图像的重复出现，对

于星载 SAR 系统，模糊问题更加突出。通常方位模糊比和距离模糊比均要求小于 −20dB，以满足大多数的应用需求。

距离模糊示意图如图 3.12 所示。

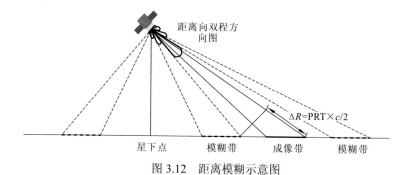

图 3.12 距离模糊示意图

距离模糊比可表示为

$$\text{RASR} = \frac{\text{所有距离模糊区回波信号总功率}}{\text{成像带内回波信号功率}} = \frac{\sum\left[\dfrac{G_r^2(R')\sigma(R')}{R'^3}\right]}{\dfrac{G_r^2(R)\sigma(R)}{R^3}} \quad (3.59)$$

式中：R 和 R' 分别为成像带和模糊带内所对应的斜距；G_r^2 和 $G_r^2(R')$ 分别为成像带和模糊带内所对应的天线增益；$\sigma(R)$ 和 $\sigma(R')$ 分别为成像带和模糊带内所对应的 RCS。

对于均匀地物（例如草地），不同视角对应的 RCS 差异相对较小，影响距离模糊比的主要因素是天线增益和斜距。通常天线波束总是被调整到某个指向，从而使成像带处于波束主瓣覆盖范围内，模糊带处于波束副瓣区。因此，降低模糊区域对应天线增益可减小距离模糊比。

方位模糊示意图如图 3.13 所示。

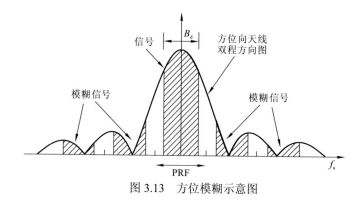

图 3.13 方位模糊示意图

在方位向，回波信号是以脉冲重复频率 PRF 采样的。为了使采样后的有效信号频谱不混叠，要求 PRF 大于有效回波信号的多普勒带宽 B_d。回波信号的多普勒频率 f 与雷达视线与正侧视方向的夹角 γ_f（又称斜视角）有如下的关系：

$$f = \frac{2v_a}{\lambda} \sin \gamma_f \qquad (3.60)$$

或

$$\gamma_f = \sin^{-1} \frac{\lambda \cdot \mathrm{PRF}}{2v_a} \qquad (3.61)$$

方位向模糊区中心对应的方位扫描角为

$$\gamma_n = n \cdot \sin^{-1} \frac{\lambda \cdot \mathrm{PRF}}{2v_a} \qquad (3.62)$$

式中：n 为非零整数。方位向模糊区回波的多普勒中心频率为 PRF 的整数倍，经采样后，其频谱与主波束的频谱重合到一起，形成方位模糊。

已知方位向模糊区的位置，可采用与距离模糊比类似的方法来计算方位模糊比。通常方位波束宽度很小，如果仅计算相邻模糊区，斜距和雷达目标截面积的差异可以忽略。方位模糊比可表示为

$$\mathrm{AASR} = \frac{\text{所有方位模糊区回波信号总功率}}{\text{波束主瓣内回波信号功率}} = \frac{\sum_{n \neq 0} \int G_a^2(\gamma_n)}{\int G_a^2(\gamma_0)} \qquad (3.63)$$

式中：$G_a^2(\gamma_n)$ 为方位扫描角对应的天线增益。

可以看出，方位向模糊区的位置与 PRF 密切相关，提高 PRF 将使模糊区远离主波束，从而改善方位模糊。选取合适的天线方向图加权函数，也可以在一定程度上减小进入处理器通带内的模糊信号的功率，从而降低系统的方位模糊比。

3.5.3　天线尺寸

由于天线距离向波束所覆盖地表宽度大于系统所要求的测绘带宽度，可知距离向波束宽度 ϑ 满足

$$\vartheta = \frac{\lambda}{L_r} \approx \frac{W_g \cos^2 \theta}{R} \qquad (3.64)$$

或

$$L_r \approx \frac{\lambda R}{W_g \cos^2 \theta} \qquad (3.65)$$

式中：L_r 为天线高度；W_g 为地面测绘带宽度；θ 为天线波束中心对应入射角；R 为天线波束中心对应斜距。

天线的方位向尺寸 L_a 由所需的横向分辨率 ρ_a 来决定，即

$$L_a < 2\rho_a \tag{3.66}$$

由式（3.64）和式（3.65），可得天线尺寸的上限为

$$A_{\max} = \frac{2\rho_a \lambda R}{W_g \cos^2\theta} \tag{3.67}$$

由式（3.58），知

$$L_a > \frac{4\upsilon_a W_g \sin\theta}{c} \tag{3.68}$$

由式（3.64）和式（3.67），可得天线尺寸的下限

$$A_{\min} = L_r L_a = \frac{4\upsilon_a \lambda R \cdot \sin\theta}{c \cdot \cos^2\theta} \tag{3.69}$$

综合以上，天线尺寸范围为

$$\frac{4\upsilon_a \lambda R \cdot \sin\theta}{c \cdot \cos^2\theta} \leqslant A \leqslant \frac{2\rho_a \lambda R}{W_g \cos^2\theta} \tag{3.70}$$

式（3.70）就是 SAR 系统设计中常见的天线面积约束条件。该天线尺寸范围只能作为系统设计时的参考，并不能用来确定最终的天线尺寸。

根据天线理论，天线增益 G 为

$$G = \frac{4\pi A\eta}{\lambda^2} \tag{3.71}$$

式中：η 为天线效率，该值恒小于 1，其影响因素包括辐射效率、照射漏失、孔径遮挡、表面公差、去极化损失等。可以看出，天线孔径面积直接影响天线增益，进而影响雷达系统的信噪比。

当系统需要实现多种分辨率和成像幅宽时，那么天线面积的选择就变得更加复杂，综合分析分辨率、成像幅宽、模糊比、信噪比等指标，并考虑实现难度等因素，可以使系统在某种成像模式下达到最优，或者在多种模式需求之间进行折衷选择。

3.5.4　信噪比

对于简单的单个脉冲信号，根据雷达方程，回波的信噪比为

$$\mathrm{SNR} = \frac{PG^2\lambda^2\sigma}{(4\pi)^3 R^4 (KTB) L} \tag{3.72}$$

式中：P 为峰值发射功率；G 为天线功率增益；σ 为雷达目标散射截面积；K 为波尔兹曼常数；T 为等效噪声温度；B 为接收带宽；R 为目标距离；L 为系统损耗。

地面上一个分辨单元的雷达截面积为

$$\sigma = \rho_a \rho_r \sigma_0 \tag{3.73}$$

式中：σ_0 为地面目标后向散射系数，其数值不但取决于目标本身的电磁发射特性，还与照射入射角和发射信号频率有关；ρ_a、ρ_r 分别为方位分辨率和地面距离分辨率。

SAR 系统在距离向采用脉冲压缩技术，脉压后的峰值功率比脉压前提高 M 倍，即

$$M = B\tau \tag{3.74}$$

式中：M 为脉压增益；B 和 τ 分别为发射信号的带宽和脉宽。

在方位向，SAR 系统是一个相干处理系统，每个分辨单元的回波在天线波束照射的时间内，或者说合成孔径时间内，是相干叠加的，而噪声是非相干的，所以回波的功率信噪比可以提高 N 倍，即

$$N = \mathrm{PRF} \cdot T_s = \mathrm{PRF}\frac{L_s}{v} = \mathrm{PRF}\frac{\lambda R}{2\rho_a v} \tag{3.75}$$

式中：N 为合成孔径时间内积累的脉冲个数；T_s 和 L_s 分别为合成孔径时间和合成孔径长度。

因此，SAR 两维成像处理后的信噪比为

$$\begin{aligned}
\mathrm{SNR} &= \frac{PG^2\lambda^2\sigma}{(4\pi)^3 R^4(KTB)L}\cdot M\cdot N \\
&= \frac{PG^2\lambda^3\rho_r\sigma_0\tau}{2(4\pi)^3 R^3 KTLv}\mathrm{PRF} \\
&= \frac{P_{av}G^2\lambda^3\rho_r\sigma_0}{2(4\pi)^3 R^3 KTLv}
\end{aligned} \tag{3.76}$$

式中：P_{av} 为发射平均功率，定义为 $P_{av}=P\cdot\tau\cdot\mathrm{PRF}$。可以看出，SAR 的信噪比与方位分辨率 ρ_a 无关，与地面距离分辨率 ρ_r 有关，随着地面距离分辨率的提高，信噪比会下降。

3.5.5　品质因数

成像幅宽与分辨率之比称为品质因数 Q（李世强，2004），由式（3.65）和式（3.67）可得

$$Q = \frac{W_g}{\rho_a} < \frac{c}{2v\cdot\sin\theta} \tag{3.77}$$

可见，随着方位分辨率增加，成像幅宽减小。在机载 SAR 成像幅宽几十千米

情况下，成像幅宽和分辨率之间的矛盾并不突出。对于低轨道卫星来说，速度一般大于 7 000 m/s，Q 一般为 10 000 左右，该值比较小，因此在星载 SAR 系统中成像幅宽和分辨率之间的矛盾比较突出。

使用传统意义上的条带模式难以同时获得高分辨率和大的成像幅宽，ScanSAR 模式虽能有效地增大测绘带宽，然而它将整个成像幅宽分配给了多个距离向子带，导致每个子带内的方位分辨率恶化；聚束 SAR 模式通过调整波束指向使其始终指向某一特定区域来提高方位向有效处理带宽，虽能提高方位向分辨率，但却造成了方位向成像区域的不连续。后来又相应出现了 TOPSAR 模式、滑动聚束模式，然而，这些模式都是在成像幅宽和分辨率之间进行不同程度的折衷，仍然没有从根本上解决成像幅宽与分辨率之间的矛盾。

同时实现高分辨率和宽幅成像，即高分宽幅技术，已成为全世界范围内 SAR 领域的研究重点。目前主要研究方向集中于方位向采用单相位中心多波束（single phase center, multiple azimuth beams, SPC-MAB）、偏移相位中心多波束（displaced phase center, multiple azimuth beams, DPC-MAB）、多孔径多子带等技术降低 PRF，距离向结合多通道扫描接收（SCan-On-REceive，SCORE）处理提高信噪比。

3.5.6　星载 SAR 载荷系统参数设计

星载 SAR 系统设计工作的首要任务是根据用户提出的需求设计系统各项参数，星载 SAR 系统的参数主要包括轨道参数、设备参数、波位参数等（韩晓磊，2013；齐维孔，2010）。

图 3.14 给出了星载 SAR 系统设计流程图，星载 SAR 系统在设计之初，需要先明确用户需求，包括图像性能指标、设备重量、功耗、数据率、成像时间等。

根据用户需求开展总体方案设计，选择轨道参数和 SAR 成像模式。在设计初期可以只简单考虑卫星轨道高度，在后期的图像性能指标计算中，需要将轨道六根数代入模型进行详细分析。常规 SAR 成像模式包括条带、扫描、聚束等，不同成像模式的天线波束扫描方式和波位参数差异较大。

在成像模式确定后，开展波位参数设计，包括天线波束指向、波束宽度、PRF、信号带宽、信号脉宽、驻留时间等，是系统设计中的关键参数。根据成像模式和波位参数，开展设备参数设计，包括雷达的中心频率、信号带宽、天线口径、峰值发射功率、天线效率、系统噪声系数、系统损耗等，设备参数决定了系统的硬件规模和实现难度。

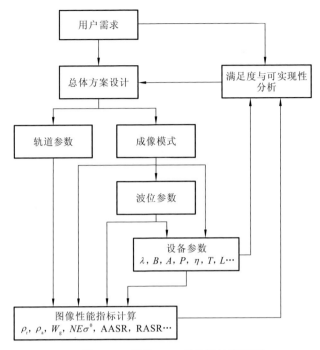

图 3.14 星载 SAR 系统设计流程图

根据轨道参数、成像模式、波位参数和设备参数,来开展图像性能指标的计算。将系统设计得到的图像性能指标、设备参数等与用户需求进行比对,开展满足度和可实现性分析,分析结果作为迭代设计的依据。通常需要多次迭代,以使整个系统的参数合理,工程可实现。

在系统设计中,也会涉及地面处理和定标的参数设计和分配,包括峰值旁瓣比、积分旁瓣比、处理器带宽、加权展宽系数、标定精度等,这些参数主要影响分辨率、辐射精度和极化性能,对最终的图像质量产生影响。

3.6 高分三号卫星合成孔径雷达系统设计

SAR 载荷是 GF-3 卫星的核心载荷,SAR 载荷 12 种成像模式的分辨率范围为 1~500 m,相应的幅宽范围为 1~650 km,极化方式包括可选单极化、可选双极化和四极化三种,成像模式之间差异大。作为以定量化应用为主的卫星,GF-3 卫星图像质量设计指标高,因此 SAR 载荷设计与实现难度大(Sun et al., 2017)。

3.6.1　总体方案

GF-3 卫星 SAR 载荷采用有效口径 15 m×1.232 m 的二维有源相控阵天线及灵活可配置的电子设备，来实现多成像模式切换及高成像性能。表 3.2 给出了 SAR 载荷的主要参数。

表 3.2　SAR 载荷主要参数

参数	设计值
中心频率/GHz	5.4
极化方式	可选单极化、可选双极化、四极化
天线有效口径	15 m（方位向）×1.232 m（距离向）
天线面板数	4
发射峰值功率/W	15 360
天线平均功耗/W	≤8 000
调频信号脉宽/μs	10～60
调频信号带宽/MHz	2～240
发射占空比/%	≤20
接收采样通道数	2
脉冲重复频率/Hz	1 000～6 000
采样频率/MHz	533.33（中频采样）
量化位数/bit	8
数据压缩方式	BAQ 3 bit，BAQ 4 bit，高 4 bit 截取，8 bit 直通
输出数据率/Mbps	≤1 280

作为我国首个多极化星载 SAR，GF-3 卫星 SAR 载荷采用时分码分联合的方式来实现全极化成像，简化设备的同时抑制强地面目标的模糊。采用基于天线孔径分割的多通道技术，实现方位向多波束成像。采用中频采样技术，提高信号解调的正交性，同时在数字域灵活实现不同的信号滤波、抽样等处理需求。

SAR 天线沿方位向划分为 4 个面板，每个面板均可以单独加断电，以满足不同成像模式对天线孔径的要求。在卫星发射前，4 个面板通过可展开机构压紧折叠于卫星的两侧。卫星发射入轨后，天线展开至平板状态。

3.6.2　载荷设计

SAR 载荷由 SAR 天线和中央电子设备两个子系统组成。

1. SAR 天线

SAR 载荷采用双极化平板有源相控阵天线方案,有效口径为 15 m(方位向)×
1.232 m(距离向),能够进行天线波束的两维快速扫描,通过幅相优化可实现大
扫描角下的低天线副瓣。

图 3.15 给出了 SAR 天线的电原理框图。

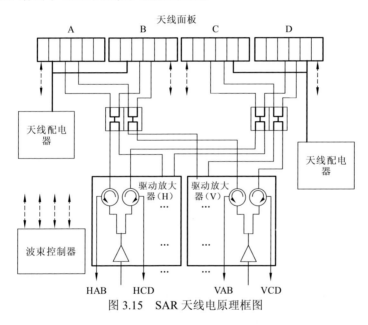

图 3.15　SAR 天线电原理框图

阵面天线沿方位向分为 4 个面板(A、B、C、D),可通过各面板的加断电改变天
线方位向孔径尺寸,并有利于卫星发射前天线的折叠压紧。每个天线面板可分为 6 列,
每列为一个模块,每列由 64 个距离单元组成,共计 1536 个收发(TR)通道。

阵面天线的+X 翼(C+D 面板)和-X 翼(A+B 面板)的接收通路相互独立,
其中每翼的 H 和 V 极化接收通路相互独立;采用微波组合单元实现单极化、双极
化、时分四极化和单发双收模式下接收机输入射频信号的组合和切换,使得可仅
采用两个接收采样通道满足不同成像模式的需求。

SAR 天线子系统除天线阵面外,还包括天线配电器、波束控制器和驱动放大器。

(1)天线配电器。整个天线的供电由 2 台天线配电器提供,每台配电器为

2 块天线面板提供大功耗高压母线电源的开关切换，同时提供各天线面板的 DC/DC 模块使能信号。

（2）波束控制器。它用于接收中央电子设备的指令，进行指令解释、波控码形成，并将波控码通过数据总线发送至天线各面板，从而控制天线的波束形成和扫描。GF-3 卫星 SAR 所有成像模式共计需要形成左、右侧视各 205 个距离向天线波束，所有波束的幅度和相位控制码均存储于波束控制器中。波束控制器在轨实时计算天线波束方位向扫描所需要幅度和相位控制码。

（3）驱动放大器。它对中央电子设备输出的调频信号进行功率放大，以驱动天线阵面。天线阵面的接收信号经驱动放大器中的环形器送至中央电子设备。两台驱动放大器分别驱动接收 H 极化和 V 极化天线信号。

发射时，调频信号经射频功率放大器放大后，由功分器分为 2 路，分别驱动对应极化的 A、B 面板和 C、D 面板。因此，可采用使能射频功率放大器的方法来选择发射极化，例如发射 H 极化信号时，仅使能 H 极化驱动放大器中的射频功率放大器。为提高天线的极化隔离，天线阵面同样需要相应进行极化使能选择。天线 A 面板和 B 面板的相同极化接收信号合成为一路，然后分别功分为 2 路，以实现射频通道冗余。天线 C 面板和 D 面板的接收信号采用相同的方式实现通道冗余。

图 3.16 给出了单块天线面板的电原理框图。

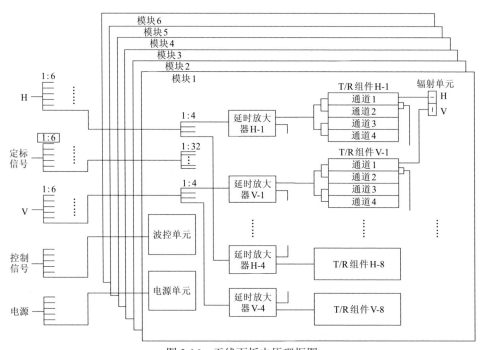

图 3.16　天线面板电原理框图

每个天线面板由 6 个模块组成，射频信号通过 3 个 1 分 6 功分器连接到各天线模块，控制和供电信号则通过总线的方式分配至各天线模块。

SAR 天线采用了模块化设计，每个天线模块均包含 1 个波控单元、1 个电源单元、8 个延时放大器、16 个 T/R 组件、32 个双极化辐射单元，3 个功分器及相应的安装板和电缆网。

（1）波控单元接收波束控制器的指令和定时信号，转换后发送至 8 个延时放大器和 T/R 组件，从而控制波束形成和收发切换。

（2）电源单元将高压直流电源转换为模块内其他有源单元工作所需要的低压直流电源，并通过电缆网分配至各单元，包括延时放大器、T/R 组件和波控单元。

（3）双极化辐射单元采用波导裂缝技术来提高极化隔离度和辐射效率，辐射单元行间距的选取可保证天线波束在距离向 ±20° 扫描角下没有明显的栅瓣，能够满足 12 种成像模式（特别是扩展入射角模式）对天线波束距离向扫描的要求。辐射单元列间距的选取，使得在聚束模式所要求的 ±1.9° 方位向扫描角下，难以满足低栅瓣的严格要求，但可以通过适当地选取 PRF 使模糊区避开栅瓣所在位置，从而满足方位模糊的性能要求。

（4）2 个 1∶4 功分器分别将 H 和 V 极化射频信号分配至每个延时放大器，一个 1∶32 功分器用来合成每个 T/R 组件的定标耦合信号。每个 T/R 组件包含有 4 个 T/R 通道，一个与延时放大器的接口。每个双极化辐射单元具有完全隔离的 H 极化和 V 极化馈电端口，分别对应 H 极化和 V 极化的一个 T/R 通道。

2. 中央电子设备

SAR 中央电子设备实现的功能包括：冗余切换控制，加断电控制，工作流程控制，时序控制；发射调频信号产生；接收信号变频、滤波；采样量化，数据压缩，数据打包。

图 3.17 给出了 SAR 中央电子设备的电原理框图。

（1）监控定时器。通过卫星平台总线，监控定时器接收卫星平台转发的地面指令，并将 SAR 载荷的遥测数据发给卫星平台。监控定时器控制 SAR 载荷各单机的冗余切换、加断电、定时控制及成像流程和参数控制，同时监测中央电子设备的工作状态，天线子系统的工作状态由波束控制器通过数据总线提供给监控定时器。

（2）雷达配电器。它将卫星平台电源母线分配至中央电子设备各单机及波束控制器和驱动放大器，并执行卫星平台和监控定时器的指令进行加断电。考虑各单机对二次电源的需求种类较多，将 DC/DC 模块分布在各单机中，而不是集中

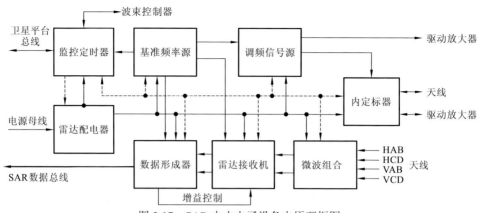

图 3.17　SAR 中央电子设备电原理框图

在雷达配电器中。

（3）基准频率源。它基于高稳晶振产生 SAR 载荷工作所需要的各种同步时钟。

（4）调频信号源。根据监控计算机的时宽、脉宽、斜率和定时指令，调频信号源在轨实时计算产生 SAR 载荷工作所需要的线性调频信号，经调制、上变频、滤波、放大后并送至驱动放大器和内定标器。考虑调频信号带宽的多样化需求，在调频信号源中采用具有 8 种带宽的中频滤波器组实现硬件带通滤波。

（5）微波组合。接收自天线的四路射频信号 HAB（AB 面板的 H 极化回波合成信号）、HCD（CD 面板的 H 极化回波合成信号）、VAB（AB 面板的 V 极化回波合成信号）和 VCD（CD 面板的 V 极化回波合成信号），由微波组合根据成像工作模式进行选择或合成，形成 2 路射频信号送至雷达接收机。在 H 极化超精细条带模式下，选择 HAB 和 HCD 输出至雷达接收机；在 V 极化超精细条带模式下，选择 VAB 和 VCD 输出至雷达接收机；在其他模式下，HAB 与 HCD 合成，VAB 与 VCD 合成，合成后的 2 路信号送至雷达接收机。

（6）雷达接收机。它具有 2 个接收通道，将接收的射频信号下变频、滤波、放大后，中频信号直接送至数据形成器。雷达接收机可采用手动增益控制（manual gain control，MGC）或自动增益控制（automatic gain control，AGC）模式进行增益控制。MGC 模式下数据形成器根据地面上发指令，输出固定衰减控制码至雷达接收机；AGC 模式下数据形成器在轨实时计算，根据信号幅度自动选择适当的衰减控制码，输出至雷达接收机。雷达接收机中采用了与调频信号源相同的中频滤波器组实现多带宽信号滤波。

（7）数据形成器。它采用中频采样技术，采样频率为 533.33 MHz，在数字域实现解调和滤波。在小带宽情况下进行数据抽取，以降低输出数据率。数据形成器可实现多种数据压缩方式,包括 BAQ 8∶3、BAQ 8∶4、高 4 bit 截取及 8 bit 直通(不压缩)方式,数据形成器根据监控定时器转发的地面指令进行压缩方式切换。根据成像工作模式和压缩方式不同,数据形成器将压缩后的回波数据与辅助数据按不同格式打包,形成 SAR 数据包送给数传分系统。在内定标模式下,定标数据不压缩,与辅助数据打包形成 SAR 数据包。

(8)内定标器。SAR 载荷通过内定标器与内定标网络形成内部射频闭环回路,来获取内定标数据。内定标器内部包含射频开关、光电转换模块和光延迟线等,可形成延迟或非延迟通路。内定标器与调频信号源、驱动放大器、天线阵面之间有定标接口,通过切换内定标器中的微波开关,可形成多条内定标回路。

3.6.3　成像模式设计

图 3.18 给出了 GF-3 卫星成像模式示意图。

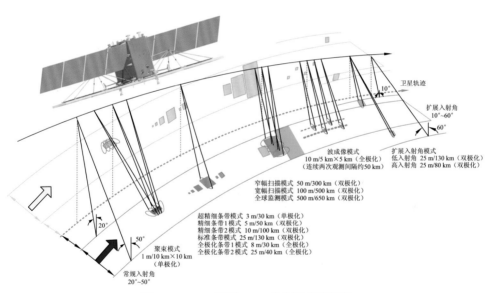

图 3.18　GF-3 卫星 SAR 成像模式示意图

从 SAR 成像技术的角度,卫星 12 种成像模式可划分为 6 组进行成像模式设计:聚束模式、双通道条带模式、四极化条带模式、波成像模式、双极化条带模式、双极化扫描模式(表 3.3)。

表 3.3　设计成像模式与卫星成像模式对应关系

序号	设计成像模式	对应卫星成像模式
1	聚束模式	滑动聚束模式
2	双通道条带模式	超精细条带模式
3	四极化条带模式	全极化条带 1 模式
		全极化条带 2 模式
4	波成像模式	波成像模式
5	双极化条带模式	精细条带 1 模式
		精细条带 2 模式
		标准条带模式
		扩展（高/低）入射角模式
6	双极化扫描模式	窄幅扫描模式
		宽幅扫描模式
		全球观测成像模式

除了成像模式，SAR 载荷还设计有多种内定标模式，通过这些内定标模式可在轨监测 SAR 载荷的部分性能和工作状态。与外定标不同的是，内定标可以在每次成像前、成像后甚至成像过程中进行，能够更加频繁地获取 SAR 载荷的运行状态。

1. 聚束模式

聚束模式采用滑动聚束技术（Carrara et al.，1995），成像过程中天线在方位向进行波束扫描，提高合成孔径时间，获得比条带模式更高的方位分辨率。由于成像过程中在方位向进行波束扫描，方位向非连续成像。

聚束模式下，有源相控阵天线方位向波束连续扫描±1.9°，每次步进 0.01°，实现方位向 1 m 高分辨率；距离向采用 240 MHz 带宽满足 1 m 高分辨率的要求。

聚束模式采用单极化发射、单极化接收工作方式，实现可选单极化（HH 或 HV 或 VH 或 VV），距离向采用 104 个波位覆盖 20°～50°入射角范围。该模式仅使用一半方位向天线孔径（7.5 m），可以由任意相邻的 2 个面板组成，即 A＋B 或 B＋C 或 C＋D，同时其他 2 块不工作的面板则断电以降低功耗。

2. 双通道条带模式

双通道条带模式采用多相位中心多波束技术（Krieger et al., 2004）方式实现
3 m 分辨率、30 km 幅宽条带，采用单极化发射、单极化接收工作方式，实现可选
单极化。天线波束指向在成像过程中不做调整，实现固定波位条带连续成像，距
离向采用 26 个波位覆盖 20°～50° 的入射角范围。

方位向多相位中心多波束是 GF-3 卫星在我国星载 SAR 中首先实现的一种高
分辨率宽测绘带模式（图 3.19）。使用多相位中心多波束技术，即使脉冲重复频
率降低，也能够保证回波信号在方位向满足奈奎斯特采样定律，从而利用沿方位
向空间维采样增加换取时间维采样减少的原理，在保证一定方位分辨率的情况下，
允许降低脉冲重复频率，使得测绘带得以展宽。或者在保持一定测绘带宽的情况
下，使得方位分辨率得以提高，从而一定程度上缓解了高分辨率与宽测绘带之间
的矛盾。

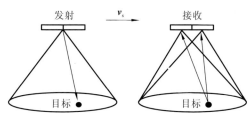

图 3.19　方位向多相位中心多波束工作原理

超精细条带模式采用一半方位向天线孔径，天线 B 面板和 C 面板共同用于发
射功率信号，天线发射波束展宽 1.7 倍以匹配接收波束；天线 B 面板和 C 面板分
别独立接收地面回波信号，形成具有不同相位中心的两个接收波束，从而增加空
间采样，降低 PRF。在该模式下，两个接收机通道需切换至相同极化下的天线左、
右翼，即分别对应天线 B、C 面板。

3. 四极化条带模式

为获得地物目标的全极化散射矩阵，全极化 SAR 系统必须获得 4 种极化的回
波。如果要同时获得 4 种极化，必须采用 4 个并行的通道，这会大大增加设备的
复杂性。因此对于全极化系统，通常采用双极化天线和双接收通道，利用发射和
接收通道的组合，获得准同时的 4 种极化回波。

全极化 SAR 系统通常采用极化时间分割、极化频率分割、极化编码分割、方
位向极化空间分割等方式实现全极化成像（杨汝良 等，2016），这几种传统极化
系统实现方式各有优缺点。为了提升星载 SAR 极化成像性能，改善强反射目标点
造成的距离模糊，GF-3 卫星 SAR 采用时分＋码分的全极化 SAR 技术，结合极化

时间分割与极化编码分割的优点，实现了结构简单、极化隔离度高、距离模糊抑制好的星载极化 SAR 系统。

　　SAR 系统以脉冲重复周期为间隔，交替发射水平极化和垂直极化电磁波，且发射水平极化时，线性调频信号采用正调频斜率，发射垂直极化时，线性调频信号采用负调频斜率；雷达天线同时接收两种极化的地物回波，从而获得目标的四极化散射矩阵，以抑制极化时分工作方式的距离模糊。

　　四极化条带模式包括全极化条带 1 模式和全极化条带 2 模式，均采用极化时分＋码分的方式，实现四极化（HH＋VH＋HV＋VV）成像（图 3.20）。两种模式下均采用天线全孔径发射接收天线波束指向在成像过程中不做调整，实现固定波位条带连续成像。

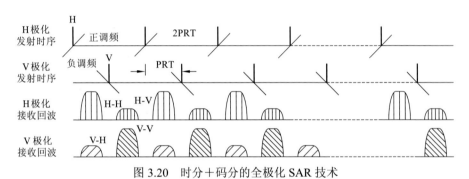

图 3.20　时分＋码分的全极化 SAR 技术

　　全极化条带 1 实现 8 m 分辨率、30 km 幅宽，距离向采用 28 个波位覆盖 20°～50°的入射角范围，其中指标考核波位为 1～16。全极化条带 2 实现 25 m 分辨率、45 km 幅宽，距离向采用 16 个波位覆盖 19°～50°的入射角范围，其中指标考核波位为 1～9。

4. 波成像模式

　　波模式要求分辨率 10 m，成像区域为 5 km×5 km，间距 50 km。波模式可认为是全极化条带工作模式的子集，通过控制成像时间来实现成像区域的间隔采样。波模式同样采用极化时分＋码分的方式，实现四极化成像。天线方位向采用全孔径发射接收，采用 28 个波位覆盖 20°～50°的入射角范围。

　　波模式通过控制回波窗的开始采样时间和采样点数，来实现距离向间隔成像，通过控制发射信号时间来实现方位向间隔成像（图 3.21）。SAR 系统先对小区域图像（例如 5 km×5 km），然后停止工作（待命状态）50 km 后对另一小区域图像，不断循环此成像/待命过程。两次小区域成像可使用同一个距离向波束，或者在 2 个不同的距离向波束之间来回切换。

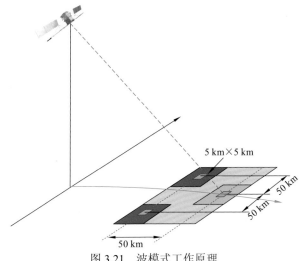

图 3.21　波模式工作原理

波成像模式可用于对大范围海洋表面进行空间离散采样，这种间歇不连续的观测方式可以大大降低 SAR 载荷的平均功耗，从而使得 GF-3 卫星在该模式下单次开机可连续工作超过 50 min。

5. 双极化条带模式

双极化条带模式采用单极化发射、双极化同时接收，来实现可选双极化。天线方位向采用全孔径发射接收，天线波束指向在成像过程中不做调整，实现固定波位条带连续成像。双极化条带模式包括精细条带 1 模式、精细条带 2 模式、标准条带模式和扩展（高/低）入射角模式。

6. 双极化扫描模式

双极化扫描模式采用单极化发射、双极化同时接收，来实现可选双极化（HH＋HV 或 VH＋VV）。天线方位向采用全孔径发射接收，天线波束指向在成像过程中沿距离向循环顺序切换，以覆盖更大幅宽成像（Currie et al., 1992）。双极化扫描模式包括窄幅扫描模式、宽幅扫描模式和全球观测模式。

双极化扫描模式采用与标准条带模式相同的天线波束，每个波束覆盖约 130 km 的幅宽，考虑相邻距离子带间的交叠，窄幅扫描模式、宽幅扫描模式和全球观测模式分别采用 3 个、5 个和 7 个相邻距离波束的拼接来实现所要求的成像带宽。其中全球观测模式采用了低发射占空比（约 1.6%），使得 SAR 载荷的平均功耗大大降低，并且通过采用 2 MHz 的信号带宽使得数据率大大降低，因此全球观测模式下单次开机可连续观测超过 30 min。

第4章 高分三号卫星标准产品处理方法

　　GF-3 卫星成像模式种类多、工作体制复杂，图像产品也呈现了多样化的特点。除了国产 SAR 卫星已经具有条带模式和扫描模式之外，GF-3 卫星还新增了滑动聚束模式、超精细条带模式、波模式及全极化条带模式，按照分辨率和测绘带宽可以分为 12 种成像模式（Sun et al., 2017）。GF-3 卫星地面处理系统可以为用户提供全部 12 种成像模式 0～2 级的标准产品（标准产品介绍详见第 5 章）。

　　GF-3 卫星地面处理系统具有任务管理、数据接收、数据录入、标准产品生产、图像质量评价、数据归档与信息管理、数据分发等多项功能，本章将主要介绍其中核心处理系统——数据处理系统。数据处理系统是整个 GF-3 卫星地面处理系统的重要组成部分，它由数据录入子系统和产品生成子系统两个部分组成。数据录入子系统对从接收站获取的 GF-3 原始数据进行解数传格式处理、辅助参数提取、分景编目并进行原始数据的归档；产品生成子系统根据用户的订单需要将各种观测模式下 SAR 回波数据生成斜距图像或地理编码图像，并进行标准产品的格式化输出及归档。下面将详细介绍 GF-3 数据处理系统的基本组成架构、数据处理流程、典型成像模式数据处理算法等，最后给出典型模式产品性能的分析情况。

4.1　地面处理系统体系架构

GF-3 卫星地面处理系统采用了 Linux/Windows 相结合的架构，可以兼顾 Linux 平台的高效率、可扩展性、可靠性，以及 Windows 平台的灵活操作。标准 Windows 环境主要用于执行对处理任务的管理和监控，而包括数据录入和产品生产在内的所有数据处理任务都是在 Linux 服务器上运行的。GF-3 卫星数据处理系统使用了拥有 16 核以上处理器（Intel®Xeon®CPU E5-2670）的计算节点，内存均超过 96 GB，全部配备 Red Hat Enterprise Linux Server 6.4 以上版本的操作系统。目前，每天有 20 多台这样的计算节点持续运行，以支持 GF-3 卫星数据处理系统的每日数据处理吞吐量和产品生产任务。

GF-3 卫星数据处理系统是在中国科学院空天信息创新研究院研制的 SAR 多任务数据处理系统基础上，针对高分系列卫星数据处理接口的经过适应性改造得到的，目前也支持中国多颗其他遥感卫星 SAR 数据的处理。GF-3 卫星数据处理系统由如图 4.1 所示的几个主要功能部件组成（填充灰色部分）。

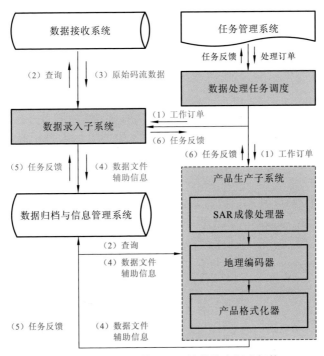

图 4.1　GF-3 数据处理软件基本组成架构

4.1.1　任务控制

GF-3 卫星数据处理任务的执行由整个 GF-3 卫星地面处理系统发出的工作指令控制，如图 4.1 所示。根据 GF-3 卫星地面处理任务管理系统发送的任务内容，GF-3 卫星数据处理系统将收到的订单分为两类：数据录入订单和产品生产订单。

数据录入订单首先由 GF-3 数据处理软件的内部调度系统进行验证，在此基础上，创建发送给数据录入子系统。从数据录入订单中提取相关任务信息，用于启动原始数据的录入过程，数据录入子系统会发送关于数据录入结果的反馈。数据录入的任务流如图 4.1 中的蓝色文字所示。

任务管理系统在得到原始数据处理和存档的反馈后，将向 GF-3 卫星数据处理系统发送标准产品生产订单，为数据录入过程中创建的每个逻辑景生成标准图像产品。对于 GF-3 卫星数据处理系统从任务管理系统收到的每个产品订单，内部任务调度系统将首先进行订单格式和内容的校验，然后生成相应的任务指令信息，并将其发送到产品生产子系统。产品生产子系统收到的任务指令用于启动标准产品生成流程。在产品被成功生成并存档之后，GF-3 卫星数据处理系统将对任务管理系统做出响应，发送关于处理结果的反馈。产品生产的任务流如图 4.1 中的棕色文字表示。GF-3 卫星数据处理系统通过使用多个 Linux 计算节点支持多个并发处理任务。

4.1.2　数据录入

GF-3 卫星数据处理系统数据录入子系统负责对数据接收系统接收到的 GF-3 卫星原始数据进行录入，其主要功能包括解传输格式与快视处理、逻辑分景与数据编目两个部分。

首先，数据录入子系统通过对星上下传的格式化原始码流数据进行解数传格式处理并提取出 SAR 有效载荷格式化数据，随后对 SAR 格式回波数据的辅助数据进行验证和分析。数据录入子系统将 SAR 原始数据整理成符合产品生产软件 SAR 成像处理器输入接口规范的数据，并提取出后续过程中可能需要的卫星平台参数、传感器参数等各种辅助参数。同时，对回波数据进行快视处理，用于快速检查 SAR 传感器状态和回波信号质量。

其次，对每组数据在逻辑上划分成景，以使每个最终产品图像在地图上接近一个正方形，但这一过程并不会将数据在物理上分离成不同的文件。

最后，在生成回波数据文件和辅助数据文件之后，数据录入子系统将通过 Web 服务请求数据归档与信息管理子系统对处理结果数据进行归档。

4.1.3　标准产品生产

GF-3 卫星数据处理系统产品生成子系统负责根据数据处理的需求完成 GF-3 卫星 0~2 级标准产品的生产。标准产品生产业务分为两类,一是常规生产业务,二是订购生产业务。

常规生产业务首先是对编目完成后的长条带原始数据按照分景信息,自动化进行雷达数据预处理。其次是根据用户需求,按各种成像模式下约定的常规生产产品级别,生产相应的标准产品,即经过姿态、轨道数据处理、多普勒参数计算与估计、成像处理及辐射校正、有理多项式系数(rational polynomial coefficient, RPC)生成,可选择地输出 1 级产品(斜距复/幅度图像产品)及其浏览图和拇指图;再经过系统级几何校正处理,输出 2 级图像产品(地理编码图像产品)及其浏览图和拇指图。

订购生产业务是根据任务管理系统提出的标准产品订购生产请求,依据 SAR 数据编目分景信息,通过数据归档与信息管理系统,从归档的有效载荷数据中提取相应的数据段,并按照订单需求完成标准产品生产。产品生产子系统首先解析产品生产订单内容,根据常规生产和订购生产两类不同的生产流程,按照产品生产级别和具体处理要求,通过数据归档与信息管理系统从有效载荷数据中提取相应的数据段及相关辅助信息,完成产品生产订单中指定级别的标准产品。除 0 级标准产品外,1~2 标准级产品生产结束后,都将提交数据归档与信息管理系统进行存档,并由数据分发系统分发到指定用户。

4.2　数据处理流程

GF-3 卫星 SAR 数据处理系统的核心业务主要包括数据录入、标准产品生产两类,下面分别详细描述这两类核心业务的工作流程。

4.2.1　数据录入流程

数据录入业务是根据任务管理系统提出的数据处理请求,自动实现 GF-3 卫星 SAR 原始数据的解数传格式、编目处理和快视显示,完成有效载荷数据的分景、景定位计算、景元数据生成、姿轨信息提取、内定标数据分析、快视成像与显示等处理环节,并对分段后的长条带原始数据、姿轨数据、内定标数据及其分析结果、快视图像进行归档。数据录入流程如图 4.2 所示。

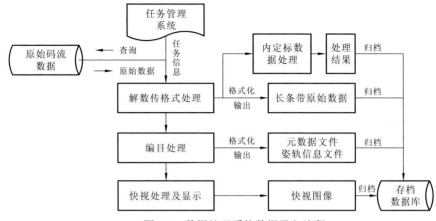

图 4.2　数据处理系统数据录入流程

（1）数据处理系统对任务管理系统关于原始数据录入任务的指令进行解析，并向相关业务模块发出任务信息。

（2）数据处理系统启动解数传格式模块，对待处理的原始码流数据进行解数传格式处理，将解格式后的 SAR 有效载荷数据作为长条带原始数据提交数据归档与信息管理系统进行存档。

（3）解数传格式后获得的 SAR 载荷内定标数据被发送到内定标数据处理模块进行内定标分析，依据内定标方案对内定标数据进行处理，并记录处理结果参数，完成内定标数据及其分析结果的归档。

（4）启动编目处理任务，完成辅助数据解析校验、数据分景、景定位计算，生成元数据文件和姿轨信息文件，并提交数据归档与信息管理系统存档。

（5）SAR 有效载荷数据被发送到快视处理及显示模块进行快视处理，并对快视图像进行归档处理。

原始码流数据经过解数传格式、辅助数据解析、编目处理及内定标数据处理后，形成长条带原始数据文件、元数据文件、姿轨信息文件和内定标数据处理结果文件，经信息入库并发布供用户浏览查询和标准产品生产信息提取使用。

4.2.2　标准产品生产流程

标准产品生产工作流程如图 4.3 所示。

（1）标准产品常规生产中，数据处理系统按编目分景信息，根据各种成像模式下约定的产品生产级别，对获取的长条带原始数据逐景自动完成标准产品生产；标准产品订购生产中，数据处理系统首先对任务管理系统关于标准产品生产任务

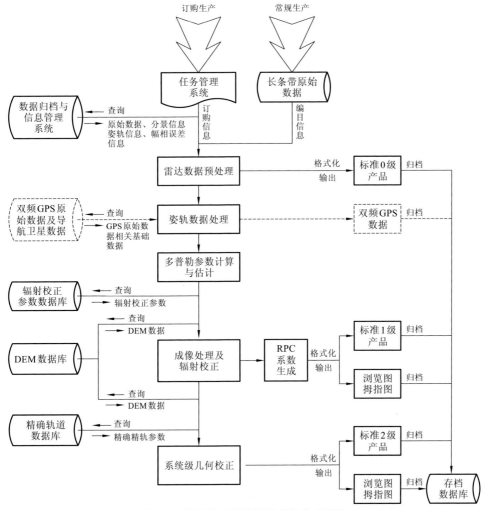

图 4.3　数据处理系统标准产品生产流程

的指令进行解析，然后通过数据归档与信息管理系统从有效载荷数据中提取相应的数据段。明确处理任务后，数据处理软件向相关业务模块发出任务信息。

（2）数据处理系统启动标准产品生产流程后，依据编目分景信息，提取长条带原始数据中对应的有效载荷数据段，根据任务信息指令判断是否格式化输出 0 级产品并提交数据归档与信息管理系统存档。当产品生产级别为标准 1～2 级时，将调用雷达数据预处理模块完成 BAQ 解压缩、收发系统增益变化校正、系统通道幅相误差校正等回波数据的预处理。

（3）针对经雷达数据预处理后的 SAR 数据段，启动姿轨数据处理任务，完成对应姿轨数据的处理。在卫星采集的双频 GPS 伪距及相位信息、导航卫星精密星历及钟差等数据存在的情况下，可选择进行双频 GPS 原始数据处理，获取相应时间段更高精度的卫星位置、速度信息，并完成包含精化处理结果的双频 GPS 数据归档。

（4）针对经雷达数据预处理后的 SAR 数据段，根据任务信息指令完成多普勒参数计算或估计。

（5）调取辐射校正参数数据库中的天线方向图信息，调取 DEM 数据库中对应目标区域的 DEM 数据，启动方位双波束数据重构模块（仅超精细模式成像时）、成像与辐射校正模块，根据各种成像模式的特点，完成距离-方位二维聚焦处理和辐射校正处理。

（6）基于上一环节输出的图像及相关参数信息，生成斜距功率图像或幅度图像及相应的 RPC 系数文件，格式化输出 1 级产品及其浏览图和拇指图，并提交数据归档与信息管理分系统存档。

（7）调取精确轨道数据库中对应成像时间的精确轨道信息，调取 DEM 数据库中对应目标区域的 DEM 数据，启动系统级几何校正模块，生成地理编码图像，格式化输出 2 级产品及其浏览图和拇指图，并提交数据归档与信息管理分系统存档。

4.3 零级产品处理

GF-3 卫星数据处理系统提供用户指定范围内的完整帧计数原始数据产品，0 级产品也称 0 级景数据。数据处理系统收到 0 级产品生产任务后，通过数据归档与信息管理系统回迁长条带数据文件，根据产品生产任务中指定的景信息，解析景元数据内容，截取对应数据帧范围内的原始数据并生成辅助文件到指定地址。GF-3 卫星 0 级产品默认为非对外自动分发产品，仅提供特定用户人工推送使用。

4.4 一级产品处理

GF-3 卫星数据处理系统生产单视复图像产品、单/多视幅度图像产品。GF-3 卫星 1 级产品图像保留了原始数据获取的先后顺序和被观测对象到天线相位中心的近远距关系，即未对图像进行面向地图投影关系的任何翻转处理，且均为斜距图像，GF-3 后续业务卫星海洋地面处理系统将提供经斜地变换的 1 级产品。

SAR 成像聚焦、辐射校正、多视处理、极化校正是 GF-3 卫星数据处理的核心环节。SAR 成像处理器是产品生产子系统 1 级产品生产的核心软件，它主要包括条带成像处理器、聚束成像处理器和扫描 SAR 成像处理器三个部分。SAR 成像处理器主要执行 SAR 回波数据的解压缩、多普勒参数的计算与估计、噪声样回波信号二维成像聚焦、辐射校正、极化校正，进而生成 SAR 斜距图像。

条带成像处理器负责 GF-3 卫星的超精细条带模式、精细条带模式 1、精细条带模式 2、标准条带模式、全极化条带模式 1、全极化条带模式 2、波模式和扩展（高/低）入射角模式等模式数据的成像处理。它采用线性调频变标（chirp scaling，CS）算法作为基本算法（Raney et al.，1994a）。为了支持精确聚焦和多模式处理，特别是对超精细条带模式和全条带模式的处理，在基本处理器上做了一些适应性改造，后面将对其进行说明。

聚束成像处理器负责 GF-3 卫星聚束模式的成像处理，即对滑动聚束回波信号进行聚焦处理，但生产系统的参数设置并不支持凝视聚束成像。聚束处理器采用去斜线性调频变标（deramp chirp scaling，DCS）算法作为基本算法（Ossowska et al.，2008），但在基本处理器上应用了改进算法，以支持 GF-3 卫星 1 m 分辨率聚束模式数据的 SAR 聚焦处理，具体算法将在本章后面的部分中详细描述。

扫描 SAR 成像处理器负责 GF-3 卫星窄幅扫描模式、宽幅扫描模式和全球观测模式数据的成像处理。该算法以扩展线性调频变标（extend chirp scaling，ECS）算法为基本算法（Moreira et al.，1996），在"去斜"处理的基础上完成方位压缩，非常适合 burst 模式工作的扫描模式成像。为了抑制 GF-3 扫描模式图像中存在的"扇贝效应"，数据处理系统在基本处理器上对天线方向图校正进行了改进。

上述三种 SAR 成像处理器都接受数据录入子系统输出格式的数据作为输入，其输出图像均为经过辐射校正（Freeman et al.，1989）的斜距图像。根据从任务管理系统接收的产品生产订单的设置，可以是单视复图像或单/多视幅度图像。所有这些处理器都采用并行处理的架构，通过在 GF-3 地面处理系统中增加 Linux 服务器，可以很容易地提高产品生产的能力。

4.4.1　滑动聚束模式成像处理

GF-3 卫星 SAR 以滑动聚束或混合滑动聚束模式作为聚束成像的常规工作模式。GF-3 聚束处理器采用改进的 DCS 算法作为基本处理算法，主要用于常规聚束模式的数据处理。针对 GF-3 卫星高分辨率宽测绘带星载聚束 SAR 成像时间长、合成孔径大的特点，在基本 DCS 成像处理器中采用了多种改进措施（韩冰 等，2011），以提高处理的精度，从而解决 GF-3 聚束成像的方位空时变特性比较显著的问题。算法流程如图 4.4 所示。

首先，在将聚束 SAR 数据输入 DCS 处理器之前，利用类似机载 SAR 成像处理中的一阶运动补偿的方式修正方位向上不同位置目标的方位空时变误差。如韩

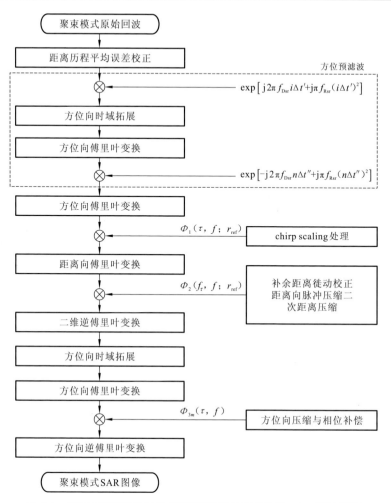

图 4.4　GF-3 卫星聚束 SAR 距离历程误差校正改进 DCS 算法框图

冰等（2011）所述，待补偿的运动误差可以表示为 ΔR_{sr}，它描述了星载 SAR 相对于载荷天线虚拟转动点的非线性和非均匀运动误差，这是整个场景的平均误差。

其次，对雷达回波信号进行方位预滤波，以解决多普勒域的频谱混叠问题，并根据定义，将其应用于 CS 算法成像过程中。

第三，经过方位预滤波后，新的方位采样率将能够满足信号的多普勒总带宽的无混叠处理需求，同时，方位预滤波不会显著增加待处理的数据量。除为了校正方位预滤波而需要对 CS 算法的第三因子 ϕ_3 做微小调整外，滑动聚束数据的后续处理将与条带数据处理保持一致。

最后，在 CS 算法的第三因子中，还应用了一种在累积时间内补偿剩余三次相位误差 $\Delta\phi_{\mathrm{c}}$ 的方法。根据修正后的 ϕ_3 定义为 $\phi_{3\mathrm{m}}$，韩冰等（2011）对 ΔR_{sr}，$\Delta\phi_{\mathrm{c}}$

和 ϕ_{3m} 给出了详细的定义说明。

4.4.2　条带模式成像处理

GF-3 卫星数据处理系统条带处理器采用 CS 算法作为基本处理算法。针对 SAR 载荷多极化、多通道的特点，根据细化成像模式的不同，条带 SAR 成像处理器增加了双通道数据重构和四极化图像配准等处理环节，可以兼顾超精细条带模式、精细条带模式 1、精细条带模式 2、标准条带模式、全极化条带模式 1、全极化条带模式 2、波模式和高/低扩展入射角模式成像处理的需求。

与 RadarSat-2 超精细条带模式完全相似（Thompson，2004），GF-3 超精细条带模式采用了双接收天线相位中心技术，用于获得 3 m 分辨率和 30 km 成像幅宽。对双接收通道的数据需要在常规条带模式成像的基础上进行如图 4.5 所示方位向处理，在这一步之后，即可执行适用于所有其他条带模式的通用 SAR 成像算法。

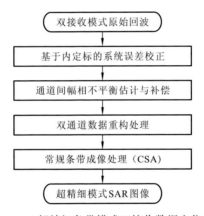

图 4.5　GF-3 超精细条带模式双接收数据方位处理图

首先，基于来自内定标系统的校准数据，对原始数据通道内正交不平衡、双接收通道间的幅相不平衡和时间不一致等进行校正处理。

其次，通过两个通道的幅相不平衡估计来消除幅度和相位的残余误差（Kim et al.，2013）。

第三，这里应用了一个多通道重构滤波器（Krieger et al.，1996），以抑制与天线几何和 SAR 参数有关的方位模糊度。

最后，在对分离前后通道的双接收信号进行重构后，与常规条带模式一样，采用基于 CS 算法的通用条带 SAR 成像方法完成后续处理。Jin 等（2017）提出了一种用于静态场景和运动目标的无模糊成像的综合成像方案。

对于全极化 SAR 条带模式数据的处理，将在后面极化校正部分进行详细说明。

4.4.3　扫描模式成像处理

　　GF-3 卫星扫描 SAR 数据使用了 ECS 算法进行处理，算法流程如图 4.6 所示。其中，方位压缩是利用频谱分析（SPECAN）技术来实现的，这种方法存在一些不足和近似，会造成聚焦精度的损失，但满足 GF-3 卫星扫描模式成像要求。GF-3 卫星数据处理系统中采用的 ECS 算法，利用方位标度函数来消除方位频率调制随距离的变化。另外，为了有效抑制扫描 SAR 图像中的"扇贝效应"，对扫描 SAR 成像处理器中的多普勒中心频率估计和天线增益校正部分也进行了更为精细的设计。在 GF-3 数据处理系统中，天线方向图校正考虑了系统噪声和由天线旁瓣进入的回波功率的影响，具体内容见 6.3 节。

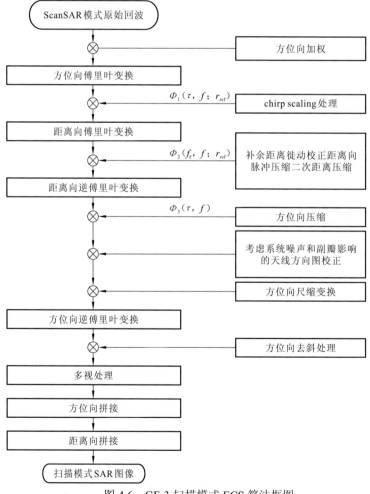

图 4.6　GF-3 扫描模式 ECS 算法框图

4.4.4 辐射校正

GF-3 卫星数据应用主要为定量化应用,对图像产品辐射精度提出了较高的要求。GF-3 卫星数据处理系统采用了经典成熟的 SAR 辐射校正方法(Freeman et al., 1989),具体校正包括天线、接收机在内的载荷收发增益、信号传输衰减、成像处理增益、加权增益等。其中,产品生成子系统主要完成相对辐射校正,外场绝对辐射定标获取的定标常数会作为参数在产品元数据中提供给用户使用,进而实现 GF-3 卫星图像产品的辐射定量化生产。下面对 GF-3 卫星地面数据处理系统中辐射校正核心环节进行简要介绍。

1. 信号传输衰减校正

信号传输衰减校正主要用于校正 SAR 信号回波在星-地-星传输链路上由于传播路径中各方面因素所造成的信号功率衰减。GF-3 卫星地面数据处理系统信号传输衰减校正软件以统一参考斜距为标准值,针对不同距离门计算传输衰减校正因子,并在经距离压缩后的数据中实施校正。

2. 通道幅度/相位误差校正

GF-3 卫星 SAR 载荷采用线性调频脉冲作为发射信号。线性调频脉冲在信号生成及调制解调过程中,受信号源、功率放大器、滤波器、阻抗匹配网络等多环节的非理想特性影响,均可能导致信号幅度和相位的失真。GF-3 卫星地面数据处理系统通道幅相误差校正软件基于星上内定标数据或地面测试数据(无内定标数据情况下使用),提取收发通道的带内幅频/相频误差校正曲线、I/Q 不平衡校正参数及(多接收通道、多极化通道)通道间幅相不平衡校正曲线等,并针对原始回波实施校正,以达到补偿载荷收发通道非理想辐射误差的目的。

3. 天线方向图校正

天线是 SAR 载荷向外辐射和接收电磁波的主要部件,针对天线辐射增益变化的校正是 SAR 辐射校正的重要环节。GF-3 卫星地面数据处理系统天线方向图校正软件主要根据经过外场定标修正后的距离向、方位向天线方向图完成天线收发增益的校正,主要包括发射、接收距离、方位天线方向性系数校正和天线峰值增益的校正等。

4. 成像处理器增益校正

成像处理器增益校正主要针对成像处理引入辐射增益变化进行校正,可分为匹配滤波和加权引入处理增益两类(尹迪,2020),经过成像处理器增益校正后,由发射信号带宽、脉宽差异等造成的 SAR 图像辐射增益变化也将随之完成校正。

5. 雷达散射单元面积校正

GF-3 卫星地面数据处理系统雷达散射单元面积校正主要完成在地距平面、斜距平面和波前平面等不同投影方式下的散射系数反演,生成 σ_0、β_0、γ 三类散射系数图像产品(Raney et al.,1994b)。目前,产品生产系统默认生成 σ_0 系数。

4.4.5　极化校正

GF-3 卫星全极化条带模式(全极化条带 1、全极化条带 2 和波模式)采用交替发射 H 极化和 V 极化线极化波,并同时利用 H 和 V 极化天线接收回波的方式实现。GF-3 数据处理系统的产品生产子系统收到全极化产品生产的订单后,将对每个极化通道的信号顺序进行处理。因此,对同一观测对象而言,4 种极化方式下图像的相同位置的像素分别对应 HH、HV、VH 和 VV 4 个值。图 4.7 描述了GF-3 全极化模式 SAR 数据与极化校正相干的处理流程(蒋莎,2018)。

首先,根据内定标系统的校正参数,对原始数据进行通道内正交不平衡、极化通道间的幅相不平衡和时间不一致等校正。

其次,做方位压缩之前,在多普勒域中对不同极化方式的图像进行方位向配准。方位向配准的偏移量是一个脉冲重复时间。

第三,全极化模式交替发射和同时接收过程中天线相位中心位置的差异在各极化通道引入了具有空变特性的极化通道不平衡误差,这里主要在单视复图像上实施不同极化通道图像之间的距离配准和相位补偿。

最后,根据极化定标参数对全极化图像之间的残余系统不平衡进行校正。

4.4.6　多视处理

GF-3 卫星数据处理过程中的图像多视处理主要是根据产品生产订单指定的距离、方位多视数在频域划分图像子视并在时域完成非相干累加处理,因此,经多视处理后 SAR 图像产品降低了方位、距离向空间分辨率,从而有效抑制斑点噪声,提高 SAR 图像的信噪比和图像的可视性。

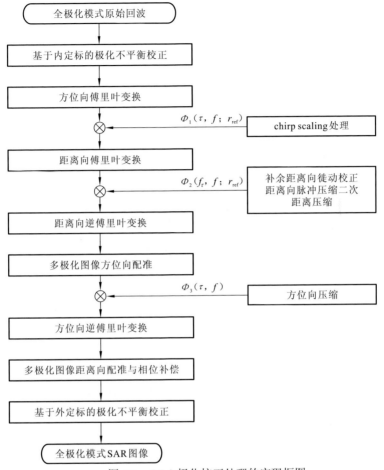

图 4.7　GF-3 极化校正处理的实现框图

4.5　二级产品处理

　　GF-3 数据处理地理编码软件可以对斜距图像进行地图投影而获得地理编码产品，也可以只生成一个与地图投影过程相对应的 RPC 文件。GF-3 卫星 SAR 图像地理编码过程中考虑了侧视成像几何、地形、系统时间误差和平台速度变化等对 SAR 图像几何关系等的影响因素，利用距离-多普勒模型，基于传感器成像几何和目标高程对 SAR 图像像素进行几何定位（Liu et al.，2017）。

　　目前，GF-3 卫星数据处理系统仅在使用了美国 SRTM 任务获取的 DEM 数据库的基础上，利用卫星轨道数据和场景中的平均数字高程完成图像的系统级几何校正，尚不支持基于地面控制点的精校正处理。

　　图4.8~图4.10分别给出了滑动聚束模式、条带模式与扫描模式数据的处理示例。在4.6.2小节与4.6.3小节给出了超精细条带模式、全极化模式数据处理示例。

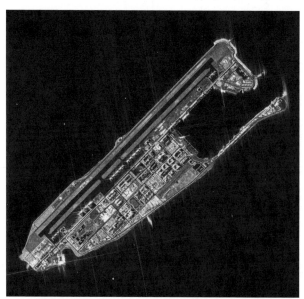

图 4.8　海南省三沙市永暑岛 GF-3 卫星滑动聚束模式图像（局部）

滑动聚束模式，HV 极化，UTC 时间 2017 年 4 月 10 日

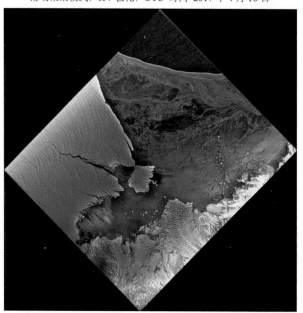

图 4.9　南极海冰 GF-3 卫星标准条带模式图像

标准条带模式，HH 极化，UTC 时间 2016 年 12 月 5 日

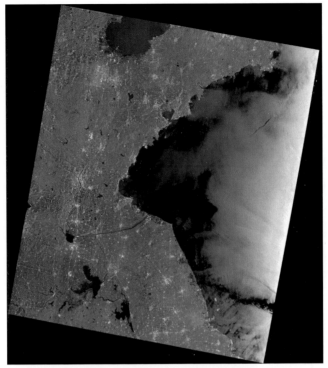

图 4.10 浙江省东部 GF-3 卫星扫描模式图像

宽幅扫描模式，VV 极化，UTC 时间 2020 年 3 月 17 日

4.6　产品性能分析

4.6.1　聚束模式聚焦性能评价

空间分辨率达 1 m 的聚束模式代表了 GF-3 卫星的最高分辨率水平，聚束模式的成像聚焦也成为 GF-3 卫星数据处理的难点之一。

GF-3 卫星聚束模式在轨测试阶段在中国内蒙古自治区鄂托克旗地区组织过多次成像性能测试试验，试验主要用于评估 GF-3 卫星聚束模式下 SAR 成像空间分辨率、相对/绝对辐射精度、定位精度等一系列星地一体化指标，这里重点介绍聚束模式聚焦性能的评估情况。表 4.1 给出了其中一次试验所使用的主要参数，试验中成像幅宽范围内共布设了三个角反射器，如图 4.11 所示，其中，1 号和 2 号角反射器放置在场景中心附近，3 号角反射器放置在距离向中心、方位向非中心位置用于考察成像聚焦的景内一致性。

表 4.1　　GF-3 卫星聚束模式成像性能试验的主要参数

名称	内容
成像模式	聚束模式
极化方式	VV
入射角	47.197 573°～ 47.674 581°
空间分辨率	1.0 m（A）×1.0 m（GR）
成像幅宽	10 km（A）×10 km（GR）
相对辐射精度/dB	1.0（景内）
定位精度/m	10
峰值旁瓣比	−22.0 dB（A）× −22.0 dB（R）
积分旁瓣比	−15.0 dB（A）× −15.0 dB（R）

注：A 表示方位向；GR 表示地距向；R 表示距离向

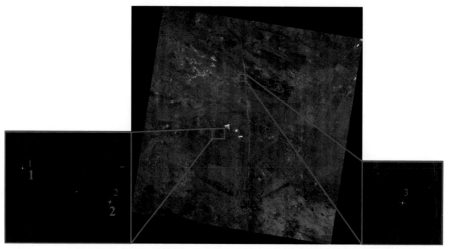

图 4.11　　GF-3 聚束模式成像性能测试现场的地理编码产品图像

数字 1、2 和 3 表示角反射器的位置

　　如表 4.2 所示，使用所有三个角反射器测试空间分辨率、峰值旁瓣比和积分旁瓣比这三个重要的 SAR 成像聚焦质量指标。GF-3 卫星数据处理系统聚束模式成像处理器在成像过程中进行了运动补偿，包括基于虚拟转动点的平均距离历程误差校正和残余三次相位误差补偿两个部分，其中，基于虚拟转动点的平均距离历程误差校正主要解决全场景内不同方位位置上聚焦的一致性问题，而残余三次相位误差的校正主要是在一定程度上消除合成孔径内三次相位误差引起的旁瓣不

对称问题。表 4.2 和表 4.3 分别给出了聚束模式数据成像运动补偿前后三个角反射器在距离、方位两维的空间分辨率、PSLR、ISLR 的指标测试结果。补偿前后的对比表明了运动补偿方法的有效性，即经补偿处理后，三个角反射器的成像聚焦性能具有更好的一致性，且空间分辨率、PSLR、ISLR 等指标均达到了设计要求。

表 4.2　运动补偿前的成像聚焦性能测试结果

角反射器编号		空间分辨率/m	PSLR/dB	ISLR/dB
CR1	距离向	0.673 4	−23.000 7	−20.033 2
	方位向	0.908 4	−19.509 4	−18.058 4
CR2	距离向	0.676 2	−22.346	−20.344 6
	方位向	0.913 1	−19.880 3	−18.267 4
CR3	距离向	0.670 7	−21.988 8	−20.049 4
	方位向	0.819 7	−21.181 8	−17.695 2
平均值	距离向	0.673 4	−22.445 2	−20.142 4
	方位向	0.880 4	−20.190 5	−18.007

表 4.3　运动补偿后的成像聚焦性能测试结果

角反射器编号		空间分辨率/m	PSLR/dB	ISLR/dB
CR1	距离向	0.673 4	−23.006	−20.052 3
	方位向	0.873 5	−22.398 7	−18.771 2
CR2	距离向	0.676 2	−22.371 9	−20.359 8
	方位向	0.873 5	−22.928 4	−19.029 2
CR3	距离向	0.670 7	−22.198 7	−20.111 8
	方位向	0.862 7	−22.678 7	−18.965 7
平均值	距离向	0.673 4	−22.525 5	−20.174 6
	方位向	0.870 0	−22.668 6	−18.922

为了更全面且直观地表现上述方法的处理效果，图 4.12 和图 4.13 给出了补偿前后的标准 1A 级（单视复图像）产品三个角反射器的等高线图。

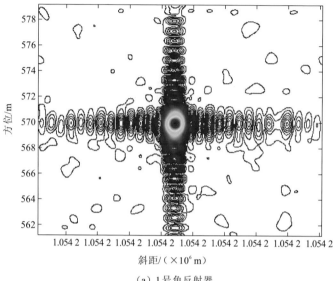

（a）1号角反射器

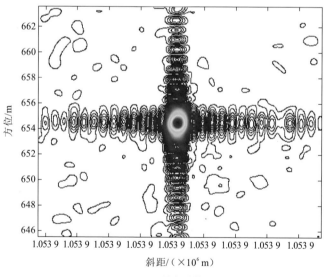

（b）2号角反射器

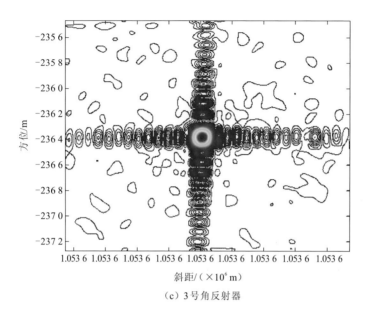

（c）3 号角反射器

图 4.12　补偿前 1 号角反射器、2 号角反射器和 3 号角反射器等高线图像

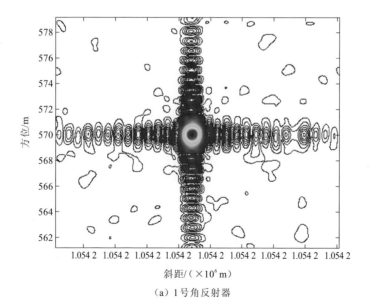

（a）1 号角反射器

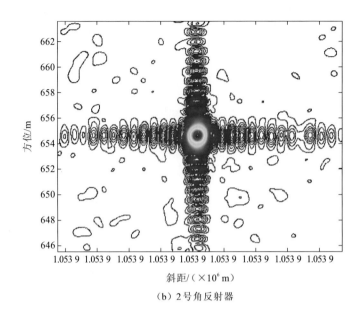

（b）2号角反射器

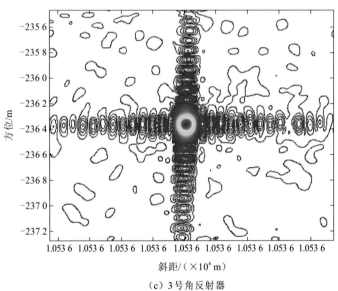

（c）3号角反射器

图 4.13　补偿后 1 号角反射器、2 号角反射器和 3 号角反射器等高线图像

在轨测试阶段，对聚束模式不同波位（天线下视角）进行了多次性能测试实验。表 4.4 和表 4.5 给出了典型中心视角 22.37°（方位扫描角度为 ±1.9°）、36.52°（方位扫描角度为 ±1.7°）和 41.17°（方位角扫描角度为 ±1.6°）下的成像聚焦性能（在统计意义上）。结果表明，在相同的方位分辨率下，随着斜距的增加，也即随着天线下视角的增大，改进算法的应用效果更加明显。这与理论分析一致。

表 4.4　聚束成像不同视角的成像聚集性能比较（补偿前）

角反射器	中心视角	空间分辨率/m		PSLR/dB	ISLR/dB
1 号	22.37° 左侧视	距离向	0.687 033	−25.594 0	−22.039 9
		方位向	0.816 500	−22.952 1	−18.875 6
2 号	36.52° 右侧视	距离向	0.680 633	−24.859 4	−21.608 2
		方位向	0.818 933	−19.791 7	−17.608
3 号	41.17° 右侧视	距离向	0.673 433	−22.445 2	−20.142 4
		方位向	0.880 400	−20.190 5	−18.007

表 4.5　聚束成像不同视角的成像聚集性能比较（补偿后）

角反射器	中心视角	空间分辨率/m		PSLR/dB	ISLR/dB
1 号	22.37° 左侧视	距离向	0.687 133	−25.6330	−22.040 7
		方位向	0.821 867	−22.990 6	−18.610 4
2 号	36.52° 右侧视	距离向	0.680 667	−24.871 4	−21.617 9
		方位向	0.819 900	−22.974 1	−18.872 4
3 号	41.17° 右侧视	距离向	0.673 433	−22.525 5	−20.174 6
		方位向	0.870 033	−22.668 6	−18.922 0

4.6.2　超精细条带模式通道不平衡校正

GF-3 卫星超精细条带模式通过一发双收体制获取高分宽幅 SAR 图像，而高分宽幅 SAR 成像处理的难点主要来自不同接收通道间幅度和相位不平衡误差的校正，尤其对于海面舰船或海陆交界场景的 SAR 图像，通道间幅相不平衡的存在直接造成"鬼影"或模糊能量的出现，从而严重影响 SAR 图像应用效能的发挥。

自 GF-3 卫星发射以来，对超精细条带模式双接收通道的幅度和相位不平衡误差进行了连续监测。图 4.14 展示了基于回波信号估计（虚线）和基于首尾内定标信号计算（实线）的相位不平衡情况，分析表明两个接收通道之间的相位不平衡大约在-15°～+15°变化，基于内定标信号的计算结果与基于回波信号的估计结果随时间变化的趋势高度一致。因此，仅当未采集到内定标信号时，才需要进行基于回波信号的通道不平衡误差的估计。

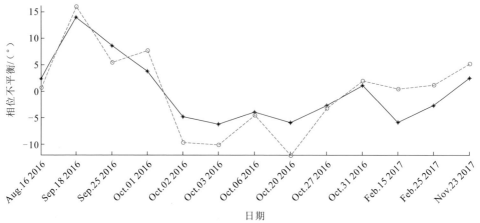

图 4.14　在轨测试阶段 GF-3 卫星超精细条带模式双接收通道幅相不平衡监测结果

图 4.15 为 2017 年 2 月 15 日 GF-3 卫星超精细条带模式（入射角从 48.539 322°～49.791 040°）获得的中国黄河入海口图像，SAR 图像中各类场景影像清晰、无模糊。

4.6.3　全极化条带模式极化不平衡校正

全极化 SAR 数据处理的关键是对极化不平衡的校正。GF-3 卫星投入使用后，从 2017 年 6 月～2017 年 12 月，对所有全极化模式（全极化条带模式 1、全极化条带模式 2 和波模式）的极化通道幅度和相位不平衡进行了为期半年左右的监测，如图 4.16 所示。在全极化产品图像已经经过内定标和外定标校正的情况下（产品描述文件中的<DoFPInnerImbalanceComp>和<DoFPCalibration>字段均是"1"时），极化通道间的幅度不平衡将小于 0.5 dB，相位不平衡小于 10°，即满足系统设计的极化性能指标。

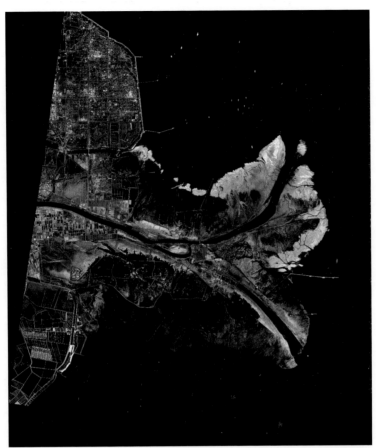

图 4.15　黄河入海口图像（超精细条带模式，2017 年 2 月 15 日获取）

超精细条带模式，HH 极化，2017 年 2 月 15 日

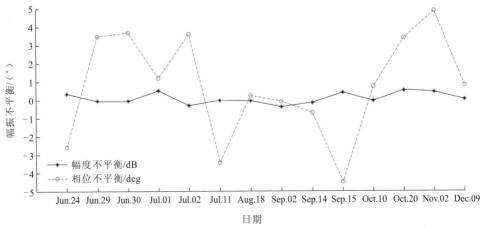

图 4.16　GF-3 全极化条带图四极化通道在实际应用中的幅相不平衡

图 4.17 为 GF-3 卫星采集的美国旧金山地区全极化图像。

图 4.17　美国旧金山地区 GF-3 卫星全极化数据 Pauli 分解伪彩色合成图像

全极化条带 1 模式，四极化，UTC 时间 2017 年 9 月 15 日

第5章 高分三号卫星标准产品

GF-3 卫星标准产品是指接收的原始数据由 GF-3 卫星地面系统处理生成并分发的图像数据产品。GF-3 卫星地面系统提供 0～2 级共 4 种标准产品，以满足不同用户的数据使用需求。

本章在第 2、3 章内容基础上，面向 GF-3 卫星数据使用者，详尽介绍公开分发的 1～2 级标准产品等级定义、产品结构与格式、产品命名规则、产品的特性与性能及产品描述文件包含的数据使用信息，同时给出标准产品实际使用时所需的基本处理方法。

5.1　产 品 等 级

0 级产品是对卫星数据传输系统下传的双通道原始数据进行低密度奇偶校验码解码（low density parity check code，LDPC）、解扰、解格式、帧同步、通道合并、格式整理后的产品，包含的是雷达回波数据和辅助数据，主要用于生产 1～2 级产品及对 SAR 数据进行质量分析。由于目前 0 级数据产品不公开分发，只向特定用户提供，本章对 0 级产品相关内容不进一步展开介绍。

1A 级产品是 0 级产品根据卫星参数，在斜距-方位平面进行聚焦成像，并经过辐射与极化校正后的单视复图像产品。1A 级产品不进行多视处理，产品距离向投影在斜距平面上，产品数据以复数形式保存。由于 1A 级产品包含了观测地物的相位信息，是极化数据处理与干涉数据处理等必须使用的数据产品。

1B 级产品是 0 级数据产品进行成像、多视处理（根据产品设计要求，见表 2.1）、辐射与极化校正后的幅度图像产品。对于扫描模式（窄幅扫描、宽幅扫描与全球观测模式），成像过程还包括子带拼接处理。1B 级产品在距离向仍然投影在斜距平面上，产品数据以幅度图像形式保存。1 级产品按照 SAR 载荷数据记录顺序进行处理成像，未对图像依照地图投影关系的进行翻转处理，且均为斜距图像。

2 级产品在 1 级产品基础上根据卫星姿轨数据与 DEM 数据，进行几何定位、地图投影、重采样处理后，得到经过地理编码的幅度图像产品。1B 与 2 级产品主要用于需要图像幅度信息的应用场景。

图 5.1 为浙江省东部山区 GF-3 卫星 1A、1B 与 2 级产品图像示例。

  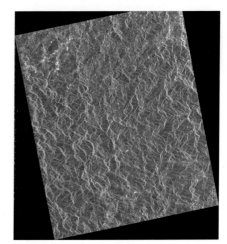

　（a）1A级产品　　　　　　　（b）1B级产品　　　　　　　　　（c）2级产品

图 5.1　GF-3 卫星 1～2 级标准产品示例

超精细条带模式，HH 极化，UTC 时间 2019 年 3 月 6 日

5.2　产品结构与格式

GF-3 卫星 1 级或 2 级产品分发时，以景为单位生成一个单独目录，目录包含单景产品压缩包文件。1 级与 2 级产品结构如下。

5.2.1　1 级产品结构与格式

1 级产品（1A 或 1B 级产品）包括图像数据文件、产品描述文件、RPC 参数文件、入射角文件、浏览图文件和拇指图文件。1 级产品结构与产品格式如表 5.1 所示。

表 5.1　1 级产品结构产品与格式

产品级别	文件名称	文件格式
1 级产品 （1A、1B 级产品）	图像数据文件	TIFF
	RPC 参数文件	TXT
	产品描述文件	XML
	入射角文件	XML
	浏览图文件	JPEG
	拇指图文件	JPEG

1A 级产品数据以复数形式保存，实部和虚部均为 16 bit 有符号数；1B 级产品数据为 16 bit 无符号数。1 级产品文件格式为 TIFF。

RPC 参数文件用于将图像数据坐标由图像坐标系转换为大地坐标系，文件格式为 TXT。

产品描述文件提供数据产品使用所需的产品信息参数、雷达系统工作参数、卫星平台参数及 SAR 数据处理参数等信息，文件格式为 XML。

入射角文件给出了图像数据文件每列数据的入射角信息，文件格式为 XML。

浏览图文件是经过降 16 倍分辨率处理的图像，能够提供图像数据产品处理概况，用于图像检索查询，浏览图文件格式为 JPEG。

拇指图文件是每景数据被处理成不超过 256×256 像元的图像，主要用于产品检索缩略显示，拇指图文件格式为 JPEG。

5.2.2　2 级产品结构与格式

2 级产品由图像数据文件、产品描述文件、入射角文件、浏览图文件和拇指图文件组成，不包括 RPC 参数文件。

2 级产品数据为 16 bit 无符号数，文件格式为 GeoTIFF。产品描述文件、入射角文件、浏览图文件与拇指图文件格式与 1 级产品相同，具体如表 5.2 所示。

表 5.2　2 级产品结构与格式

产品级别	文件名称	文件格式
2 级产品	图像数据文件	GeoTIFF
	产品描述文件	XML
	入射角文件	XML
	浏览图文件	JPEG
	拇指图文件	JPEG

5.3　产品命名规则

GF-3 卫星产品命名包括了卫星接收站、观测场景位置、观测时间、产品等级、产品成像模式及产品序列号等信息。

5.3.1　1 级产品命名规则

1 级产品（1A 或 1B 级产品）命名规则为：卫星标识_地面接收站_成像模式_轨道号_图像中心位置经度_图像中心位置纬度_数据观测日期_产品等级_极化方式_产品序列号。具体如表 5.3～表 5.5 所示。

表 5.3　GF-3 卫星 1 级产品命名规则

字段序号	字符长度	字符	字符内容	说明
1	3	GF3	卫星标识	GF-3 卫星
2	3	MYN / KAS/ SAY/ MDJ/ KRN	地面接收站标识	详见表 5.4
3	2～5	SL/ UFS/ FS1/ FS2/SS/ NSC/ WSC/ GLO/QPSI/ QPSII/ WAV/EL/ EH	成像模式标识	详见表 5.5

字段序号	字符长度	字符	字符内容	说明
4	6	000000～999999	轨道号	
5	6	E000.0～180.0/W000.0～180.0	图像中心位置经度	E：东经，W：西经 数值保留小数点后一位
6	6	N000.0～180.0/S000.0～180.0	图像中心位置纬度	N：北纬，W：南纬 数值保留小数点后一位
7	8	20160810～99999999	数据观测日期	UTC 时间
8	3	L1A	产品等级	1A 级产品
		L1B		1B 级产品
9	2～4	DH	极化方式	双孔径 HH 极化
		DV		双孔径 VV 极化
		HH		HH 单极化
		VV		VV 单极化
		AHV		四极化
		HHHV		HH 与 HV 双极化
		VVVH		VV 与 VH 双极化
10	12	L10000000000～L19999999999	产品序列号	L1 后跟 10 位数字

表 5.4　GF-3 卫星地面接收站标识

简称	全称	地面站名称
MYN	MiYun	中国科学院密云卫星地面站
KAS	KaShi	中国科学院喀什卫星地面站
SAY	SanYa	中国科学院三亚卫星地面站
MDJ	MuDanJang	国家卫星海洋应用中心牡丹江卫星地面站
KRN	Kiruna	中国科学院北极（基律纳）卫星地面站

表 5.5 GF-3 卫星成像模式标识

简称	全称	成像模式
SL	slide spotlight	滑动聚束
UFS	ultra fine stripmap	超精细条带
FS1	fine stripmap 1	精细条带 1
FS2	fine stripmap 2	精细条带 2
SS	standard stripmap	标准条带
NSC	narrow ScanSAR	窄幅扫描
WSC	wide ScanSAR	宽幅扫描
GLO	global observing	全球观测
QPS1	quad-polarization stripmap 1	全极化条带 1
QPS2	quad-polarization stripmap 2	全极化条带 2
WAV	wave mode	波模式
EL	extend low incident angle	扩展低入射角
EH	extend high incident angle	扩展高入射角

1 级产品压缩包文件名依据表 5.3 命名,扩展名为.tar.gz。产品压缩包文件包含的景产品完整产品名如表 5.6 所示。

表 5.6 GF-3 卫星 1 级产品文件名

产品等级	产品类别	产品名称
1 级产品 (1A、1B 级产品)	图像数据文件	文件名.tiff
	RPC 参数文件	文件名.rpc
	产品描述文件	文件名.meta.xml
	入射角文件	文件名.incidence.xml
	浏览图文件	文件名.jpg
	拇指图文件	文件名.thumb.jpg

以图 5.1 中 1A 级产品为例，完整的产品文件名如下：

图像数据文件：GF3_SAY_UFS_013526_E120.8_N28.6_20190306_L1A_DH_L10000000023.tiff

RPC 参数文件：GF3_SAY_UFS_013526_E120.8_N28.6_20190306_L1A_DH_L10000000023.rpc

产品描述文件：GF3_SAY_UFS_013526_E120.8_N28.6_20190306_L1A_DH_L10000000023.meta.xml

入射角文件：GF3_SAY_UFS_013526_E120.8_N28.6_20190306_L1A_DH_L10000000023.incidence.xml

浏览图文件：GF3_SAY_UFS_013526_E120.8_N28.6_20190306_L1A_DH_L10000000023.jpg

拇指图文件：GF3_SAY_UFS_013526_E120.8_N28.6_20190306_L1A_DH_L10000000023.thumb.jpg

产品压缩包：GF3_SAY_UFS_013526_E120.8_N28.6_20190306_L1A_DH_L10000000023.tar.gz

5.3.2　2 级产品命名规则

2 级产品文件名的命名规则与 1 级产品相同（表 5.7）。对于相同观测时间的相同场景数据产品，1 级产品与 2 级产品文件名差异在于字段 8 与字段 10 中产品等级标识信息不同。

表 5.7　GF-3 卫星 2 级产品命名说明

字段序号	字符长度	字符	字符内容	说明
1～7		与表 5.3 相同		
8	2	L2	产品形式	L2 级产品
9		与表 5.3 相同		
10	12	L20000000000～L29999999999	产品序列号	L2 后跟 10 位数字

5.4　产品特性与性能

本节根据卫星研制过程中对产品性能分析及产品指标全链路仿真计算结果，给出 12 种成像模式 1～2 级标准产品规格、质量指标与主要处理参数。

1. 滑动聚束模式

滑动聚束模式设计分辨率 1 m，成像带为 10 km×10 km。天线方位向有三种工作方式：中间两块面板发射接收，左翼两块面板发射接收，右翼两块面板发射接收。滑动聚束模式共设计了 104 个波位，以满足覆盖 20°～50° 常规入射角范围要求。滑动聚束模式产品设计为 HH 或 VV 极化单极化产品。根据实际应用需求经过改进，也能够提供 HV 或 VH 单极化产品。具体如表 5.8 所示。

表 5.8　滑动聚束模式产品性能

<table>
<tr><th colspan="2">项目</th><th>L1A</th><th>L1B</th><th>L2</th></tr>
<tr><td rowspan="6">产品特性</td><td>坐标系</td><td>斜距</td><td>斜距</td><td>地距</td></tr>
<tr><td>名义图像覆盖范围/km（距离×方位）</td><td colspan="3">10×10</td></tr>
<tr><td>名义像素尺寸/m（距离×方位）</td><td>0.56×0.31</td><td>0.56×0.31</td><td>0.5×0.5</td></tr>
<tr><td>图像数据位数</td><td>16 位有符号数</td><td colspan="2">16 位无符号数</td></tr>
<tr><td>名义图像行/列数（距离×方位）</td><td>14 600×32 500</td><td>14 600×32 500</td><td>31 700×27 400</td></tr>
<tr><td>名义图像数据量/MB</td><td>1 810</td><td>905</td><td>1 656</td></tr>
<tr><td rowspan="9">产品设计指标[①]</td><td>波位数</td><td colspan="3">P1～P104</td></tr>
<tr><td>极化方式</td><td colspan="3">单极化，HH、VV、HV、VH 可选</td></tr>
<tr><td>入射角范围/（°）</td><td colspan="3">19.11～50.58</td></tr>
<tr><td>视角范围/（°）</td><td colspan="3">17.03～43.48</td></tr>
<tr><td>成像带宽/km</td><td colspan="3">11.52～13.06</td></tr>
<tr><td>可视带宽/km</td><td colspan="3">526.69～547.75</td></tr>
<tr><td>地距分辨率/m</td><td colspan="3">0.98～2.29</td></tr>
<tr><td>方位分辨率/m</td><td colspan="3">1</td></tr>
</table>

续表

项目			L1A	L1B	L2
产品设计指标	PSLR/dB	方位	-25.08		
		距离	-22.40		
	ISLR/dB	方位	-21.26		
		距离	-16.29		
	AASR/dB[①]	H 极化	-26.89～-20.10		
		V 极化	-28.05～-21.04		
	RASR/dB[①]	H 极化	-37.67～-21.95		
		V 极化	-37.01～-21.68		
	波束中心 NESZ/dB	H 极化	-28.04～-19.42		
		V 极化	-27.90～-19.56		
	波束边缘 NESZ/dB	H 极化	-27.16～-18.94		
		V 极化	-26.88～-19.15		
	名义辐射精度/dB		0.9		
	辐射分辨率/dB[②]		3.15～3.50		
	绝对定位误差/m		230		
处理参数	方位视数		1	1	1
	距离视数		1	1	1
	采用点数（距离×方位）		26 624×42 000		
	距离向加权		泰勒窗函数，系数-24.0		
	方位向加权		泰勒窗函数，系数-19.0		

注：①方位、距离模糊度指标基于面目标计算；②辐射分辨率指标基于草地散射特性计算

2. 超精细条带模式

超精细条带设计分辨率 3 m，幅宽 30 km。天线方位向中间两块面板发射，接收时方位向天线从中间向左右两块面板同时接收。超精细条带模式共设计 26 个波位，以满足覆盖 20°～50°常规入射角范围要求。具体如表 5.9 所示。

表 5.9　超精细条带模式产品性能

	项目		L1A	L1B	L2
产品特性	坐标系		斜距	斜距	地距
	名义图像覆盖范围/km（距离×方位）		30×30		
	名义像素尺寸/m（距离×方位）		1.125×1.700	1.125×1.700	1.5 ×1.5
	图像数据位数		16 位有符号数	16 位无符号数	
	名义图像行/列数（距离×方位）		16 900×24 900	16 900×24 900	25 100×27 300
	名义图像数据量/MB		1 600	800	1 307
产品设计指标	波位数		UF1～UF26		
	极化方式		单极化，HH、VV 可选		
	入射角范围/（°）		19.76～50.99		
	视角范围/（°）		17.60～43.8		
	成像带宽/km		31.54～33.00		
	可视带宽/km		528.01～549.00		
	地距分辨率/m		2.33～4.46		
	方位分辨率/m		3		
	PSLR/dB	方位	−25.63		
		距离	−22.00		
	ISLR/dB	方位	−21.26		
		距离	−16.29		
	AASR/dB	H 极化	−25.12～−20.22		
		V 极化	−25.26～−20.68		
	RASR/dB	H 极化	−41.61～−21.45		
		V 极化	−43.03～−21.12		
	波束中心NESZ/dB	H 极化	−28.81～−22.36		
		V 极化	−28.65～−22.42		

续表

	项目		L1A	L1B	L2
产品设计指标	波束边缘 NESZ/dB	H 极化	−23.60~−20.95		
		V 极化	−23.56~−21.03		
	名义辐射精度/dB		0.9		
	辐射分辨率/dB		3.08~3.50		
	绝对定位误差/m		230		
处理参数	方位视数		1	1	1
	距离视数		1	1	1
	采用点数（距离×方位）		24 064×22 000		
	距离向加权		泰勒窗函数，系数-26.0		
	方位向加权		泰勒窗函数，系数-25.0		

3. 精细条带 1 模式

精细条带 1 模式设计分辨率 5 m，幅宽 50 km。天线方位向全孔径发射接收信号。精细条带 1 模式共设计了 15 个波位，以满足覆盖 19°～50° 入射角范围要求。具体如表 5.10 所示。

表 5.10　精细条带 1 模式产品性能

	项目	L1A	L1B	L2
产品特性	坐标系	斜距	斜距	地距
	名义图像覆盖范围/km（距离×方位）	50×50		
	名义像素尺寸/m（距离×方位）	2.25×2.60	2.25×2.60	2.5×2.5
	图像数据位数	16 位有符号数	16 位无符号数	
	名义图像行/列数（距离×方位）	14 400×21 200	14 400×21 200	26 200×28 000
	名义图像数据量/MB	1 165	583	1 399

续表

项目		L1A	L1B	L2
波位数		F1～F15		
极化方式		双极化，HH/HV、VV/VH 可选		
入射角范围/（°）		18.39～50.58		
视角范围/（°）		16.40～43.47		
成像带宽/km		51.01～58.02		
可视带宽/km		528.01～549.00		
距离分辨率/m		3.43～5.79		
方位分辨率/m		5		
PSLR/dB	方位	−25.47		
	距离	−22.04		
ISLR/dB	方位	−20.88		
	距离	−16.58		
AASR/dB	H 极化	−27.79～−23.68		
	V 极化	−28.20～−22.40		
RASR/dB	H 极化	−39.60～−19.73		
	V 极化	−33.38～−19.74		
波束中心 NESZ/dB	H 极化	−24.11～−19.89		
	V 极化	−29.28～−25.38		
波束边缘 NESZ/dB	H 极化	−29.39～−24.90		
	V 极化	−23.64～−19.35		
名义辐射精度/dB		0.9		
辐射分辨率/dB		3.12～3.46		
绝对定位误差/m		230		
极化隔离度/dB		35		

（产品设计指标）

续表

	项目	L1A	L1B	L2
产品设计指标	极化通道幅度误差/dB		±0.39	
	极化通道相位误差/(°)		±7.45	
处理参数	方位视数	1	1	1
	距离视数	1	1	1
	采用点数（距离×方位）		15 360×23 000	
	距离向加权		泰勒窗函数，系数-26.0	
	方位向加权		泰勒窗函数，系数-25.0	

4. 精细条带 2 模式

精细条带 2 模式设计分辨率 10 m，幅宽 100 km。天线方位向全孔径发射接收信号。精细条带 2 模式共设计 6 个波位，以满足覆盖 19°～50° 入射角范围要求。精细条带 2 模式 1B 与 2 级产品方位向单视，距离向 2 视。具体如表 5.11 所示。

表 5.11　精细条带 2 模式产品性能

	项目	L1A	L1B	L2
产品特性	坐标系	斜距	斜距	地距
	名义图像覆盖范围/km（距离×方位）		100×100	
	名义像素尺寸/m（距离×方位）	2.25×4.80	4.5×4.8	5×5
	图像数据位数	16 位有符号数	16 位无符号数	
	名义图像行/列数（距离×方位）	32 800×22 000	16 400×22 000	24 500×26 700
	名义图像数据量/MB	2 750	688	1 248
产品设计指标	波位数		WF1～WF6	
	极化方式		双极化，HH/HV、VV/VH 可选	
	入射角范围/(°)		18.29～51.51	
	视角范围/(°)		16.3～44.2	

续表

项目		L1A	L1B	L2
产品设计指标	成像带宽/km	51.01～58.02		
	可视带宽/km	528.01～549.00		
	距离分辨率/m	8.02～11.62		
	方位分辨率/m	10		
	PSLR/dB 方位/距离	−25.73/−22.04		
	ISLR/dB 方位/距离	−21.27～16.83		
	AASR/dB H 极化	−24.81～−21.14		
	AASR/dB V 极化	−25.00～−21.14		
	RASR/dB H 极化	−44.27～−18.65		
	RASR/dB V 极化	−43.72～−19.22		
	波束中心 NESZ/dB H 极化	−29.04～−26.40		
	波束中心 NESZ/dB V 极化	−29.84～−26.88		
	波束边缘 NESZ/dB H 极化	−22.10～−19.00		
	波束边缘 NESZ/dB V 极化	−21.83～−19.63		
	名义辐射精度/dB	0.9		
	辐射分辨率/dB	2.38～2.71		
	绝对定位误差/m	230		
	极化隔离度/dB	35		
	极化通道幅度误差/dB	±0.39		
	极化通道相位误差/（°）	±7.45		
处理参数	方位视数	1	1	1
	距离视数	1	2	2
	采用点数（距离×方位）	36 352×26 000		
	距离向加权	泰勒窗函数，系数-26.0		
	方位向加权	泰勒窗函数，系数-25.0		

5. 标准条带模式

标准条带模式设计分辨率 25 m，幅宽 130 km。天线方位向全孔径发射接收信号。标准条带模式共设计了 6 个波位，以满足覆盖 16°～50° 入射角范围要求。标准条带模式 1B 与 2 级产品方位向 3 视，距离向 2 视。具体如表 5.12 所示。

表 5.12　标准条带模式产品性能

	项目		L1A	L1B	L2
产品特性	坐标系		斜距	斜距	地距
	名义图像覆盖范围/km（距离×方位）		130×130		
	像素尺寸/m（距离×方位）		4.5×5.7	9.0×17.2	12.5×12.5
	图像数据位数		16 位有符号数	16 位无符号数	
	名义图像行/列数（距离×方位）		18 200×25 500	9 100×8 500	10 000×10 700
	名义图像数据量/MB		1 770	148	204
产品设计指标	波位数		S1～S6		
	极化方式		双极化，HH/HV、VV/VH 可选		
	入射角范围/(°)		15.13～51.51		
	视角范围/(°)		13.5～44.2		
	成像带宽/km		104.33～157.12		
	可视带宽/km		599.28～623.19		
	距离分辨率/m		14.46～27.76		
	方位分辨率/m		25		
	PSLR/dB	方位	-24.52		
		距离	-21.46		
	ISLR/dB	方位	-19.52		
		距离	-16.66		

续表

项目			L1A	L1B	L2
产品设计指标	AASR/dB	H 极化		−24.99～−19.00	
		V 极化		−25.01～−19.09	
	RASR/dB	H 极化		−43.79～−20.65	
		V 极化		−39.71～−20.09	
	波束中心 NESZ/dB	H 极化		−32.53～−28.10	
		V 极化		−32.03～−28.65	
	波束边缘 NESZ/dB	H 极化		−25.61～−21.82	
		V 极化		−25.34～−22.09	
	名义辐射精度/dB			0.9	
	辐射分辨率/dB			1.53～1.77	
	绝对定位误差/m			230	
	极化隔离度/dB			35	
	极化通道幅度误差/dB			±0.39	
	极化通道相位误差/(°)			±7.45	
处理参数	方位视数		1	3	3
	距离视数		1	2	2
	采用点数（距离×方位）			34 304×25 000	
	距离向加权			泰勒窗函数，系数-23.0	
	方位向加权			泰勒窗函数，系数-23.0	

6. 扩展低入射角模式

　　扩展低入射角模式设计分辨率 25 m，幅宽 130 km。天线方位向全孔径发射接收信号。扩展低入射角模式设计了 1 个波位，将标准条带模式低入射角扩展到 10°～20°。扩展低入射角模式 1B 与 2 级产品方位向 3 视，距离向 2 视。具体如表 5.13 所示。

表 5.13　扩展低入射角模式产品性能

	项目		L1A	L1B	L2
产品特性	坐标系		斜距	斜距	地距
	名义图像覆盖范围/km（距离×方位）		130×130		
	名义像素尺寸/m（距离×方位）		4.5×5.7	9.0×17.2	12.5 ×12.5
	图像数据位数		16 位有符号数	16 位无符号数	
	名义图像行/列数（距离×方位）		3 800×1 200	1 900×1 200	2 500×1 600
	名义图像数据量		998	82	31
产品设计指标	波位数		EL		
	极化方式		双极化，HH/HV、VV/VH 可选		
	入射角范围/（°）		8.85～18.5		
	视角范围/（°）		17.69～36.29		
	成像带宽/km		136.31～141.28		
	可视带宽/km		/		
	距离分辨率/m		−20.87～26.32		
	方位分辨率/m		25		
	PSLR/dB	方位	−24.52		
		距离	−21.46		
	ISLR/dB	方位	−19.52		
		距离	−16.66		
	AASR/dB	H 极化	−24.30～−23.06		
		V 极化	−24.56～−23.12		
	RASR/dB	H 极化	−43.33～−43.13		
		V 极化	−46.86～−44.89		
	波束中心 NESZ/dB	H 极化	−29.09～−28.96		
		V 极化	−28.40～−28.28		

续表

项目			L1A	L1B	L2
产品设计指标	波束边缘 NESZ/dB	H 极化	−22.90～−22.76		
		V 极化	−22.06～−21.93		
	辐射精度/dB		0.98		
	辐射分辨率/dB		1.52～1.53		
	绝对定位误差/m		230		
	极化隔离度/dB		35		
	极化通道幅度误差/dB		±0.39		
	极化通道相位误差/(°)		±7.45		
处理参数	方位视数		1	3	3
	距离视数		1	2	2
	采用点数（距离×方位）		34 304×25 000		
	距离向加权		泰勒窗函数，系数-23.0		
	方位向加权		泰勒窗函数，系数-23.0		

注：只有一个波位，可视带宽无指标

7. 扩展高入射角模式

扩展高入射角模式设计分辨率 25 m，幅宽 80 km。天线方位向全孔径发射接收信号。扩展高入射角模式设计了 5 个波位，将标准条带模式高入射角扩展到 50°～60°。扩展高入射角模式 1B 与 2 级产品方位向 3 视，距离向 2 视。具体如表 5.14 所示。

表 5.14　扩展高入射角模式产品性能

项目		L1A	L1B	L2
产品特性	坐标系	斜距	斜距	地距
	名义图像覆盖范围/km（距离×方位）	80×80		
	名义像素尺寸/m（距离×方位）	4.5×5.7	9.0×17.2	12.5×12.5

项目			L1A	L1B	L2
产品特性	图像数据位数		16位有符号数	16位无符号数	
	名义图像行/列数（距离×方位）		15 400×15 800	7 700×5 266	5 900×6 300
	名义图像数据量		928	77	71
产品设计指标	波位数		EH1～EH5		
	极化方式		双极化，HH/HV、VV/VH可选		
	入射角范围/(°)		47.81～60.46		
	视角范围/(°)		41.5～50.8		
	成像带宽/km		70.84～94.08		
	可视带宽/km		/		
	距离分辨率/m		-20.87～26.32		
	方位分辨率/m		25		
	PSLR/dB	方位	-24.52		
		距离	-21.46		
	ISLR/dB	方位	-19.52		
		距离	-16.66		
	AASR/dB	H极化	-24.75～-19.83		
		V极化	-25.09～-19.74		
	RASR/dB	H极化	-33.98～-21.08		
		V极化	-33.06～-21.18		
	波束中心 NESZ/dB	H极化	-24.75～-19.83		
		V极化	-25.09～-19.74		
	波束边缘 NESZ/dB	H极化	-33.98～-21.08		
		V极化	-33.06～-21.18		
	名义辐射精度/dB		0.9		

续表

	项目	L1A	L1B	L2
产品设计指标	辐射分辨率/dB		1.52～1.53	
	绝对定位误差/m		230	
	极化隔离度/dB		35	
	极化通道幅度误差/dB		±0.39	
	极化通道相位误差/（°）		±7.45	
处理参数	方位视数	1	3	3
	距离视数	1	2	2
	采用点数（距离×方位）		27 648×25 000	
	距离向加权		泰勒窗函数，系数-23.0	
	方位向加权		泰勒窗函数，系数-23.0	

8. 全极化条带 1 模式

全极化条带 1 模式设计分辨率 8 m，幅宽 30 km。天线方位向全孔径发射接收信号。全极化条带 1 模式设计了 28 个波位，以满足覆盖 20°～50° 入射角范围要求。具体如表 5.15 所示。

表 5.15　全极化条带 1 模式产品性能

	项目	L1A	L1B	L2
产品特性	坐标系	斜距	斜距	地距
	名义图像覆盖范围/km（距离×方位）		30×30	
	像素尺寸/m（距离×方位）	2.3×4.7	2.3×4.8	4×4
	图像数据位数	16 位有符号数	16 位无符号数	
	名义图像行/列数（距离×方位）	66 000×18 000	16 500×9 000	15 000×16 100
	名义图像数据量	138	69	170

续表

项目			L1A	L1B	L2
产品设计指标	波位数		Q1～Q16		
	极化方式		四极化，HH/HV/VV/VH		
	入射角范围/（°）		19.86～41.65		
	视角范围/（°）		17.69～36.29		
	成像带宽/km		20.82～39.08		
	可视带宽/km		330～343		
	距离分辨率/m		5.34～8.89		
	方位分辨率/m		8		
	PSLR/dB	方位	−25.72		
		距离	−22.02		
	ISLR/dB	方位	−25.72		
		距离	−15.44		
	AASR/dB		−28.29～−20.92		
	同极化 RASR/dB	HH	−47.31～−30.12		
		VV	−48.46～−30.57		
	交叉极化 RASR/dB	HV	−35.90～−20.17		
		VH	−36.85～−20.69		
	波束中心 NESZ/dB	HH	−35.83～−33.00		
		VV	−35.75～−33.11		
		HV	−35.89～−33.08		
		VH	−35.69～−33.03		
	波束边缘 NESZ/dB	HH	−31.91～−27.74		
		VV	−32.05～−27.76		
		HV	−31.89～−28.00		
		VH	−32.06～−27.92		

续表

项目		L1A	L1B	L2
产品设计指标	名义辐射精度/dB	0.98		
	辐射分辨率/dB	3.02～3.03		
	绝对定位误差/m	230		
	极化隔离度/dB	35		
	极化通道幅度误差/dB	±0.39		
	极化通道相位误差/（°）	±7.45		
处理参数	方位视数	1	1	1
	距离视数	1	1	1
	采用点数（距离×方位）	10 240×13 000		
	距离向加权	泰勒窗函数，系数-25.0		
	方位向加权	泰勒窗函数，系数-25.0		

注：性能指标只针对 28 个波位中的 Q1～Q16 波位

由于全极化条带 1 模式采用交替发射线极化信号方式实现四极化，只有在中等入射角范围（约 20°～40°）内的产品能够达到设计指标。与 RadarSat-2 等卫星全极化条带 1 模式只提供中等入射角范围的数据产品不同，GF-3 卫星全极化条带 1 模式提供 20°～50° 入射角范围内的数据产品，但只要求中等入射角范围内的数据产品满足图像质量技术指标。

9. 全极化条带 2 模式

全极化条带 2 模式设计分辨率 25 m，幅宽 45 km。天线方位向全孔径发射接收信号。全极化条带 2 模式设计了 16 个波位，以满足覆盖 19°～50° 入射角范围要求。全极化条带 2 模式 1B 与 2 级产品方位向 3 视，距离向 2 视。具体如表 5.16 所示。

与全极化条带 1 模式类似，全极化条带 2 模式也只要求中等入射角范围内的数据产品满足图像质量技术指标。

表 5.16 全极化条带 2 模式产品性能

	项目		L1A	L1B	L2
产品特性	坐标系		斜距	斜距	地距
	名义图像覆盖范围/km（距离×方位）		45×45		
	像素尺寸/m（距离×方位）		2.3×4.7	2.3×4.8	4×4
	图像数据位数		16 位有符号数	16 位无符号数	
	名义图像行/列数（距离×方位）		8 900×9 000	4 450×3 000	3 000×5 600
	名义图像数据量		305	25	32
产品设计指标	波位数		WQ1～WQ9		
	极化方式		四极化，HH/HV/VV/VH		
	入射角范围/（°）		19.07～49.56		
	视角范围/（°）		17～33.95		
	成像带宽/km		35.69～55.98		
	可视带宽/km		503.39～523.4		
	距离分辨率/m		14.44～27.4		
	方位分辨率/m		25		
	PSLR/dB	方位	−24.52		
		距离	−22.02		
	ISLR/dB	方位	−19.52		
		距离	−15.44		
	AASR/dB		−24.88～−19.37		
	同极化 RASR/dB	HH	−43.21～−31.27		
		VV	−39.78～−31.45		
	交叉极化 RASR/dB	HV	−25.24～−20.01		
		VH	−32.94～−20.01		

续表

项目			L1A	L1B	L2
产品设计指标	波束中心 NESZ/dB	HH		−35.34～−31.88	
		VV		−35.39～−30.61	
		HV		−35.38～−31.73	
		VH		−35.38～−31.38	
	波束边缘 NESZ/dB	HH		−30.02～−25.48	
		VV		−30.24～−25.07	
		HV		−30.03～−25.61	
		VH		−30.23～−25.31	
	辐射精度/dB			0.98	
	辐射分辨率/dB			1.50～1.52	
	绝对定位误差/m			230	
	极化隔离度/dB			35	
	极化通道幅度误差/dB			±0.39	
	极化通道相位误差/(°)			±7.45	
处理参数	方位视数		1	3	3
	距离视数		1	2	2
	采用点数（距离×方位）			11 264×18 000	
	距离向加权			泰勒窗函数，系数-23.0	
	方位向加权			泰勒窗函数，系数-25.0	

注：性能指标只针对 16 个波位中的 WQ1～WQ9 波位

10. 波模式

波模式设计分辨率 10 m，成像区域为 5 km×5 km，成像间距 50 km。波模式与全极化条带 1 模式共用波位。距离向通过控制回波窗的开始采样时间与采样点数获取 5 km 的成像带宽，方位向通过控制发射信号时间实现 5 km 成像长度和 50 km 间隔。波模式 1B 与 2 级产品方位向单视，距离向 2 视。具体如表 5.17 所示。

表 5.17　波模式产品性能

项目			L1A	L1B	L2
产品特性	坐标系		斜距	斜距	地距
	名义图像覆盖范围/km（距离×方位）		5×5		
	像素尺寸/m（距离×方位）		2.25×4.80	4.5×4.8	5×5
	图像数据位数		16 位有符号数	16 位无符号数	
	名义图像行/列数（距离×方位）		3 800×1 200	1 900×1 200	2 500×1 600
	名义图像数据量		17	4	8
产品设计指标	波位数		Q1～Q16		
	极化方式		四极化，HH/HV/VV/VH		
	入射角范围/（°）		19.86～50.19		
	视角范围/（°）		17.69～36.29		
	成像带宽/km		5		
	可视带宽/km		330～343		
	距离分辨率/m		6.41～10.89		
	方位分辨率/m		8		
	PSLR/dB	方位	−25.73		
		距离	−22.09		
	ISLR/dB	方位	−21.27		
		距离	−16.48		
	AASR/dB		−28.29～−20.92		
	同极化 RASR/dB	HH	−47.31～−30.12		
		VV	−48.46～−30.57		
	交叉极化 RASR/dB	HV	−35.90～−20.17		
		VH	−36.85～−20.69		

续表

项目			L1A	L1B	L2
产品设计指标	波束中心 NESZ/dB	HH		$-33.61\sim-30.90$	
		VV		$-33.54\sim-30.96$	
		HV		$-33.67\sim-30.98$	
		VH		$-33.47\sim-30.87$	
	波束边缘 NESZ/dB	HH		$-30.14\sim-25.52$	
		VV		$-30.29\sim-25.54$	
		HV		$-30.13\sim-25.87$	
		VH		$-30.30\sim-25.77$	
	辐射精度/dB			0.98	
	辐射分辨率/dB			$1.50\sim1.52$	
	绝对定位误差/m			230	
	极化隔离度/dB			35	
处理参数	方位视数		1	1	1
	距离视数		1	2	2
	采用点数（距离×方位）			$36\,352\times3\,000$	
	距离向加权			泰勒窗函数，系数-26.0	
	方位向加权			泰勒窗函数，系数-26.0	

11. 窄幅扫描模式

窄幅扫描模式设计分辨率 50 m，幅宽 300 km。天线方位向全孔径发射接收信号。窄幅扫描模式在标准条带模式基础上，将标准条带模式 6 个波位分为两组，每组 3 个波位实现 300 km 幅宽。窄幅扫描模式 1B 与 2 级产品方位向单视，距离向 5 视或 6 视。具体如表 5.18 所示。

表 5.18 窄幅扫描模式产品性能

项目		L1A	L1B	L2
产品特性	坐标系	斜距	斜距	地距
	名义图像覆盖范围/km（距离×方位）	300×300		
	像素尺寸/m	4.5×20.0	13.5×40.0	25×25
	图像数据位数	16 位有符号数	16 位无符号数	
	名义图像行/列数（距离×方位）	41 700×15 000	13 900×7 500	17 100×17 200
	名义图像数据量/MB	1 200	199	561
产品设计指标	波位组合	S1＋S2＋S3 与 S4＋S5＋S6 两种波位组合		
	极化方式	双极化，HH/HV、VV/VH 可选		
	入射角范围/（°）	15.13～51.51		
	视角范围/（°）	13.5～44.2		
	成像带宽/km	302～342		
	可视带宽/km	599.28～623.19		
	距离分辨率/m	28.92～69.39		
	方位分辨率/m	60		
	PSLR/dB 方位	−24.00		
	PSLR/dB 距离	−21.46		
	ISLR/dB 方位	−20.39		
	ISLR/dB 距离	−16.66		
	AASR/dB H 极化	−23.93～−19.15		
	AASR/dB V 极化	−24.28～−19.52		
	RASR/dB H 极化	−43.79～−20.65		
	RASR/dB V 极化	−39.71～−20.09		
	波束中心 NESZ/dB H 极化	−32.75～−27.32		
	波束中心 NESZ/dB V 极化	−31.36～−27.42		

续表

项目			L1A	L1B	L2
产品设计指标	波束边缘 NESZ/dB	H 极化			

项目			L1A	L1B	L2
产品设计指标	波束边缘NESZ/dB	H 极化	-24.05～-21.31		
		V 极化	-23.83～-21.34		
	辐射精度/dB		0.98		
	辐射分辨率/dB		1.53～1.76		
	绝对定位误差/dB		230		
	极化隔离度/dB		35		
	极化通道幅度误差/dB		±0.39		
	极化通道相位误差/（°）		±7.45		
处理参数	方位视数		1	1	1
	距离视数		1	5～6	5～6
	采用点数（距离×方位）		34 304×60 000		
	距离向加权		余弦窗函数，系数0.43		
	方位向加权		余弦窗函数，系数0.43		

12. 宽幅扫描模式

宽幅扫描模式设计分辨率 100 m，幅宽 500 km。天线方位向全孔径发射接收信号。宽幅扫描模式在标准条带模式基础上，将标准条带模式 6 个波位分为两组，每组 5 个波位实现 500 km 幅宽。宽幅扫描模式 1B 与 2 级产品通过方位向单视，距离向 8 视。具体如表 5.19 所示。

表 5.19　宽幅扫描模式产品性能

项目		L1A	L1B	L2
产品特性	坐标系	斜距	斜距	地距
	名义图像覆盖范围/km（距离×方位）	500×500		
	像素尺寸/m（距离×方位）	4.5×40.0	18×40	50×50

项目		L1A	L1B	L2
产品特性	图像数据位数	16 位有符号数	16 位无符号数	
	名义图像行/列数（距离×方位）	66 000×18 000	16 500×9 000	15 000×16 100
	名义图像数据量/MB	2264	283	461
产品设计指标	波位组合	S1＋S2＋S3＋S4＋S5 与 S2＋S3＋S4＋S5＋S6 两种波位组合		
	极化方式	双极化，HH/HV、VV/VH 可选		
	入射角范围/(°)	15.13～51.51		
	视角范围/(°)	13.5～44.2		
	成像带宽/km	501～512		
	可视带宽/km	599.28～623.19		
	距离分辨率/m	52.61～106.75		
	方位分辨率/m	100		
	PSLR/dB 方位	-23.97		
	PSLR/dB 距离	-21.46		
	ISLR/dB 方位	-21.90		
	ISLR/dB 距离	-16.66		
	AASR/dB H 极化	-23.93～-19.15		
	AASR/dB V 极化	-24.28～-19.52		
	RASR/dB H 极化	-43.79～-20.65		
	RASR/dB V 极化	-39.71～-20.09		
	波束中心 NESZ/dB H 极化	-32.75～-27.32		
	波束中心 NESZ/dB V 极化	-31.36～-27.42		
	波束边缘 NESZ/dB H 极化	-24.05～-21.31		
	波束边缘 NESZ/dB V 极化	-23.83～-21.34		
	辐射精度/dB	0.98		

续表

	项目	L1A	L1B	L2
产品设计指标	辐射分辨率/dB		1.34～1.47	
	绝对定位误差/m		230	
	极化隔离度/dB		35	
	极化通道幅度误差/dB		±0.39	
	极化通道相位误差/(°)		±7.45	
处理参数	方位视数	1	1	1
	距离视数	1	8	8
	采用点数（距离×方位）		27 648×90 000	
	距离向加权		余弦窗函数，系数 0.43	
	方位向加权		余弦窗函数，系数 0.43	

13. 全球观测模式

全球观测模式设计分辨率 500 m，幅宽 650 km。天线方位向全孔径发射接收信号。全球观测模式将标准条带模式 6 个波位与扩展高入射角 1 个波位进行组合，实现 650 km 幅宽。宽幅扫描模式 1B 与 2 级产品方位向 2 视，距离向 2～4 视。具体如表 5.20 所示。

表 5.20　全球观测模式产品性能

	项目	L1A	L1B	L2
产品特性	坐标系	斜距	斜距	地距
	名义图像覆盖范围/km（距离×方位）		650×650	
	像素尺寸/m（距离×方位）	32×100	64×400	250×250
	图像数据位数		16 位无符号数	
	名义图像行/列数（距离×方位）	10 400×6 400	5 200×1 600	7 300×5 700
	名义图像数据量/MB	144	166	79

项目		L1A	L1B	L2
波位组合		S1＋S2＋S3＋S4＋S5＋S6＋G7		
极化方式		双极化，HH/HV、VV/VH 可选		
入射角范围/(°)		15.13～54.26		
视角范围/(°)		13.5～43.6		
成像带宽/km		668.3～695.42		
可视带宽/km		/		
距离分辨率/m		340.4～699.55		
方位分辨率/m		650		
PSLR/dB	方位	-24.92		
	距离	-20.26		
ISLR/dB	方位	-22.89		
	距离	-16.70		
AASR/dB	H 极化	-24.67～-18.81		
	V 极化	-25.01～-19.05		
RASR/dB	H 极化	-43.79～-20.65		
	V 极化	-39.71～-20.09		
波束中心 NESZ/dB	H 极化	-40.15～-37.25		
	V 极化	-40.35～-36.66		
波束边缘 NESZ/dB	H 极化	-33.14～-28.01		
	V 极化	-33.46～-29.23		
辐射精度/dB		0.98		
辐射分辨率/dB		1.32～1.36		
绝对定位误差/m		230		
极化隔离度/dB		35		
极化通道幅度误差/dB		±0.39		
极化通道相位误差/(°)		±7.45		

产品设计指标

续表

项目		L1A	L1B	L2
处理参数	方位视数	1	2	2
	距离视数	1	2～4	2～4
	采用点数（距离×方位）	2 048×130 000		
	距离向加权	余弦窗函数，系数 0.43		
	方位向加权	余弦窗函数，系数 0.43		

5.5　产品描述文件

产品描述文件主要包含了产品使用时可能需要的产品属性信息、载荷与卫星平台参数、辅助数据信息及产品处理参数等。产品描述文件结构见表 5.21。

表 5.21　产品描述文件结构

序号	一级字段名	字段说明
1	< segmentID >	分段序列号
2	< sceneID >	景序列号
3	< satellite >	卫星代号
4	< orbitID >	轨道圈号
5	< orbitType >	轨道类型
6	< attiType >	姿态测量传感器类型
7	< Direction >	轨道方向
8	< productID >	产品序列号
9	< documentIdentifier >	产品说明书标识
10	< receiveTime >	数据接收时间
11	<IsZeroDopplerSteering >	偏航导引标识
12	< Station >	接收地面站代号
13	<sensor>	传感器参数

续表

序号	一级字段名	字段说明
15	<platform>	卫星平台参数
16	<GPS>	双频 GPS 数据
17	<ATTI>	卫星姿态数据
18	<productinfo>	产品信息
19	<imageinfo>	图像信息
20	<processinfo>	成像处理信息

5.5.1　基本信息

为方便介绍，将表 5.21 中 1～12 中的一级字段含义说明汇总于表 5.22 中。

表 5.22　基本信息

数据元素标识号	标识名称	类型	极限值/值域	说明
<segmentID>	分段序列号	Long	1～2147483648	零级长条带数据分段标号
<sceneID>	景序列号	Long	1～2147483648	零级景数据标号
<satellite>	卫星代号	Enum	GF3	GF-3 卫星
<orbitID>	轨道圈号	Int	[1，999999]	成像圈次标号
<orbitType>	轨道类型	Enum	ELLIPSE	椭圆轨道
<attiType>	姿态测量传感器类型	Enum	STAR	星敏感器
<Direction>	轨道方向	Enum	DEC	降轨
			ASC	升轨
<productID>	产品序列号	Long	1～2147483648	每景产品标号
<documentIdentifier>	产品说明书标识	String	1.0	产品说明书的版本号
<receiveTime>	数据接收时间	Datetime	YYYY-MM-DD HH:MM:SS	UTC 时间
<IsZeroDopplerSteering>	偏航导引标识	Bool	1	全零多普勒导引（默认）
			0	非全零导引
<Station>	地面接收站代号	Enum	MYN/KAS/SAY/MDJ/KRN	见表 5.4

5.5.2　传感器参数

传感器参数给出了 SAR 载荷主要工作参数。传感器参数二级字段说明如表 5.23 所示。

表 5.23　传感器参数

数据元素标识号	标识名称	类　型	极限值/值域	说明
<sensorID>	传感器类型	Enum	SAR	合成孔径雷达
<imagingMode>	成像模式	Enum	SL/UFS/FSI/FSII/SS/ NSC/WSC/QPSI/QPSII/ WAV/GLO/EXT	见表 5.5
<lambda>	发射信号中心波长	Float	0.055 517	单位：m
<RadarCenterFrequency>	发射信号中心频率	Float	5.400 012	单位：GHz
<waveParams>	波位参数			见表 5.24
<spotlightPara>	滑动聚束模式参数			见表 5.25
<lookDirection>	天线视向	Enum	R	右侧视
			L	左侧视
<antennaMod>	天线模式	Enum	S	单通道
			D	双通道（UFS 模式）
<agcMode>	增益控制方式	Enum	MGC	人工增益控制
			AGC	自动增益控制
<polarParams>	极化参数	Int	1	HH 或 VV 极化
			2	HH/HV 或 VV/VH 极化
			3	AVH 四极化

1. 波位参数

条带模式在每次成像过程中天线指向固定，只能形成一个天线波束。而扫描模式在每次成像过程中，天线在距离向进行扫描，形成多个天线波束沿距离向循环顺序切换。

对于条带模式，产品描述文件按表 5.24 格式给出了唯一天线波束的波位参数。对于扫描模式，按表 5.24 格式给出了每一个天线波束的波位参数。

表 5.24 波位参数

数据元素标识号	标识名称		类型	极限值/值域	说明
<wavecode>	波位号		Int	0～495	详见附录 2
<centerLookAngle>	波束中心视角		Doubl	5.000 000～65.999 999	单位：°
<prf>	脉冲重复频率		Float	500.000 000～4000.999 999	单位：Hz
<probandWidth>	方位向处理带宽		Float	300.000 000～3500.999 999	单位：Hz
<sampleRate>	距离向采样频率		Float	4.167 000～266.660 000	单位：MHz
<sampleDelay>	采样延迟		Float		单位：μs
<bandWidth>	发射信号带宽		Float	2.000 000～240.000 000	单位：MHz
<pulseWidth>	发射信号脉冲宽度		Float	10.000 000～60.000 000	单位：μs
<frameLength>	帧长		Int	[1，999 999]	
<compression>	原始数据压缩方式		Enum	BAQ8:3	3 bit BAQ 压缩
				BAQ8:4	4 bit BAQ 压缩
				H4bit	直接截取高 4 位
				8bit	8 bit 直通
<baqBlock>	Baq 压缩分块行数		Enum	1024	距离向 1 024 个采样点
<valueMGC>	MGC 值	HH 极化	Int	0～62	HH 极化数据 MGC 值
		HV 极化		0～62	HV 极化数据 MGC 值
		VV 极化		0～62	VV 极化数据 MGC 值
		VH 极化		0～62	VH 极化数据 MGC 值
<groundVelocity>	卫星地速		Doubl	6 000.000 000～7500.000 000	单位：m/s
<averageAltitude>	卫星高度		Doubl	7 000 000.000 000～755430.000 000	单位：m

2. 滑动聚束模式参数

GF-3 卫星成像模式中，只有滑动聚束模式观测时，天线波束需要在方位向进行扫描。天线波束方位向扫描的工作参数按照表 5.25 格式给出。

表 5.25　滑动聚束模式波位参数

数据元素标识号	标识名称	类　型	极限值/值域	说明
<prfCounter>	PRF 计数	Int	0~504	PRF 计数值
<transmitBeamNum>	发射波束号	Int	0~504	距离向发射波位号
<receiveBeamNum>	接收波束号	Int	288~391	距离向接收波位号
<scanNum>	方位扫描序号	Int	-1.9~+1.9	方位向扫描波束序号
<squintAngle>	方位向斜视角	Float	0.000 000~1.000 000	单位：°
<scanStep>	波束扫描步进角度	Float	0~7	0.01
<scanSwichNum>	波束指向变化次数	Int	0~504	单位：次
<startScanAngle>	扫描起始角	Float	-1.9	单位：°

5.5.3　卫星平台参数

卫星平台参数（表 5.26）给出了 SAR 载荷观测时间内，卫星平台位置、速度、姿态等信息。

表 5.26　卫星平台参数

数据元素标识号	标识名称	类型	极限值/值域	说明
<CenterTime>	成像中心时刻	Datetime	YYYY-MM-DD　　HH:MM:SS.SSSSSS	UTC 时间
<Rs>	卫星矢径长度	Double	7 126 400.000 000	单位：m
<satVelocity>	卫星飞行速度	Double	6 000.000 000~7 000.000 000	单位：m/s
<RollAngle>	横滚角	Double	-32.000 000~32.000 000	单位：°
<PitchAngle>	俯仰角	Double	-0.100 000~0.100 000	单位：°
<YawAngle>	偏航角	Double	-4.000 000~4.000 000	单位：°
<Xs>	X 轴坐标	Double	-8 129 179.1~8 131 935.5	单位：m
<Ys>	Y 轴坐标	Double	-8 131 943.5~8 121 168.3	单位：m
<Zs>	Z 轴坐标	Double	-806 0295.9~8 044 774.0	单位：m
<Vxs>	X 轴速度	Double	-8 555.09~8 553.01	单位：m/s
<Vys>	Y 轴速度	Double	-8 537.98~8 554.19	单位：m/s
<Vzs>	Z 轴速度	Double	-8 397 365~8 396 393	单位：m/s

卫星轨道坐标系坐标原点位于卫星质心处，卫星飞行方向为 +X 方向，卫星指向地心方向为 +Z 方向，Y 轴与 X 轴、Z 轴组成右手坐标系。

5.5.4 双频 GPS 数据

双频 GPS 参数给出了 SAR 载荷观测时间内双频 GPS 数据，数据间隔为 1s，GPS 数据格式见表 5.27。

表 5.27 GPS 参数

数据元素标识号	标识名称	类型	极限值/值域	说明
<TimeStamp>	当前位置时间戳	Datetime	YYYY-MM-DD　HH:MM:SS.SSSSSS	UTC 时间
<xPosition>	X 坐标	Double	−8 129 180.0～8 131 936.0	单位：m
<yPosition>	Y 坐标	Double	−8 131 944.0～8 128 169.0	单位：m
<zPosition>	Z 坐标	Double	−8 060 296.0～8 044 774.0	单位：m
<xVelocity>	X 速度	Double	−8 555.09～8 553.01	单位：m/s
<yVelocity>.	Y 速度	Double	−8 537.98～8 554.19	单位：m/s
<zVelocity>	Z 速度	Double	−8 597.65～8 396.93	单位：m/s

双频 GPS 参数以 WGS84 坐标系为参考，WGS84 定义为坐标原点为地球质心，其地心空间直角坐标系的 Z 轴指向 BIH（国际时间服务机构）1984.O 定义的协议地球极的方向，X 轴指向 BIH1984.O 的零子午面和 CTP 赤道的交点，Y 轴与 Z 轴、X 轴垂直构成右手坐标系。

5.5.5 姿态参数

姿态参数给出了成像期间卫星的姿态参数，时间间隔为 0.5 s，姿态数据格式见表 5.28。

表 5.28 姿态参数

数据元素标识号	标识名称	类型	极限值/值域	说明
TimeStamp	当前位置时间戳	Datetime	YYYY-MM-DD　HH:MM:SS.SSSSSS	UTC 时间
yawAngle	偏航角	Double	−32.0～32.0	单位：°
rollAngle	横滚角	Double	−0.1～0.1	单位：°
pitchAngle	俯仰角	Double	−4.0～4.0	单位：°

姿态参数以卫星轨道坐标系为参考，卫星轨道坐标系坐标原点位于卫星质心处，卫星飞行方向为 $+X$ 方向；卫星指向地心方向为 $+Z$ 方向；Y 轴与 X 轴、Z 轴组成右手坐标系。

5.5.6　产品信息

产品信息（表5.29）给出了图像产品规格、等级、格式、产品生产时间及极化方式信息。

表 5.29　产品信息

数据元素标识号	标识名称	类　型	极限值/值域	说　　明
`<NominalResolution>`	名义分辨率	Double	1.0～500.0	单位：m
`<WidthInMeters>`	名义成像幅宽	Long	10 000.000 000～ 6 500 000.000 000	单位：m
`<ProductLevel>`	产品级别	Enum	1	1 级产品
			2	2 级产品
`<ProductType>`	产品类型	Enum	SLC	单视复图像（斜距）产品
			SLP	单视（幅度）图像（斜距）产品
			MLP	多视（幅度）图像（斜距）产品
`<ProductFormat>`	产品格式	Enum	TIFF	标签图像文件格式
			GeoTIFF	地理信息标签图像文件格式
`<productGentime>`	产品生产时间	Datetime	YYYY-MM-DD HH:MM:SS.SSSSSS	UTC 时间
`<productPolar>`	产品极化方式	Enum	HH	HH 单极化
			VV	VV 单极化
			DH	双孔径 HH 极化（UFS 模式）
			DV	双孔径 VV 极化（UFS 模式）
			HHHV	HH/HV 双极化
			VVVH	VV/VH 双极化
			AHV	四极化

5.5.7　图像信息

图像信息（表 5.30）给出了产品主要技术参数。

表 5.30　图像信息

数据元素标识号		标识名称	类型	极限值/值域	说明
<imagingTime>	start	方位成像起始时间	Datetime	YYYY-MM-DD HH:MM:SS.SSSSSS	UTC 时间
	end	方位成像结束时间			
<nearRange>		最近距离	Double		单位：m
<refRange>		参考距离	Double		单位：m
<eqvFs>		等效采样频率	Double	0.000 000～533.000 000	单位：MHz
<eqvPRF>		等效 PRF	Double	1 000.000 000～6000.000 000	单位：Hz
<center>	latitude	图像中心纬度	Double	−90.000 000～90.000 000	单位：°
	longitude	图像中心经度	Double	−180.000 000～180.000 000	单位：°
<topLeft>	latitude	图像左上角纬度	Double	−90.000 000～90.000 000	单位：°
	longitude	图像左上角经度	Double	−180.000 000～180.000 000	单位：°
<topRight>	latitude	图像右上角纬度	Double	−90.000 000～90.000 000	单位：°
	longitude	图像右上角经度	Double	−180.000 000～180.000 000	单位：°
<bottomLeft>	latitude	图像左下角纬度	Double	−90.000 000～90.000 000	单位：°
	longitude	图像左下角经度	Double	−180.000 000～180.000 000	单位：°
<bottomRight>	latitude	图像右下角纬度	Double	−90.000 000～90.000 000	单位：°
	longitude	图像右下角经度	Double	−180.000 000～180.000 000	单位：°
<width>		图像宽度方向像元数	Long	1～35 000	距离向像元个数
<height>		图像高度方向像元数	Long	1～35 000	方位向像元个数
<widthspace>		宽度方向像元间隔	Double	0.5～500	单位：m
<heightspace>		高度方向像元间隔	Double	0.5～500	单位：m
<sceneShift>		景偏移	Int	0	默认为 0
<imagebit>		图像量化位数	String	16	16 位

数据元素标识号		标识名称	类型	极限值/值域	说明
<QualifyValue>	HH	HH 极化数据量化值	Double	1.000 000～50 000.000 000	根据不同成像模式极化组合，给出每种极化数据相应的量化值。详见 5.8.1 小节
	HV	HV 极化数据量化值	Double	1.000 000～50 000.000 000	
	VV	VV 极化数据量化值	Double	1.000 000～50 000.000 000	
	VH	VH 极化数据量化值	Double	1.000 000～50 000.000 000	
<echoSaturation>	HH	HH 极化数据饱和度	Double	0.000 000～100.000 000	不同成像模式，根据极化组合，给出每种极化数据的饱和度单位：%
	HV	HV 极化数据饱和度	Double	0.000 000～100.000 000	
	VV	VV 极化数据饱和度	Double	0.000 000～100.000 000	
	VH	VH 极化数据饱和度	Double	0.000 000～100.000 000	

5.5.8　处理参数

处理参数（表 5.31）给出了产品成像处理参数、算法以及使用的外部数据等信息。

表 5.31　处理参数

数据元素标识号		标识名称	类型	极限值/值域	说明
<EphemerisData>		星历数据类型	String	RT	实时 GPS 数据
				AO	精化轨道处理数据
<AttitudeData>		姿态数据类型	String	RT	实时姿态数据（默认）
<algorithm>		成像算法	Enum	CS	线性调频变标算法
				DCS	去斜线性调频变标算法
<CalibrationConst>	HH	HH 极化数据定标常数	Float		根据不同成像模式极化组合，给出相应极化数据定标常数。单位：dB详见 5.8.1 小节
	HV	HV 极化数据定标常数	Float		
	VV	VV 极化数据定标常数	Float		
	VH	VH 极化数据定标常数	Float		

续表

数据元素标识号	标识名称	类型	极限值/值域	说明
\<AzFdc0\>	多普勒中心频率向拟合系数常数项	Double		多普勒中心频率计算方法详见 5.8.4 小节
\<AzFdc1\>	多普勒中心频率向拟合系数一次项	Double		
\<MultilookRange\>	距离向多视数	Int	1～4	距离向多视数
\<MultilookAzimuth\>	方位向多视数	Int	1～8	方位向多视数
\<DoIQComp\>	IQ 通道数据补偿	Boolean	1	校正完成
			0	未校正
\<DoChaComp\>	通道幅相误差校正	Boolean	1	校正完成
			0	未校正
\<DoFdcEst\>	多普勒中心估计	Boolean	1	基于雷达回波数据估计
			0	基于卫星辅助数据计算
\<DoFrEst\>	多普勒调频估计	Boolean	1	基于雷达回波数据估计
			0	基于卫星辅助数据计算
\<RangeWeightType\>	距离向窗函数类型	Int	1，11	泰勒窗，余弦窗[①]
\<RangeWeightPara\>	距离向窗函数参数	String		加权系数
\<AzimuthWeightType\>	方位向窗函数类型	Int	1，11	泰勒窗，余弦窗
\<AzimuthWeightPara\>	方位向窗函数参数	Float		加权系数
\<SidelobeSuppressFlag\>	旁瓣抑制处理标识	Boolean	1	是 指加窗处理之外的其他处理方法
			0	否
\<SpeckleSuppressFlag\>	相干斑抑制处理标识	Boolean	1	是 指多视处理之外的其他处理方法
			0	否
\<EarthModel\>	地球模型	String	WGS84	地球椭球模型
\<ProjectModel\>	投影模型	String	UTM	通用横轴墨卡托投影
\<DEMModel\>	高程模型	Int	0	SRTM 高程库
\<QualifyModel\>	量化模型	Int	0	线性量化
\<RadiometricModel\>	辐射校正模型	Int	0	默认后向散射系数模型
\<incidenceAngleNearRange\>	刈幅近端入射角	Double	10.00～60.000	单位：°
\<incidenceAngleFarRange\>	刈幅远端入射角	Double	10～60	单位：°

续表

数据元素标识号	标识名称	类　型	极限值/值域	说明	
<InnerCalibration>	内定标校正标识	Boolean	1	校正	
			0	未校正	
<NumberOfPoleHHMissingLines>	HH 极化数据丢行数	Int	0～500		
<NumberOfPoleHVMissingLines	HV 极化数据丢行数	Int	0～500		
<NumberOfPoleVHMissingLines>	VH 极化数据丢行数	Int	0～500		
<NumberOfPoleVVMissingLines>	VV 极化数据丢行数	Int	0～500		
<ReceiverSettableGain>	接收机增益校正标识	Boolean	1	校正	
			0	未校正	
<ElevationPatternCorrection >	距离向天线方向图校正	Boolean	1	校正	
			0	未校正	
<AmuthPatternCorrection >	方位向天线方向图校正	Boolean	1	校正	
			0	未校正	
<RangeLookBandWidth>	每视距离带宽	Float		单位：MHz	
<AzimuthLookBandWidth>	每视方位处理带宽	Float		单位：Hz	
<TotalProcessedAzimuthBandWidth>	方位处理带宽	Float		单位：Hz	
<DopplerParametersReferenceTime>	多普勒参数参考时间	Float			
<DopplerCentroidCoefficients>	d0	多普勒中心多项式计算系数	d0	Float	常数项	多普勒中心频率计算方法详见5.8.4 小节
	d1		d1	Float	一次项	
	d2		d2	Float	二次项	
	d3		d3	Float	三次项	
	d4		d4	Float	四次项	
<DopplerRateValuesCoefficients>	r0	多普勒调频率多项式拟合系数	r0	Float	常数项	多普勒调频率计算方法详见5.8.4 小节
	r1		r1	Float	一次项	
	r2		r2	Float	二次项	
	r3		r3	Float	三次项	
	r4		r4	Float	四次项	
<DEM>	平均高程	Float		单位：m	

注：①聚束与条带模式加权处理采用泰勒窗，加权系数范围-18～-28；扫描模式加权处理采用余弦窗，加权系数范围 0～1

5.6　入射角文件

入射角文件给出了图像数据文件每列数据的入射角信息。入射角文件列数与图像数据文件列数相同，文件第一列为图像近端入射角，最后一列为远端入射角，入射角文件格式如表 5.32 所示。

表 5.32　1 级产品入射角文件格式定义

数据元素标识号	说明	类型	说明
numberofIncidenceValue	入射角数目	Long	距离向点数
stepSize	入射角距离向像素间隔	Int	距离采样间隔
incidenceValue	入射角	Float	单位为度，每个入射角以空格隔开

5.7　RPC 文件

RPC 文件指基于遥感影像的有理函数系数的文件。RPC 模型实际上是各种传感器几何模型的一种抽象表达方式，它适用于各类传感器包括最新的航空和航天传感器，是多项式模型更精确的表达形式。目前 IKONOS 及 QuickBird 卫星传感器均采用有理函数模型作为产品一项重要参数文件向用户进行分发，并且 ENVI 及 ERDAS 等商业软件均具有基于 RPC 模型的图像几何校正功能，便于用户利用 RPC 文件进行图像后处理。

有理函数模型是将像点坐标（r，c）表示为以相应地面点空间坐标（X，Y，Z）为自变量的多项式比值，如下：

$$r_n = \frac{P_1(X_n, Y_n, Z_n)}{P_2(X_n, Y_n, Z_n)} \tag{5.1}$$

$$c_n = \frac{P_3(X_n, Y_n, Z_n)}{P_4(X_n, Y_n, Z_n)} \tag{5.2}$$

式中：（r_n，c_n）和（X_n，Y_n，Z_n）分别表示像素（r，c）和（X，Y，Z）经平移和缩放后的标准化坐标，取值位于-1.0～＋1.0。其变换关系如下：

$$X_n = \frac{X - X_0}{X_s} \tag{5.3}$$

$$Y_n = \frac{Y - Y_0}{Y_s} \tag{5.4}$$

$$Z_n = \frac{Z - Z_0}{Z_s} \tag{5.5}$$

$$r_n = \frac{r - r_0}{r_s} \tag{5.6}$$

$$c_n = \frac{c - c_0}{c_s} \tag{5.7}$$

式中：$(X_0, Y_0, Z_0, r_0, c_0)$ 为标准化的平移参数；$(X_n, Y_n, Z_n, r_n, c_n)$ 为标准化的比例参数。RPC 采用标准化的目的是保证计算的稳定性，并减少计算过程中由于数据的数量级差别过大引起的舍入误差。

多项式中每一项的各个坐标分量 X、Y、Z 的幂最大不超过 3，每一项各个坐标分量的幂的综合也不超过 3。另外，分母项 P_2 和 P_4 的取值可以有两种情况：$P_2 = P_4$，$P_2 \neq P_4$。每个多项式的形式如下：

$$\begin{aligned}
P &= \sum_{i=0}^{m_1}\sum_{j=0}^{m_2}\sum_{k=0}^{m_3} a_{ijk} X^i Y^j Z^k = a_0 + a_1 X + a_2 Y + a_3 Z + a_4 XY + a_5 XZ + a_6 YZ \\
&\quad + a_7 X^2 + a_8 Y^2 + a_9 Z^2 + a_{10} XYZ + a_{11} X^2 Y + a_{12} Y^2 Z + a_{13} XY^2 + a_{14} X^2 Z \\
&\quad + a_{15} XZ^2 + a_{16} YZ^2 + a_{17} X^3 + a_{18} Y^3 + a_{19} Z^3
\end{aligned} \tag{5.8}$$

式中：a_{ijk} 是多项式的系数，也称为有理函数系数。有理函数模型是基于严密的传感器模型生成的。在图像范围和高程范围内，产生 $m \times n$ 的均匀分布的格网点作为控制点来解算 RPC，而不需要实际的地形信息。

下面以 GF-3 产品中 RPC 文件进行举例说明。

```
satId="GF3-1";                        %卫星 ID
bandId="SAR";                         %波段 ID
SpecId="RPC";                         %RPC
BEGIN_GROUP=IMAGE
    errBias=1.0;
    errRand=0.0;
    lineOffset=3498.000000;           %行偏移量
    sampOffset=10683.000000           %列偏移量
    latOffset=-4.33434384;            %纬度偏移量
    longOffset=-67.40802736;          %经度偏移量
    heightOffset=0.00000000;          %高度偏移量
    lineScale=6997.000000;            %行数
    sampScale=21367.000000;           %列数
    latScale=3.12757210;              %纬度范围
```

```
longScale=3.35956546;              %经度范围
heightScale=1000.000000;           %高度范围
lineNumCoef= (                     %20 个行分子系数
    -1.83322011389E-04,
    5.38670935061E-02,
    2.25706713046E-01,
    ..............,
    -5.31242231158E-07);
lineDenCoef= (                     %20 个行分母系数
    -1.89389141596E-01,
    -1.67364429773E-01,
    -1.66896053098E-01,
    ..............,
    -5.26691803543E-09);
sampNumCoef= (                     %20 个列分子系数
    -1.28274508480E-02,
    -1.72755863007E-01,
    2.19473395131E-02,
    ..............,
    8.36901478603E-07);
sampDenCoef= (                     %20 个列分母系数
    1.36016857697E-01,
    1.40869417792E-01,
    1.11552760963E-01,
    ..............,
    1.43040696810E-07);
END_GROUP=IMAGE
END;
```

5.8　标准产品基本处理方法

本节给出标准产品实际应用中常用的基本处理方法。

5.8.1　后向散射系数计算

对于卫星数据定量化应用场景，需要根据图像数据文件和辅助数据文件中的提供的定标常数，将不同级别产品图像文件中像元的亮度值转换为后向散射系数。

1. 1A 级产品计算后向散射系数

1A 级产品后向散射系数可根据下述关系求出：

$$\sigma_{dB}^0 = 10\lg[P^I(\text{QualifyValue}/32767)^2] - K_{dB} \tag{5.9}$$

式中：$P^I = I^2 + Q^2$，I 为图像数据实部，Q 为图像数据虚部；QualifyValue 为图像量化值；K_{dB} 为辐射定标常数，分别由 1A 级产品描述文件<QualifyValue>字段、<CalibrationConst>字段提供。

2. 1B 级产品计算后向散射系数

1B 级产品后向散射系数仍按照式（5.9）计算，此时

$$P^I = \text{DN}^2 \tag{5.10}$$

式中：DN 为 1B 级产品幅度值。QualifyValue、K_{dB} 分别由 1B 级产品描述文件<QualifyValue>字段、<CalibrationConst>字段提供。

3. 2 级产品计算后向散射系数

2 级产品后向散射系数计算公式如下：

$$\sigma_{dB}^0 = 10\ln[P^I(\text{QualifyValue}/65535)^2] - K_{dB} \tag{5.11}$$

式中：$P^I = \text{DN}^2$，DN 为 2 级产品幅度值。QualifyValue、K_{dB} 分别由 2 级产品描述文件<QualifyValue>字段、<CalibrationConst>字段提供。

对于双极化和全极化产品，不同极化图像产品量化值并不相同，需在产品描述文件中<QulifyValue>字段中查找相应极化的量化值，然后计算后向散射系数。

5.8.2　1A 级产品转换为 1B 级产品

1A 到 1B 的转换公式为

$$\text{DN} = \text{sqrt}(I^2 + Q^2)/32\,767 \cdot \text{QualifyValue\_1A}/\text{QualifyValue\_1B} \cdot 65\,535 \tag{5.12}$$

式中：DN 为 1B 级产品幅度值；I、Q 分别为 1A 级产品实部与虚部；QualifyValue_1A 为 1A 级产品归一化峰值；QualifyValue_1B 为 1B 级产品归一化峰值。QualifyValue_1B 可根据以下公式计算得到

$$QualifyValue\_1B = \max[sqrt(I^2 + Q^2) / 32767 \cdot QualifyValue\_1A] \qquad (5.13)$$

5.8.3　1 级产品处理为 2 级产品

将 GF-3 卫星 1 级转换为 2 级产品，要完成将斜距的投影成地距，并进行地理编码等处理。目前地面处理系统不提供将 1 级产品转换为 2 级产品的处理软件工具，可以采用商用 SAR 图像处理软件将 1 级产品转换为 2 级产品。

本小节以使用广泛的商用遥感图像软件 ENVI 为例，介绍将 GF-3 卫星 1B 级产品转换为 2 级产品的处理方法。将 1A 级产品转换成 2 级产品，可按 5.8.2 小节方法先将 1A 级产品转换为 1B 产品，然后再采用本小节的方法将 1B 级产品转换为 2 级产品。

采用商用遥感数据处理软件 ENVI 将 1B 产品转换为 2 级产品的方法如下。

1. 读入 1B 级产品

运行 ENVI 软件，在软件菜单栏"File"下拉菜单"Open Image File"中选中需要处理的 1B 级产品，并加载数据（图 5.2）。

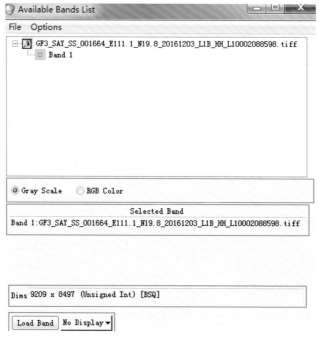

图 5.2　读入数据

2. 选择 RPC 文件

在软件菜单栏"MAP"下拉菜单"Orthoretification"—"Generic RPC and RSM"—"Orthorectify using RPC or RSM"中选择利用 RPC 进行正射校正模块，并选中待处理 1B 级产品相应的 RPC 文件（图 5.3）。

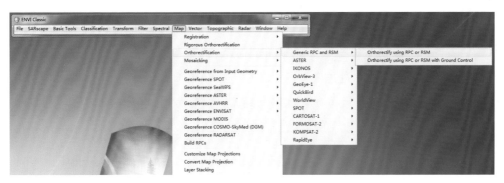

图 5.3　选择 RPC 文件

3. 生成 2 级产品

选择 RPC 文件后，会自动弹出正射校正处理参数界面，进行输出文件的参数设置即可处理生成 2 级产品（图 5.4）。

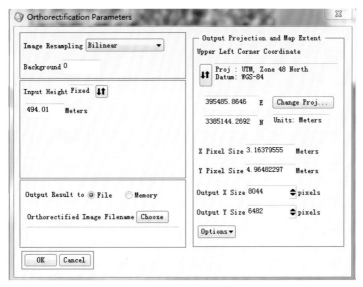

图 5.4　生成 2 级产品

5.8.4　多普勒参数计算

多普勒参数包括多普勒中心频率和多普勒调频率两个参数。图像中各列对应的多普勒中心频率和多普勒调频率以多项式系数的方式给出，多项式系数由产品描述文件中的<DopplerCentroidCoefficients>和<DopplerRateValuesCoefficients>字段当中。

多普勒中心频率和多普勒调频率的计算公式如下：

$$f_{dc} = d_0 + d_1\Delta t^1 + d_2\Delta t^2 + d_3\Delta t^3 + d_4\Delta t^4 \tag{5.14}$$

$$f_r = r_0 + r_1\Delta t^1 + r_2\Delta t^2 + r_3\Delta t^3 + r_4\Delta t^4 \tag{5.15}$$

式中：$\Delta t = \dfrac{\text{nearRange} + n \cdot \text{widthspace} - \text{refRange}}{c} \cdot 10^6$；$\Delta t$ 为相对于参考距离的时间，单位为 μs；nearRange 为图像的近距；widthspace 为图像距离向的像素间隔；refRange 为参考斜距。nearRange、widthspace 和 refRange 可从产品描述件中 <nearRange>、<widthspace>、<refRange>相关字段获得。

第6章　高分三号卫星海洋图像质量提升技术

由于 SAR 海面回波强度远低于陆地地物回波强度，与陆地场景相比，海面场景图像信噪比、辐射分辨率也远低于陆地场景图像。这导致方位模糊、旁瓣、ScanSAR 图像中的"扇贝效应"及相干斑噪声等 SAR 图像中固有的现象，在海洋场景图像中更为明显。例如，在海陆交界、包含海上船舶与石油平台等强散射目标的 SAR 图像中，方位模糊信号相对于海面背景强度依然很强，更容易导致海面图像上出现虚假目标，即所谓的"鬼影"；海上船舶、石油平台等强散射目标的旁瓣，在图像中通常表现为拖尾很长的"十字星"形，影响目标检测与几何特征提取精度效果；ScanSAR 图像中的"扇贝效应"与相干斑噪声对后续应用处理效果影响更大。

为此，在 GF-3 卫星应用共性关键技术项目的支持下，国家卫星海洋应用中心联合国内相关优势单位针对海洋场景方位模糊抑制、保分辨率旁瓣抑制、ScanSAR 图像"扇贝效应"消除及相干斑降噪技术开展了专题研究，研究成果作为应用测试项，通过了 GF-3 卫星工程在轨测试。部分成果已经应用于 GF-3 卫星地面处理系统，或准备用于后续卫星海洋地面处理系统（见 8.5 节）。本章将对上述图像质量处理方法进行详细介绍。

6.1　方位模糊抑制

模糊度是 SAR 图像一个重要的指标参数,模糊信号分为距离模糊和方位模糊两种,距离模糊主要通过系统设计加以抑制,而方位模糊可以通过信号处理的方法加以抑制。对于一个既定的星载 SAR 系统,Li 等（1985）很早就提出了精确的多普勒中心估计与图像模糊程度之间的关系:出现多普勒偏移时,频域的匹配滤波函数并不在数据谱的最大位置处,会同时导致 SAR 图像的信噪比和方位模糊度指标下降（Li et al., 1983）。当多普勒偏移越大,而又不能良好估计多普勒偏移时,会导致图像信噪比和方位模糊度指标持续下降,其中方位模糊度指标下降的速度要快于信噪比。在多普勒中心偏移为 200 Hz 时,图像方位模糊度指标下降约 10 dB,对图像质量影响严重。因此必须在 SAR 成像处理过程中,通过精确地估计多普勒中心频率,削弱方位模糊信号对图像质量的影响。

对于 SAR 成像后图像中存在的模糊现象,也有很多类似的处理方法。Moreira 等（1993）分析了方位模糊现象产生的原因,并从信号表达式的角度对模糊现象进行了建模,提出了一种去卷积的方法。该方法的基本思想是产生一个两维的参考函数,该函数与常规匹配滤波函数相比具有去卷积的能力,类似于最优滤波器。但该方法主要针对点目标的模糊信号进行抑制,并且要求模糊信号谱与主瓣信号谱有很大的相干性。为此 Guarnieri（2005）提出了一种选择性带通滤波技术,但是该方法处理效果依赖于信号的信噪比,在海洋场景等信噪比较低的情况下难以取得良好的模糊抑制效果。Chen 等（2013）给出了一种基于优化计算的模糊抑制方法,通过对模糊信号进行建模,认为在模糊信号被抑制的情况下,图像中的目标个数才能保持最低个数,从而实现对模糊信号的识别和抑制。

另一类应对方位模糊的方法是在系统存在方位两个或多个通道的情况下,可以通过方位空域解模糊的技术来进行方位模糊抑制。Krieger 等（2004）提出一种利用信号重建方法解低 PRF 采样引起的多普勒谱模糊的新方法。该方法通过建立由响应函数组成的重建函数矩阵恢复模糊的多普勒谱,从而得到完整的多普勒频谱。这种重建方法的条件就是要求沿航向多通道空间采样不重叠即可,克服了移动相位中心天线（displaced phase center antenna,DPCA）解模糊所需的严格限制条件。

本节针对单通道与双（多）通道 SAR 图像方位模糊抑制,分别给出了处理方法。

6.1.1　单通道 SAR 复图像方位模糊抑制

1. 基于压缩感知恢复算法的方位模糊抑制方法

压缩感知恢复算法是一种基于矩阵模型下的最优化估计方法。其充分利用恢复目标的先验信息，从较低维观测结果中恢复出高维的信号信息。可使用矩阵方程将其描述为

$$y_{M\times1} = \boldsymbol{\Phi}_{M\times N}\boldsymbol{\Psi}_{M\times N}x_{N\times1} + n_{M\times1} \tag{6.1}$$

式中：$y_{M\times1}$ 为 M 个观测结果；$\boldsymbol{\Phi}_{M\times N}$ 为观测矩阵；$\boldsymbol{\Psi}_{M\times N}$ 为某一正交变换矩阵；$x_{N\times1}$ 为 N 维的被观测信号；$n_{M\times1}$ 为系统加性白噪声。

当观测矩阵列向量的秩大于（或等于）N 时，可以通过解方程组获得 $x_{N\times1}$ 的唯一解；当该矩阵的秩小于 N 时，求解 $x_{N\times1}$ 变为一个 NP 问题，无法得到唯一解。但若 $x_{N\times1}$ 的先验信息足够多，则可以通过解最优化方程的方法获得 x 的最优估计结果 $\hat{x}$，该求解过程描述为

$$\hat{x} = \min\|y - Ax\|_2^2 + \beta\|x\|_a^a \tag{6.2}$$

上式不具备显式解，可以使用牛顿迭代法获得近似解

$$\hat{x}_{n+1} = \left[A^H A + \beta \cdot \mathrm{diag}\left(|\hat{x}_n|\right)^{2-a}\right]^{-1} A^H y \tag{6.3}$$

式中：A 为 $\boldsymbol{\Phi}_{M\times N}\boldsymbol{\Psi}_{M\times N}$；$\beta$ 为可调整参数；$\mathrm{diag}(\cdot)$ 为对角阵，迭代的起始值 $\hat{x}_0$ 可由先验信息给出，正则化参数 a 取决于对 x 分布特性的估计（对比度较强的信号，可选择 $a=1$），迭代的终止条件设置为

$$\frac{\|\hat{x}_{n+1} - \hat{x}_n\|_2^2}{\|\hat{x}_n\|_2^2} \leqslant \varepsilon \tag{6.4}$$

若将某一距离门上复图像时域信号视作 x，用矩阵 $\boldsymbol{\Psi}$ 实现傅里叶变换，$\boldsymbol{\Phi}$ 作为截断矩阵，则 y 就是截断后的多普勒频谱。通过对多普勒频谱的截断可以有效抑制方位模糊能量，但同时需要付出分辨率恶化的代价。由于主区、模糊区信号的相关性不同，若由低维度的截断谱信号 y 恢复高维度、高分辨率的图像 $\hat{x}$，则恢复结果中将包含大量主区信息而模糊区能量则较低。从而在不损失分辨率的条件下实现主区能量和模糊区能量的分离。由于已经获取了掺杂了模糊能量的高分辨率图像 $\hat{x}_0$ 作为先验信息，在该条件下从截断谱中恢复高分辨率的图像，恢复向量的自由度变得更低，恢复过程更加稳健、快速，并且可以保证图像质量。

2. 改进的理想滤波器方位模糊抑制方法

改进的理想滤波器方位模糊抑制方法（韩伟 等，2011）运用理想滤波器的

概念，在二维频域构造校正滤波器，从而达到去除 SAR 图像中混叠部分的目的。对于模糊相位的未知性，在应用理想滤波器进行方位模糊抑制时，需要构造 2 个校正滤波器，这 2 个校正滤波器对应的模糊像相位刚好相差 180°，而主信号基本没有变化，通过在复数域相减构造出模糊像，从而达到抑制方位模糊的目的。然而理想滤波器的构造仅仅是利用场景中某一参考点目标的相关位置参数信息，对于某一景较大场景的 SAR 图像，偏离构造滤波器位置的目标，由于参数失配的原因，抑制效果受限，当偏离位置超过一定限度时，甚至会导致图像质量恶化。

理想滤波器概念的关键是构造校正滤波器 $r_c(t)$，接收信号 $s_\varepsilon(t)$ 通过校正滤波器 $r_c(t)$，可以得到消除了幅度和相位误差的理想信号

$$s_0(t) = s_\varepsilon(t) \otimes r_c(t) \tag{6.5}$$

将上式变换到频域，可以得到

$$R_c(f) = \frac{s_0(f)}{s_\varepsilon(f)} \tag{6.6}$$

就可以构造理想滤波器

$$r_{\text{ideal}}(t) = s_0^*(-t) \otimes r_c(t) \tag{6.7}$$

同样变换到频域，可以得到理想滤波器的频域表达式：

$$R_{\text{ideal}}(f) = \frac{s_0(f)^2}{s_\varepsilon(f)} \tag{6.8}$$

将理想滤波器的概念应用到方位模糊抑制，可以得到

$$\begin{aligned} f_{\text{ideal}}(x, r) &= s_\varepsilon(x, r) \otimes r_{\text{ideal}}(x, r) \\ &= s_\varepsilon(x, r) \otimes r_c(x, r) \otimes r_a(x, r) \end{aligned} \tag{6.9}$$

式中：方位采样信号 $s_\varepsilon(x, r)$ 和校正函数 $r_c(x, r)$ 的卷积产生无模糊的接收信号 $s_0(x, r)$，然后通过与方位向匹配滤波器 $r_a(x, r)$ 的卷积得到无模糊的图像 $f_{\text{ideal}}(x, r)$。

通过分析，采样点的移动对主信号的相位影响很小，但是对模糊信号的相位却有很大影响，主要表现为每移动一个采样间隔，模糊信号的相位旋转 2π rad，并且模糊相位的旋转量与亚采样间隔的大小成正比。

由于方位向亚采样间隔的存在，方位模糊的绝对相位值是无法确知的，利用每移动一个方位向采样间隔第 1 模糊项相位旋转 2π rad 这样一个事实，构造 2 个校正函数（ $r_c^{0°}$ 对应于 $\varepsilon_x = 0$ 和 $r_c^{180°}$ 对应于 $\varepsilon_x = 2 / \text{PRF}$ ）为

$$\begin{aligned} f_{\text{ideal}}^{0°}(x, r) &= s_\varepsilon(x, r) \otimes r_{\text{ideal}}^{0°}(x, r) \\ &= s_\varepsilon(x, r) \otimes r_{\text{ideal}}^{0°}(x, r) \otimes r_a^{0°}(x, r) \end{aligned} \tag{6.10}$$

$$\begin{aligned} f_{\text{ideal}}^{180°}(x, r) &= s_\varepsilon(x, r) \otimes r_{\text{ideal}}^{180°}(x, r) \\ &= s_\varepsilon(x, r) \otimes r_{\text{ideal}}^{180°}(x, r) \otimes r_a^{180°}(x, r) \end{aligned} \tag{6.11}$$

这样经过滤波处理后，可以得到 2 幅主信号是同相的图像，而第 1 模糊信号

相差 180°，将获得的 2 幅图像相减取模并且除以 2 以获得模糊图像：

$$f_{\text{ambig}}^{0°}(x,r) = \frac{\left| f_{\text{ideal}}^{180°}(x,r) - f_{\text{ideal}}^{0°}(x,r) \right|}{2} \tag{6.12}$$

得到模糊像后，在图像域将原图像和模糊像相减达到抑制模糊的目的。

$$f_{\text{ambig\_sup}}(x,r) = \left| f(x,r) - \left| f_{\text{ambig}}(x,r) \right| \right| \tag{6.13}$$

利用理想滤波器的概念进行方位模糊抑制算法在二维频域进行运算处理，其校正滤波器仅仅是选择有限场景中的某一个参考点目标的相关位置参数进行构造的，对于与参考点目标相隔较远的目标，由于偏离参考点位置的斜距值比较大，会引起参数的失配，参数失配主要是由不同点目标之间的最短斜距值的不同引起的。

针对上述理想滤波器存在的局限性，结合由最短斜距不同导致抑制效果有限的问题及模糊图像的特点，选择使用分块处理的方法。已知主像和模糊像在距离向和方位向具有一定的位置偏移量。在方位向上的位移主要是由于模糊信号和主信号的接收时间刚好相差整数倍的 PRF 时间，在距离向上的位置偏移主要是由于距离徙动时，模糊信号残余距离徙动量的存在。

由此可见，由斜距导致不同斜距的点目标，其主像和模糊像在方位向和距离向上的位移量是不同的。在方位向上，由最短斜距不同导致的位移差异不大于方位向分辨率一半的条件，可以得到理论最大分块斜距间隔为

$$\Delta R \leqslant \frac{D V_s}{2\lambda \text{PRF}} \tag{6.14}$$

式中：D 为天线方位向口径；V_s 为卫星速度；λ 为发射信号波长。

改进理想滤波器方位模糊抑制流程图如图 6.1 所示，不同的数据块对应不同的斜距值，分别构造了不同的理想滤波器，对相应的数据块进行抑制，输出数据对处理完的各个数据块进行重新拼接组合，得到大区域方位模糊抑制后的图像数据。

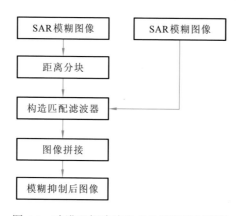

图 6.1　改进理想滤波器方位模糊抑制流程

6.1.2　双通道 SAR 方位模糊抑制

GF-3 卫星超精细条带模式基于 2 个通道多相位中心多波束技术，实现高分辨宽测绘带成像。多通道星载 SAR 系统中，成像处理的关键是通过多通道方位模糊抑制处理获取无方位模糊的信号。而星载 SAR 系统工作于太空环境，由于温度变化、宇宙射线辐射、阵元失效、雷达开机时刻做不到严格精准、卫星姿态测量误差、通道间元器件性能不完全一致等因素都会影响方位模糊抑制效果。

1. 幅相误差自适应估计与校正

针对复杂误差因素，利用测量系统对这些误差进行实时测量代价高昂，可靠性也难以保证。为了表述统一起见，将这些误差因素统称为幅相误差。多通道幅相误差具有时变和空变性，但实际系统都具有较强的惰性，在小段相干处理时间内误差可认为是时不变的，可仅考虑其空变性。另外，幅相误差在距离-方位二维耦合通常较弱，所以在误差校正过程中，可对距离和方位分维校正（Zhang et al.，2013）。

解多普勒模糊成像中，相位误差是影响性能的主要因素，而幅度误差影响较小且通常很容易校正。这里利用某 SAR 实测数据说明相位误差的空变和距离-方位弱耦合特性。先将通道 1 和通道 2 数据（对应相干处理时间间隔为 1 s）变换到距离频率-多普勒域，然后对两通道数据进行共轭相乘得到通道间相位误差，如图 6.2（a）所示；将相位误差分别沿距离频率和多普勒方向作平均处理，得到距离频率和方位维相位误差，分别如图 6.2（b）和图 6.2（c）所示；利用平均距离频率和方位维相位误差对图 6.2（a）的二维相位校正，残余相位误差如图 6.2（d）所示。从图 6.2（d）可以看出，经过距离和方位独立校正，残余相位误差基本很小，这说明相位误差距离方位二维耦合是很弱的。同样，在距离脉压-方位多普勒域也可以得到类似的结果。图 6.2（b）中多普勒维的误差相位表现出很强的线性特点，这是因为通道间存在较大的沿航向基线误差。通道相位误差存在弱耦合的特点说明在通道误差校正中可以将距离和方位误差分别估计，这对通道误差的自适应校正处理带来了便利。需要说明的是，这里讨论的是方位上不存在多普勒模糊的情况，通过平均就可以得到方位维相位误差，但针对多普勒模糊条件下，方位维误差相位的估计则要困难许多。

考虑距离和方位的弱耦合特点，可首先对距离维通道幅相误差进行自适应估计和补偿，包括距离频率-多普勒域和距离脉压-多普勒域补偿两部分，下面对其进行说明。

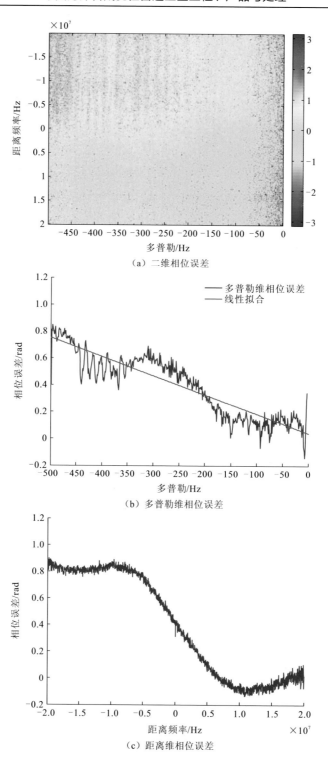

（a）二维相位误差

（b）多普勒维相位误差

（c）距离维相位误差

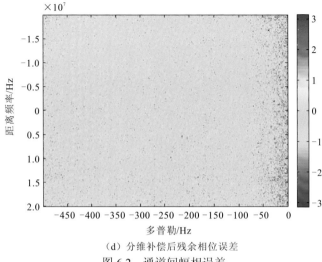

（d）分维补偿后残余相位误差

图 6.2　通道间幅相误差

　　首先在距离频率-多普勒域估计距离方向的幅相误差，1 通道和第 m 通道间幅相误差估计表示为

$$\mathrm{Df}_{1m}\left(f\right)=\frac{\int\left[s_{\mathrm{c},1}\left(f,f_{\mathrm{d}}\right)\cdot s_{\mathrm{c},m}^{*}\left(f,f_{\mathrm{d}}\right)\right]\mathrm{d}f_{\mathrm{d}}}{\int\left[s_{\mathrm{c},m}\left(f,f_{\mathrm{d}}\right)\cdot s_{\mathrm{c},m}^{*}\left(f,f_{\mathrm{d}}\right)\right]\mathrm{d}f_{\mathrm{d}}} \tag{6.15}$$

式中：$s_{\mathrm{c},1}$ 为第一个通道接收的数据；$s_{\mathrm{c},m}$ 为第 m 个通道接收的数据；$s_{\mathrm{c},m}^{*}$ 为第 m 个通道接收的数据的共轭；f 为距离频率；f_{d} 为方位频率。利用 $\mathrm{Df}_{1m}(f)$ 对 $s_{\mathrm{c},m}(f,f_{\mathrm{d}})$ 进行补偿，并变换到距离脉压域，表示为

$$s_{\mathrm{c},m}\left(\tau,f_{\mathrm{d}}\right)=\mathrm{IFT}\left[s_{\mathrm{c},m}\left(f,f_{\mathrm{d}}\right)\cdot Df_{1m}\left(f\right)\right] \tag{6.16}$$

$$s_{\mathrm{c},1}\left(\tau,f_{\mathrm{d}}\right)=\mathrm{IFT}\left[s_{\mathrm{c},1}\left(f,f_{\mathrm{d}}\right)\right] \tag{6.17}$$

式中：τ 为距离时间；IFT 为逆傅里叶变换操作。然后，距离脉压-多普勒域幅相误差估计可表达为

$$\mathrm{Dr}_{1m}\left(f\right)=\frac{\int\left[s_{\mathrm{c},1}\left(\tau,f_{\mathrm{d}}\right)\cdot s_{\mathrm{c},m}^{*}\left(\tau,f_{\mathrm{d}}\right)\right]\mathrm{d}f_{\mathrm{d}}}{\int\left[s_{\mathrm{c},m}\left(\tau,f_{\mathrm{d}}\right)\cdot s_{\mathrm{c},m}^{*}\left(\tau,f_{\mathrm{d}}\right)\right]\mathrm{d}f_{\mathrm{d}}} \tag{6.18}$$

并对 $s_{\mathrm{c},m}\left(\tau,f_{\mathrm{d}}\right)$ 进行补偿 $s_{\mathrm{c},m}\left(\tau,f_{\mathrm{d}}\right)=s_{\mathrm{c},m}\left(\tau,f_{\mathrm{d}}\right)\cdot\mathrm{Dr}_{1m}\left(\tau\right)$。然后傅里叶变换到距离频率域利用式（6.15）再次估计 $\mathrm{Df}_{1m}\left(f\right)$，然后再次估计 $\mathrm{Dr}_{1m}\left(f\right)$，通常重复迭代若干次就可以达到较精确的自适应距离维幅相误差补偿。图 6.3 为通道误差校正前后的干涉相位。

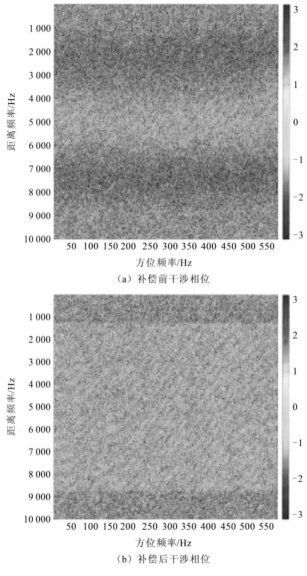

（a）补偿前干涉相位

（b）补偿后干涉相位

图 6.3　校正前后通道间的干涉相位

2. 多通道方位模糊抑制（Sun et al.，2018；Zuo et al.，2017）

采用等效相位中心原理,收发分置系统可以被认为是等效相位中心处的系统。由于各等效相位中心处在同一个航线上,不同通道的方位信号间可以认为是做了慢时间的平移。因此,可以得到任一通道的表达式

$$s_i(t_m) \approx s\left(t_m - \frac{X_i}{v}\right) \tag{6.19}$$

式中：$s_i(t_m)$ 为参考相位中心的回波；X_i 为第 $i(i=1,2)$ 个等效相位中心距离参考中心的方位间距。因此，多通道 SAR 系统各个通道获取的数据可以被认为是原始方位信号 $s(t_m)$ 经过不同的时延后，以 PRF 采样得到。对于双通道 SAR 系统来说，方位存在 2 倍模糊，PRF 仅需大于方位带宽的 1/2。信号分别经过 2 个通道，通道的传递函数为 $H_i(f_a)$。经过 2 个通道后，信号被采样成数字信号，由于 PRF 小于信号带宽，因此对单路信号而言，信号频谱是混叠的。

从概念上理解，如果 2 个通道的延时刚好满足 DPC 条件，那么直接重排数据就可以方位模糊抑制了；如它们不满足 DPC 条件，而将多个通道的采样过程看成是一个滤波过程，那么对 2 个通道的数据进行逆滤波就可以恢复原始的信号了。数据重建的过程可以看作是 2 个通道采样的逆过程（图 6.4）。对于每个通道而言，离散采样以前系统的响应函数为

$$h_i(t_m) = \delta\left(t_m - \frac{X_i}{v}\right) \tag{6.20}$$

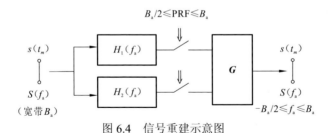

图 6.4　信号重建示意图

图 6.5 所示为两倍模糊信号混叠情况，对其多普勒模糊分量进行标号，那么某通道信号离散采样后的频域表达可以写为

$$S_i(f_a) = \begin{cases} \sum_{m=0}^{1} H_{i,m}(f_a) S(f_a + m \cdot \mathrm{PRF}), & -\mathrm{PRF}/2 \leqslant f_a \leqslant 0 \\ \sum_{m=-1}^{0} H_{i,m}(f_a) S(f_a + m \cdot \mathrm{PRF}), & 0 < f_a \leqslant \mathrm{PRF}/2 \end{cases} \tag{6.21}$$

用矩阵的形式，可以将 2 个通道的采样信号向量表示为

$$\begin{bmatrix} S_1(f_a) \\ S_2(f_a) \end{bmatrix} = \begin{cases} \mathrm{H}_+ \begin{bmatrix} S(f_a + \mathrm{PRF}) \\ S(f_a) \end{bmatrix}, & -\mathrm{PRF}/2 \leqslant f_a \leqslant 0 \\ \mathrm{H}_- \begin{bmatrix} S(f_a) \\ S(f_a - \mathrm{PRF}) \end{bmatrix}, & 0 < f_a \leqslant \mathrm{PRF}/2 \end{cases} \tag{6.22}$$

因此，从信号与系统的角度出发，重建滤波器实际是系统转移矩阵的逆，可以写为

$$\boldsymbol{G}(f_\mathrm{a}) = \boldsymbol{H}^+(f_\mathrm{a}) \tag{6.23}$$

式中：$^+$ 表示矩阵求逆。则谱恢复的过程可表示为

$$\begin{cases} \begin{bmatrix} S(f_\mathrm{a} + \mathrm{PRF}) \\ S(f_\mathrm{a}) \end{bmatrix} = \boldsymbol{G}_+(f_\mathrm{a}) \begin{bmatrix} S_1(f_\mathrm{a}) \\ S_2(f_\mathrm{a}) \end{bmatrix}, & -\mathrm{PRF}/2 \leqslant f_\mathrm{a} \leqslant 0 \\[4mm] \begin{bmatrix} S(f_\mathrm{a}) \\ S(f_\mathrm{a} - \mathrm{PRF}) \end{bmatrix} = \boldsymbol{G}_-(f_\mathrm{a}) \begin{bmatrix} S_1(f_\mathrm{a}) \\ S_2(f_\mathrm{a}) \end{bmatrix}, & 0 < f_\mathrm{a} \leqslant \mathrm{PRF}/2 \end{cases} \tag{6.24}$$

从上式可以看出，为了对每个多普勒单元进行无模糊的信号重建，必须针对每个多普勒进行一次矩阵求逆的运算。然而由于每个频率与角度的关系是已知的，可以预设重建滤波器的值，再对双通道录取数据进行逆滤波与频谱恢复。

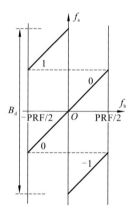

图 6.5　两倍模糊多普勒信号示意图

6.1.3　处理结果

图 6.6（a）为浙江省宁波市附近海域 GF-3 卫星图像，图中标出了 2 处由方位模糊导致的虚假目标。图 6.6（b）经过方位模糊抑制技术处理后的结果。

图 6.7（a）为海南省三沙市永暑岛 2017 年 8 月 4 日 GF-3 卫星超精细条带（双通道）模式图像，图中标出的部分为方位模糊导致的虚假目标。图 6.7（b）为采用多通道方位模糊抑制技术处理后的结果。

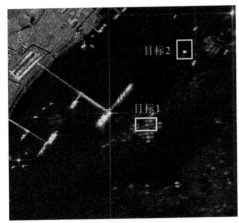
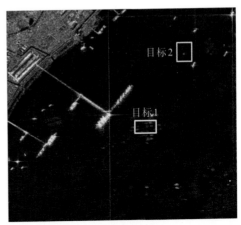

（a）模糊抑制前　　　　　　　　　　　　　（b）模糊抑制后

图 6.6　GF-3 卫星 SAR 数据方位模糊抑制结果对比

精细条带 1 模式，HH 极化，UTC 时间 2016 年 11 月 30 日

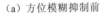

（a）方位模糊抑制前　　　　　　　　　　　（b）方位模糊抑制后

图 6.7　GF-3 卫星超精细条带模式图像方位模糊抑制处理结果

超精细条带模式，HH 极化，UTC 时间 2017 年 8 月 4 日

6.2　保分辨率旁瓣抑制

由于脉冲压缩技术在 SAR 成像中的应用，SAR 图像中的旁瓣抑制问题也随之备受关注。旁瓣性能直接影响 SAR 图像中信息的可解译性，在多目标情况下，强回波的旁瓣电平过高会淹没弱小回波的主瓣，引起目标丢失。而且旁瓣过高会影响系统检测目标的动态范围，任何距离分辨单元的旁瓣都可能会成为临近距离分辨单元中的目标。

目前成像处理中通常采用频域加权的方法降低旁瓣。该方法操作简单、易于实现，本质是对信号进行失配处理，在降低旁瓣电平的同时也会导致脉冲响应内主瓣波束的展宽和峰值的降低，即以损失图像的分辨率为代价来换取旁瓣电平的改善。表 6.1 给出了一些常用加权窗函数的旁瓣抑制性能。

表 6.1　常用窗函数旁瓣抑制性能

窗函数	峰值旁瓣比/ dB	主瓣展宽系数	旁瓣衰减速率（dB/倍频程）
Rectangle	13	1.00	−6
Hanning	23	1.23	−12
Hamming	43	1.36	−6
Blackman	58	1.73	−18

为了保持成像分辨率的同时又能够抑制旁瓣电平，一些基于谱估计的超分辨率技术相继被提出。现代谱估计方法中比较有代表性的方法有：Burg 的最大熵谱估计方法（Burg，1967）、Capon 的最大似然谱估计方法（Capon，1969）、Evans 的前后向最小二乘谱估计方法（Evans et al.，1982）、Schmidt 的 MUSIC 方法（Schmidt，1986）等。基于数据外推 DFT 谱估计超分辨方法的代表有 AR 模型方法。这类基于谱外推技术的超分辨方法一般受噪声的影响较大，在信噪比较低的情况下会出现较大的偏差。

DeGraaf 提出了自适应旁瓣降低技术（DeGraaf，1994），其思想类似于 Capon 最小方差频谱估计方法。自适应旁瓣降低通过限定滤波器的模型，在保证正弦信号的输出响应恒定的基础上，自适应地调整加权系数使得输出能量最小，以实现旁瓣抑制。王建等（2009）在分析 SAR 图像二维旁瓣特性的基础上，提出了二维可分离的自适应旁瓣降低方法，有效地抑制图像中的非正交旁瓣和旋转旁瓣，与原始的二维联合自适应旁瓣降低算法相比，该方法的旁瓣抑制效果更优，且运算效率更高。

　　不同的加权函数会产生不同旁瓣抑制效果，结合多种加权函数，StanKwitz 等（1995）应用光学上的光栅技术提出的空间变迹（spatially variant apodization，SVA）方法，它是一种基于余弦底座加权函数的非线性加权方法，有效抑制旁瓣的同时还能很好地保持主瓣分辨率。SVA 方法对同一原始图像采用若干种加权函数进行处理，由于不同加权函数的冲激响应函数互不相同，得到的处理结果也不相同，然后在不同图像中逐点选取最小值作为滤波后的输出结果，从而达到了优良的旁瓣抑制效果。然而 SVA 算法只针对整数倍奈奎斯特采样的信号有效，针对该问题，Smith（2000）提出了非整数倍内奎斯特采样率的广义变迹（general spatially variant apodization，GSVA）算法，这种方法能够在保持分辨率的前提下较好地抑制旁瓣电平，但会存在一些剩余旁瓣。Castillo-Rubio 等（2007）在 GSVA 的基础上，提出一种鲁棒的 SVA 算法，把滤波器从 3 点扩展到 5 点，在任意奈奎斯特采样率的情况下都能够有效地抑制旁瓣电平。

　　本节分别给出基于正则化模型与基于回波观测模型成像的两种保分辨旁瓣抑制处理方法。

6.2.1　基于正则化模型的保分辨率旁瓣抑制

1. 海洋目标稀疏先验

　　信噪比、信号形式、信号处理是能否分辨目标的三个重要因素。信噪比越高，就可以更加清楚地分辨出所关心的目标。对一个信号而言，如果信号的波形不同，那么其对应的分辨率一般而言也不相同。对于所感兴趣的 SAR 图像区域，由于所关注的目标相对于整个大场景而言是很小的，通常可以认为所感兴趣的目标总是稀疏的。这种目标稀疏先验不仅仅是信号本身固有的特性，而且为提高 SAR 成像质量提供了可能。

　　由粗糙度的瑞利定性准则可知，当入射角一定时，粗糙度小于特定值（与入射信号波长有关）的地表对于雷达入射波来说，可以看作是平坦的。此时，入射波近似镜面反射，使雷达无法接收或只能接收较少的回波。以 GF-3 卫星 SAR 系统为例，其发射信号波长约为 5.5 cm，此时地面目标表面的相对粗糙度较低，大多数目标表面的后向散射功率减弱。因此，大多数相对“平坦”区域在 SAR 图像中表现为“近黑”的。对海洋背景，通常也满足类似特性。

　　如光学遥感图像中比较亮的道路，在 SAR 图像中基本上是近黑的。平坦区域在光学图像中表现出很高的亮度，而 SAR 图像中对应的道路、屋顶等目标基本上是很黑的，整幅图像中只有少数强散射区域表现出较高的亮度。在海面场景图像中，船舶目标等强散射中心相对于"平坦"区域来说通常是较稀少的，因此 SAR 灰度图像表现为近黑的背景下只有较少的亮点。

从直观上讲，可以认为：当图像中幅度显著非零的像素点个数在整幅成像场景中所占的比例很小的情况下，该图像是稀疏的。由于图像中幅度显著非零的个数很少，大部分区域的幅度值都和零值相接近，而对于那些幅度接近于零的部分其在图像汇总变现为黑色，所以稀疏图像表现为近似全黑。

对于某些信号，当从某个角度去描述该信号有困难时，可以对该信号作某种变换，使得该信号在变换后更易于描述和处理。例如，一幅 SAR 图像在经过小波变换后常常变现为"近似全黑"的形式，而且经过小波变换后的图像中的亮点对应着原图像的边缘。目标与背景之间的区分依赖于边缘，目标与目标之间的区分依赖于边缘，以及区域与区域之间的区分也依赖于边缘信息。因此，一幅图像中最基本的特征就是边缘。对于一幅 SAR 图像，其灰度值可以认为总是分片连续的，因此可以采用分片多项式建立数学模型，分片多项式的系数就对应着图像。从数学的角度来看，边缘就对应着导数；当图像的导数近似为零时，就说明该区域是一个相对平坦的区域；而对于图像中不平坦的区域即图像边缘，图像的导数不为零，而这种区域在一幅图像中是很少的。从而，对于一幅完整的图像而言，图像在导数域呈现出稀疏性。但是，由于在利用分片多项式对图像进行数学建模时，得到的是多项式近似的图像，不可避免地存在截断误差。图像导数的稀疏特性与模型的截断误差有关。

对于海洋场景而言，通常情况下所关心的海上目标数量较少，这些所感兴趣的目标相对于整个成像场景而言是很小的，因而可以认为 SAR 图像几乎总是表现为近似全黑的，即只有少数几个亮的点目标。SAR 图像的幅度信息对应着 SAR 图像中目标的 RCS。对于一幅有少数几个所感兴趣的目标，可以认为该 SAR 图像是稀疏的。

2. 复图像域正则化方法

由于 SAR 观测场景一般较大，如果在频域进行正则化处理，需要构造成像观测算子矩阵 T 的维数一般较大，直接导致正则化算法计算量巨大，难以快速实现。因此考虑直接在 SAR 复图像域进行处理。

在噪声存在的情况下，SAR 成像模型可以表示为如下所示的数学表达形式：

$$S = Tf + \varepsilon \tag{6.25}$$

式中：S 为复频域数据；f 为成像场景后向散射系数；ε 为噪声；T 为 SAR 成像投影算子。

在 SAR 成像投影算子 $\boldsymbol{T}$ 可逆时，上式两边同时乘以 $\boldsymbol{T}^{-1}$，可以得到

$$T^{-1}S = f + T^{-1}\varepsilon \qquad (6.26)$$

令 $g = T^{-1}S$，$w = T^{-1}\varepsilon$ 表示复噪声。则上述模型可以表示为如下形式（周宏潮，2005）：

$$g = f + w \qquad (6.27)$$

SAR 成像投影算子 $\boldsymbol{T}$ 的表达形式一般都比较复杂，成像系统参数、空频域采样、成像模拟等都和成像投影算子 $\boldsymbol{T}$ 有关联。矩阵 $\boldsymbol{T}$ 的维度在实际问题中一般都较大，这导致利用稀疏重构方法的运算量很大，使得该方法的实时性处理能力较弱。通过上式所示的这种变换方式，就不需要考虑字典该如何设计的问题，相当于在这种情况下字典始终为单位字典 I。

SAR 图像保分辨旁瓣抑制可以转变为下式所示的最优化问题：

$$\arg\min_{f} J(f), \quad J(f) = \|g - f\|_2^2 + \lambda^2 \|f\|_k^k \qquad (6.28)$$

3. 范数的选择

求解上述问题，正则化项中的范数 k 和正则化参数 λ 是两个必须考虑的重要参数。这两个参数的取值大小反映了稀疏重构误差与稀疏度之间的相对重要性，SAR 图像的重构质量将直接受这两个参数的取值大小的影响。对一幅 SAR 图像，如果范数 k 的取值越小，那么就能越充分地利用该 SAR 图像的稀疏先验信息。当 $k=0$ 时，$\|f\|_k^k$ 实际上等同于 f 中非零元素的个数。此时，最小化目标函数也就相当于将给定的能量投影到反映目标后向散射场的最少散射中心上。但是由于零范数对噪声特别敏感，在求解问题时一般不采用零范数。

一般选取 $\|f\|_k^k (0 < k < 1)$，这样选取具有如下几个优点。

（1）对惩罚函数 $\|f\|_k^k$ 而言，k 值越小，相应的在 f 中较大值处的惩罚越小，也就更有利于保护 SAR 图像中的强散射目标，并且还可以抑制噪声，增强 SAR 图像。当 $k<1$ 时，罚函数是凹的。

（2）向量结构的稀疏性是指向量中少数元素占主导地位，其它大量元素的幅度值都趋近于零。最小化 $\|f\|_k^k$ 在 k 越小时，解向量的结构稀疏性就越合理。

（3）对于一个向量 $\boldsymbol{a}=(a_j)$，在考虑其稀疏性时，最简单的就是计算其零范数 $\|\boldsymbol{a}\|_0 = \{j : a_j \neq 0\}$，即计算其非零项的个数。

考虑到 $\|\boldsymbol{a}\|_k = \left(\sum_j |a_j|^k\right)^{1/k}$ $(0 < k \leqslant 1)$，当 $k \to 0$ 时，$\lim_{k \to 0} \|\boldsymbol{a}\|_k^k = \|\boldsymbol{a}\|_0^0$，该值趋于零范数值，也就近似等于向量中非零元素的个数。k 值越小，向量的稀疏性就越高。

上面讨论的范数选择策略，仅仅是给出了范数 k 的大致选取范围，没有给出通用的求解范数 k 的解析表达式。实际上，要想找到一个通用的求解范数 k 的表达式几乎是不可能的，这是因为对于不同的 SAR 图像，不同的目标区域，其稀疏程度、数据分布结构等都不尽相同，因此，对于不同的 SAR 图像场景，范数 k 的选取值都不相同。

4. 复图像域正则化求解

由前面的分析可知，SAR 图像旁瓣抑制问题可以转化为求解如式（6.28）所示的最优化目标函数问题。

由于 $\|f\|_k^k (0 < k \leqslant 1)$ 在零点处不可微，对上式作光滑性近似，令

$$\|f\|_k^k \approx \sum_{j=1}^{m \times n} (f_i^2 + \varepsilon)^{k/2} \tag{6.29}$$

式中：ε 是一个很小的正常数，若原场景数据的大小为 $m \times n$，f 的大小为 $mn \times 1$，f 的第 i 个分量为 f，当 $\varepsilon \to 0^+$ 时，式（6.29）中 $\sum_{j=1}^{m \times n} (f_i^2 + \varepsilon)^{k/2}$ 值就等于实际的 $\|f\|_k^k$ 值。

则最优化问题可以转化为如下形式：

$$\arg \min_f J(f), \quad J(f) = \|g - f\|_2^2 + \lambda \sum_{j=1}^{m \times n} (f_i^2 + \varepsilon)^{k/2} \tag{6.30}$$

目标函数为

$$J_\varepsilon(f) = \|g - f\|_2^2 + \lambda \sum_{j=1}^{m \times n} (f_i^2 + \varepsilon)^{k/2} \tag{6.31}$$

对目标函数求一阶偏导数，即可得到极值点 $((f_R)_i, (f_I)_i)$，其表达式为

$$(f_R)_i^{n+1} = \left\{ 1 + \frac{\lambda k / 2}{[((f_R)_i + (f_I)_i)^2 + \varepsilon]^{1-k/2}} \right\}^{-1} (g_R)_i \tag{6.32}$$

$$(f_I)_i^{n+1} = \left\{ 1 + \frac{\lambda k / 2}{[((f_R)_i + (f_I)_i)^2 + \varepsilon]^{1-k/2}} \right\}^{-1} (g_I)_i \tag{6.33}$$

目标函数求二阶偏导数，其二阶偏导数值均大于零，因此仅仅只有唯一的一个极值点。显然可以构造如下式所示的迭代形式（Zhu et al., 2018）：

$$(f_R)_i^{n+1} = \left\{ 1 + \frac{\lambda k / 2}{[((f_R)_i^{(n)} + (f_I)_i^{(n)})^2 + \varepsilon]^{1-k/2}} \right\}^{-1} (g_R)_i \tag{6.34}$$

$$(f_1)_i^{n+1} = \left\{ 1 + \frac{\lambda k / 2}{[((f_R)_i^{(n)} + (f_1)_i^{(n)})^2 + \varepsilon]^{1-k/2}} \right\}^{-1} (g_1)_i \qquad (6.35)$$

式中：$f_i^{(n)}$ 为第 n 次迭代结果；$f_i^{(n+1)}$ 为第 $n+1$ 次的迭代结果。$f_i^{(n+1)}$ 的实部为 $(f_R)_i^{(n+1)}$，$f_i^{(n+1)}$ 的虚部为 $(f_1)_i^{(n+1)}$，$f^{(n)}$ 的实部为 $(f_R)_i^{(n)}$，$f^{(n)}$ 的虚部为 $(f_1)_i^{(n)}$。

正则化法的相应步骤如下：

（1）在 $0 < k \leqslant 1$ 的范围内，选定一个 k 值；给定 ε（非常小的正常数，如 $\varepsilon = 10^{-9}$）；同时给定初值 $f^{(0)}$（一般选取 $f_i^{(0)} = g_i$）；

（2）根据迭代式计算 $f^{(n+1)}$；

（3）设定阈值 η（非常小的正常数，如 $\eta = 10^{-6}$），当 $\dfrac{\left\| f^{(n+1)} - f^{(n)} \right\|_2}{\left\| f^{(n)} \right\|_2} < \eta$ 时，迭代终止；否则令 $n=n+1$，转入步骤（2），继续迭代。

当迭代过程终止时，可以认为第 $n+1$ 次迭代的结果就是最终的求解，此时有：$\tilde{f} = f^{(n+1)}$（$\tilde{f}$ 是待估计参数 f 的估计值）。

通过正则化方法，只需给定迭代初值 $f^{(0)}$，即可通过迭代方法进行有效求解 $\tilde{f}$。由于牛顿迭代法对于初值的选取不敏感，这里选取初始的 SAR 图像域数据作为初值，迭代步长默认选为 1（步长为 1 时，就已经能够收敛到最优值）。

6.2.2　基于回波观测模型成像的保分辨旁瓣抑制

SAR 二维成像过程可理解为利用距离向和方位向大带宽信号区分观测区内的散射点。图 6.8（a）为一个脉冲发射并接收过程，在同一方位时刻，接收的信号沿距离向变化，且为各距离分辨单元回波的总和，可表示为观测矩阵与距离分辨单元散射系数乘积的形式，因此距离分辨单元散射系数可通过求解线性方程组得到。同样，图 6.8（b）为方位合成孔径过程，在同一距离单元处接收的信号沿方位向变化，且为各方位分辨单元回波的总和，可表示为观测矩阵与方位分辨单元散射系统乘积的形式，因此方位分辨单元散射系数也可通过求解线性方程组得到（Liu et al.，2016；Zhang et al.，2016）。

1. 一体化 SAR 回波数据观测模型

SAR 数据观测模型可用如下矩阵形式表示：

$$\boldsymbol{Aw} = \boldsymbol{S} \qquad (6.36)$$

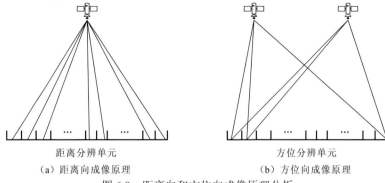

（a）距离向成像原理　　　　　　　　　（b）方位向成像原理

图 6.8　距离向和方位向成像原理分析

式 中： $A = [S_1 \quad S_2 \quad \cdots \quad S_M]$ 为 观 测 矩 阵； $S_i = [S_i(0) \quad S_i(1) \quad \cdots \quad S_i(N-1)]^T$；$w = [w_1 \quad w_2 \quad \cdots \quad w_M]^T$ 为目标信息向量；S 为观测向量。

　　根据线性方程组的求解理论，当 rank(A) = rank[A, S] 时，方程（6.36）有解。若方程数小于未知数个数，则有无数个解；若方程数等于未知数个数，则有唯一解。

　　1）点目标距离向观测模型

　　图 6.9 为雷达某一个脉冲发射与接收的过程。

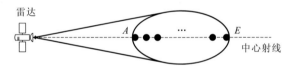

图 6.9　一个脉冲回波的发射与接收过程示意图

　　图 6.9 中心线上，从最近的距离散射点 A 开始到处在最远照射距离的目标 E 为止，此刻雷达系统接收的中心线回波解析表达式为

$$s(t) = \sum_{i=1}^{M} w_i \exp\left(-j \frac{4\pi R_i}{\lambda}\right) \exp\left[-j\pi K \left(1 - \frac{2R_i}{c}\right)^2\right] \qquad (6.37)$$

式中：w_i 为第 i 个散射点的散射强度；R_i 为第 i 个散射点与雷达平台的相对瞬时距离。式（6.37）表示为如式（6.36）的矩阵形式，其中 $s = \left[s(0) \quad s\left(\dfrac{1}{f_s}\right) \quad \cdots \quad s\left(\dfrac{N-1}{f_s}\right)\right]^T$，$f_s$ 为快时间采样率，$w = [w_1 \quad w_2 \quad \cdots \quad w_M]^T$。

　　观测矩阵 A 可以写成

$$A = [\varphi_1 \quad \varphi_2 \quad \cdots \quad \varphi_M] \qquad (6.38)$$

其中

$$\boldsymbol{\varphi}_1 = \exp\left(-j\frac{4\pi R_1}{\lambda}\right)$$

$$\times\left[\exp- j\pi K\left(-\frac{T}{2}\right)^2 \quad \exp- j\pi K\left(-\frac{T}{2}+\frac{1}{f_s}\right)^2 \quad \cdots \quad \exp- j\pi K\left(\frac{T}{2}\right)^2 \quad \cdots \quad 0\right]^{\mathrm{T}}$$

$$\boldsymbol{\varphi}_2 = \exp\left(-j\frac{4\pi R_2}{\lambda}\right)$$

$$\times\left[0 \quad \exp\left(-j\pi K\left(-\frac{T}{2}\right)^2\right) \quad \exp\left(-j\pi K\left(-\frac{T}{2}+\frac{1}{f_s}\right)^2\right) \quad \cdots \quad \exp\left(-j\pi K\left(\frac{T}{2}\right)^2\right) \quad \cdots \quad 0\right]^{\mathrm{T}}$$

$$\boldsymbol{\varphi}_k = \exp\left(-j\frac{4\pi R_k}{\lambda}\right)$$

$$\times\left[0 \cdots 0 \quad \exp\left(-j\pi K\left(-\frac{T}{2}\right)^2\right) \quad \exp\left(-j\pi K\left(-\frac{T}{2}+\frac{1}{f_s}\right)^2\right) \cdots \quad \exp\left(-j\pi K\left(\frac{T}{2}\right)^2\right) \quad \cdots \quad 0\right]^{\mathrm{T}}$$

$$\boldsymbol{\varphi}_M = \exp\left(-j\frac{4\pi R_M}{\lambda}\right)$$

$$\times\left[0 \quad \cdots \quad 0 \quad \exp\left(-j\pi K\left(-\frac{T}{2}+\frac{1}{f_s}\right)^2\right) \quad \cdots \quad \exp\left(-j\pi K\left(\frac{T}{2}\right)^2\right)\right]^{\mathrm{T}}$$

2）点目标方位向观测模型

图 6.10 为方位回波接收示意图。假设场景长度 L_s，波束宽度 L_a，分辨率设定为 $\rho_a = \dfrac{v_s}{\mathrm{PRF}}$，设定散射点个数为 $N = \left[\dfrac{L_s}{p_a}\right]$，[·]为取整操作，采样率为 PRF。从最左边的那个散射点开始，到最右边的散射点结束，从开始接收回波到结束接收，大致可以分为三个阶段：

$$\begin{cases} S\left(\dfrac{n}{\mathrm{PRF}}\right) = \displaystyle\sum_{i=1}^{n} A_i \exp\left(-j\frac{4\pi R_i}{\lambda}\right), & 0 < n < \left[\dfrac{L_a}{v_s}\mathrm{PRF}\right] \\[4mm] S\left(\dfrac{n}{\mathrm{PRF}}\right) = \displaystyle\sum_{i=n-\left[\frac{L_a}{v_s}\mathrm{PRF}\right]}^{n} A_i \exp\left(-j\frac{4\pi R_i}{\lambda}\right), & \left[\dfrac{L_a}{v_s}\mathrm{PRF}\right] < n < \left[\dfrac{L_s}{v_s}\mathrm{PRF}\right] \\[4mm] S\left(\dfrac{n}{\mathrm{PRF}}\right) = \displaystyle\sum_{i=n-\left[\frac{L_a}{v_s}\mathrm{PRF}\right]}^{\left[\frac{L_s}{v_s}\mathrm{PRF}\right]} A_i \exp\left(-j\frac{4\pi R_i}{\lambda}\right), & \left[\dfrac{L_s}{v_s}\mathrm{PRF}\right] < n < \left[\dfrac{L_a+L_s}{v_s}\mathrm{PRF}\right] \end{cases} \tag{6.39}$$

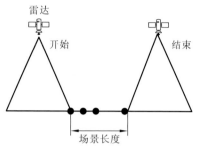

图 6.10 方位回波接收示意图

同样地，方位向观测模型也可写成式（6.36）的矩阵形式，其中观测矩阵 $\boldsymbol{A}$ 中各元素的构造如下：

$$
\begin{cases}
\boldsymbol{A}(1,:) = \left[\exp\left(-j\dfrac{4\pi R_{11}}{\lambda} \right) \quad 0 \quad \cdots \quad 0 \right] \\[2mm]
\boldsymbol{A}(2,:) = \left[\exp\left(-j\dfrac{4\pi R_{12}}{\lambda} \right) \quad \exp\left(-j\dfrac{4\pi R_{21}}{\lambda} \right) \quad 0 \quad \cdots \quad 0 \right] \\[2mm]
\quad\cdots \\[2mm]
\boldsymbol{A}(p,:) = \left[\exp\left(-j\dfrac{4\pi R_{1p}}{\lambda} \right) \quad \exp\left(-j\dfrac{4\pi R_{2(p-1)}}{\lambda} \right) \quad \exp\left(-j\dfrac{4\pi R_{3(p-2)}}{\lambda} \right) \quad \cdots \right. \\[2mm]
\qquad\qquad \left. \exp\left(-j\dfrac{4\pi R_{p1}}{\lambda} \right) \quad 0 \quad \cdots \quad 0 \right] \\[2mm]
\boldsymbol{A}(p+1,:) = \left[0 \quad \exp\left(-j\dfrac{4\pi R_{2p}}{\lambda} \right) \quad \cdots \quad \exp\left(-j\dfrac{4\pi R_{(p+1)1}}{\lambda} \right) \quad 0 \quad \cdots \quad 0 \right] \\[2mm]
\quad\cdots \\[2mm]
A(\text{end},:) = \left[0 \quad \cdots \quad 0 \quad \exp\left(-j\dfrac{4\pi R_{(\text{end})p}}{\lambda} \right) \right]
\end{cases}
\tag{6.40}
$$

对于处理数据的方位向而言，每个散射点照射时间不一，因此，观测矩阵 $\boldsymbol{A}$ 的元素可能的分布如图 6.11 所示。图中纵向表示每个散射点对应的照射时间，图 6.11（a）表示的是从处理数据起始时刻，散射点就开始被照射（即散射点在整个合成孔径时间内被照射，实际情况中很难满足），图 6.11（b）与实际照射情况接近，反映了场景中散射点依次被照射。

3）结合目标的线和面特征的数据观测模型

考虑目标的线和面特征在几何上的分布，对它们的观测模型研究需要对观测矩阵加以约束。对于海上船舶等海上目标，其在广域场景中的分布通常是稀疏的，因此可以从两个方面对观测矩阵加以约束：确定几何分布和随机几何分布。确定几何分布，根据成像系统分辨率构造目标线和面特征集，计算与之对应的观测矩阵，求解观测模型；随机几何分布，描述目标线和面特征的散射点依概率分布，建立多种概率分布条件下的观测矩阵，进而对观测模型进行求解。

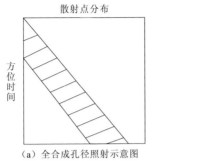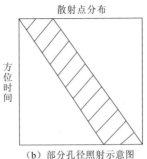

（a）全合成孔径照射示意图　　　　　　（b）部分孔径照射示意图

图 6.11　观测矩阵元素分布

2. 成像处理算法

在 SAR 信号处理中，傅里叶变换涉及的是距离向和方位向的脉冲压缩，而脉冲压缩是可以用解线性方程组来实现的。由解线性方程组的理论，对于 N 个未知数的方程，只要 N 个线性无关的方程就可以得到唯一解。将这个理论应用到 SAR 系统中，散射点强度可以看做是未知数，如果可以得到唯一解，那么理论上就可以完全消除旁瓣的影响。对雷达实测数据和仿真数据的实验都验证了这个理论，实验结果表明虽然无法完全消除旁瓣的影响，但是可以在不损失分辨率的同时将 PSLR 降至-20 dB 到-30 dB，远优于基于傅里叶变换的构造匹配滤波器处理方法。

实际求解线性观测方程组时，由于雷达-目标的几何关系及电磁波在传播过程中产生的多普勒效应，线性方程组的系数矩阵非常特殊，绝大部分的值均为零，只有对角线附近存在非零奇异值，这表明矩阵的能量非常集中，采用主成分分解（main component decomposition，MCD）的方法，将系数矩阵变成方阵同时能量几乎保持不变，这样处理就可以不影响最终图像的质量。

MCD 的处理步骤包括将系数矩阵进行奇异值分解，将对角矩阵中不为零的奇异值提取出来，再重构系数矩阵，接下进行直接求逆操作求解或者最小二乘估计求解。

1）距离向处理

雷达-目标距离场景模型如图 6.12 所示。图 6.12 中示某一时刻雷达波束对距离向的照射情况，在区域内存在目标，$A, B, \cdots, E$，这里只考虑中心射线上的目标，其他的暂不考虑。由图 6.12 可得，在中心射线上，从最近的距离散射点 A 开始到处在最远照射距离的目标 E 为止，此刻雷达系统接收到的中心射线回波解析表达式为

$$s(t) = \sum_{i=A,B,\cdots,E} w_i \exp\left(-j\frac{4\pi R_i}{\lambda}\right)\exp\left[-j\pi K\left(t-\frac{2R_i}{c}\right)^2\right] \qquad (6.41)$$

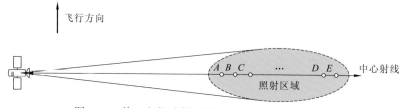

图 6.12　某一方位时刻雷达平台与目标之间的几何关系

式中：w_i 为第 i 个散射点的散射强度；R_i 为第 i 个散射点与雷达平台的相对瞬时距离；t 为快时间；K 为距离向调频率；λ 为发射波波长；c 为光速。式（6.41）表征了这个时刻接收的回波情况。图 6.13 演示了中心射线上各个目标的回波脉冲到达次序，显然目标 A 最先被接收，其次是 B，最后是 E，由此可以得到系数矩阵的形式为

$$A_{ij} = \begin{cases} \exp\left\{-j\pi K\left[-\dfrac{T_r}{2} + (j-i)\dfrac{1}{f_s}\right]^2\right\}, & i \leqslant j \leqslant i + N_r - 1, \quad 1 \leqslant i \leqslant M_r \\ 0, & \text{其他} \end{cases} \tag{6.42}$$

式中：T_r 为脉冲宽度；f_s 为距离向采样率，$N_r = T_r \cdot f_s$；而 M_r 是一个脉冲的采样点数。

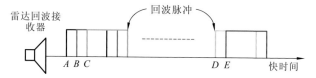

图 6.13　某时刻雷达接收到的回波顺序

由系数矩阵 A 及离散化后的 $s(t)$，可得观测方程为

$$A\boldsymbol{x} = \boldsymbol{s}, \quad \boldsymbol{s} = \left[s(0) \quad s\left(1 \cdot \dfrac{1}{f_s}\right) \quad \cdots \quad s\left(N_r \cdot \dfrac{1}{f_s}\right)\right]^{\mathrm{T}} \tag{6.43}$$

接下来进行主分量分解处理。对 A 进行奇异值分解

$$[\boldsymbol{U}, \boldsymbol{S}, \boldsymbol{V}] = \mathrm{svd}(\boldsymbol{A}) \tag{6.44}$$

式中：$\boldsymbol{S}$ 为对角系数矩阵，因为 $\boldsymbol{S}$ 的行数小于列数，将其中的非零奇异值提取出来，重构为方阵 $\boldsymbol{S}'$，同时修正 $\boldsymbol{V}^H$，得

$$\boldsymbol{V}' = [\boldsymbol{V}]_{1 \times N_r, 1 \times N_r} \tag{6.45}$$

于是重构 $\boldsymbol{A}'$ 为

$$\boldsymbol{A}' = \boldsymbol{U} \cdot \boldsymbol{S}' \cdot [\boldsymbol{V}']^H \tag{6.46}$$

一般而言，此时 $\boldsymbol{A}'$ 为满秩的矩阵，直接对其求逆就可以得到

$$\boldsymbol{x} = \boldsymbol{U}^H \cdot \mathrm{inv}(\boldsymbol{S}') \cdot \boldsymbol{V}' \cdot \boldsymbol{s} \tag{6.47}$$

式中：inv( )是求逆操作。$\boldsymbol{x}$ 即是用解线性方程完成距离向压缩后的雷达信号。

2）方位向处理

完成距离向压缩之后，因为基于观测矩阵的压缩算法具有保相性，所以可以直接进行常规的距离徙动校正，然后进行方位向脉冲压缩。

$$x(\eta, R) = \sum_{i=A,B,...,D} y_i \cdot \exp\left[-j\frac{4\pi R_i(\eta)}{\lambda}\right] \tag{6.48}$$

式中：y_i 为第 i 目标的在 SAR 图像中的能量；λ 为发射波波长；R 为目标与雷达的最近距离；η 为慢时间，$R_i(\eta)$ 表示第 i 个目标与平台的瞬时距离：

$$R_i(\eta) = \sqrt{R^2 + [(\eta - \eta_{ic}) \cdot v_s]^2} \tag{6.49}$$

式中：v_s 为平台飞行速度；η_{ic} 为目标 i 的方位中心时刻。方位向雷达-目标的几何关系如图 6.14 所示。

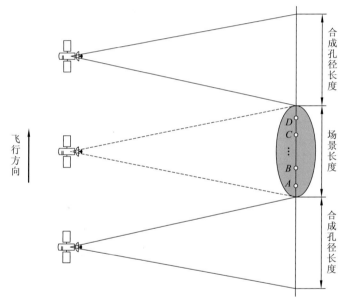

图 6.14　方位向雷达平台与目标之间的几何关系

由此可以写出在距离 R 处的方位向观测矩阵为

$$\boldsymbol{B}_{ij} = \begin{cases} \exp\left(-j\dfrac{4\pi\sqrt{R^2 + v^2\left(-\dfrac{T_a}{2} + \dfrac{j-i}{\text{PRF}}\right)^2}}{\lambda}\right), & i \leqslant j \leqslant i + N_a, \ \ 1 \leqslant i \leqslant M_a \\ 0, & \text{其他} \end{cases} \tag{6.50}$$

式中：T_a 为合成孔径时间，等于合成孔径长度与飞行速度的比值；$N_a = T_a \cdot \text{PRF}$；而 M_a 是整个方位向的采样点数。结合上式中解出的 $\boldsymbol{x}$ 写成线性方程组为

$$\boldsymbol{B}\boldsymbol{y} = \boldsymbol{x}, \quad \boldsymbol{x} = \left[x(0,R) \quad x\left(1 \cdot \frac{1}{\mathrm{PRF}}, R\right) \quad \dots \quad x\left(N_a \cdot \frac{1}{\mathrm{PRF}}, R\right) \right]^{\mathrm{T}} \quad (6.51)$$

对式（6.51）再次使用主分量进行最优化求解，就能完成方位向的聚焦。

3. 算法流程

综上，分别对距离向和方位向聚焦后，实现了二维聚焦得到 SAR 图像。详细的算法流程如图 6.15 所示。

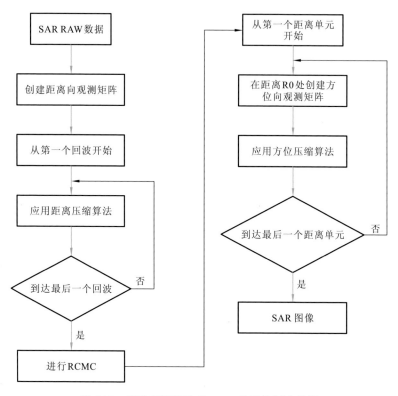

图 6.15　基于观测矩阵的 SAR 旁瓣抑制成像算

最后，对数据处理过程中观测矩阵进行讨论。对于观测矩阵而言，其纵向表示时间（距离向快时间或方位向慢时间），其横向表示散射点分布，因此为尽可能考虑由于观测矩阵引起的对最优求解的影响，通常选择观测矩阵中元素分布如图 6.15 所示，数据边缘处的散射点脉冲积累时间不为整个孔径时间，所以这样反映了散射点照射时间依空间分布逐渐增加直至全孔径时间的过程。但是，这样的构造方法会造成边缘处散射点由于缺少足够回波数据而使得最优求解误差变大，在最后的成像结果中要将它们弃置，如图 6.16 所示成像弃置区域。

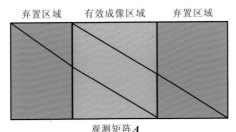

观测矩阵 A

图 6.16　观测矩阵的弃置区

6.2.3　处理结果

1. 基于正则化模型的保分辨率旁瓣抑制处理结果

旁瓣抑制水平需要采用理想点目标处理结果进行评价，可以用一个仿真计算的例子说明处理效果。

图 6.17 中理想点目标成像结果（PSLR 约为-13 dB）和旁瓣抑制处理后图像的剖面图。图 6.17（a）表示原图和处理后图像的方位向剖面图，图 6.17（b）表示原图和处理后图像的距离向剖面图，其中蓝色点划线代表原图的剖面曲线，红色曲线代表处理后图像的剖面曲线。

从剖面图中可以看出，处理前后点目标主瓣基本重合，表明图像的分辨率基本保持不变；同时可以看出正则化后图像的第一、第二副旁瓣显著降低，其余高阶副旁瓣则被直接抹平，正则化方法有着优异的保分辨率旁瓣抑制效果。经过计算，具体的旁瓣指标如表 6.2 所示。

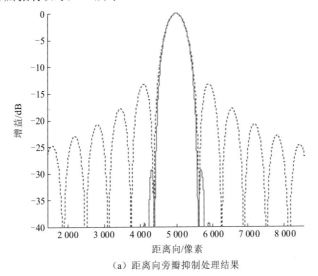

（a）距离向旁瓣抑制处理结果

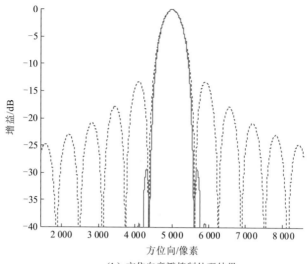

（b）方位向旁瓣抑制处理结果

图 6.17　仿真点目标剖面图

表 6.2　理想点目标处理前后旁瓣指标

项目	方位向 PSLR/dB	距离向 PSLR/dB
处理前	−13.11	−12.46
处理后	−29.23	−29.23
PSLR 降低百分比/%	120.45	120.45

　　图 6.18（a）为天津港（局部）海上船舶目标图像，图 6.18（b）为旁瓣抑制处理后的图像。对比两幅图像，正则化处理后图像的旁瓣明显降低，成像质量得到改善。

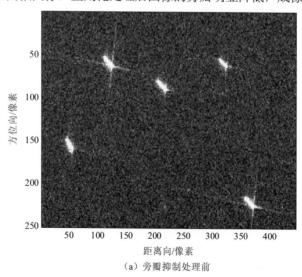

（a）旁瓣抑制处理前

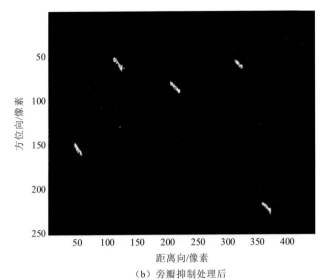

（b）旁瓣抑制处理后

图 6.18　天津港 GF-3 卫星海上船舶图像（局部）旁瓣抑制处理前后对比

超精细条带模式，VV 极化，UTC 时间 2017 年 2 月 24 日

2. 基于回波观测模型成像的保分辨旁瓣抑制

图 6.19 为 GF-3 卫星数据处理实例。

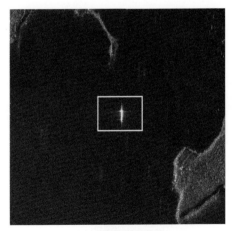
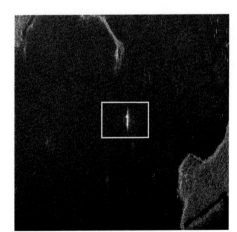

（a）旁瓣抑制处理前　　　　　　　　　　　（b）旁瓣抑制处理后

图 6.19　GF-3 卫星 SAR 数据（局部）旁瓣抑制结果对比

超精细条带模式，HH 极化，UTC 时间 2017 年 9 月 5 日

图 6.20 是图 6.19 中海面船舶射目标的距离/方位冲击响应。图中红线为常规处理结果，蓝线为本书方法处理结果，可见经处理后旁瓣水平明显降低。

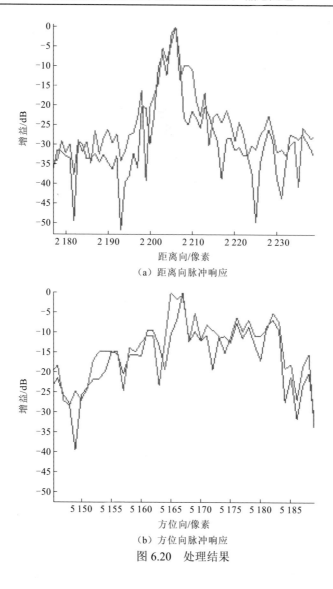

（a）距离向脉冲响应

（b）方位向脉冲响应

图 6.20　处理结果

6.3　扫描模式"扇贝效应"去除

　　ScanSAR 模式是目前已经实现的最为成熟的宽测绘带 SAR 成像模式之一，它以降低方位分辨率为代价实现宽测绘带成像。在卫星飞行的过程中，雷达按着一定的照射顺序来调整波束的视角，在一个视角发射、接收若干个脉冲后，又切换到下一个视角发射、接收下一组脉冲，所有的视角都遍历以后开始下一个循环。在每一个视角连续发射、接收的一组脉冲，称为一个"Burst"。每个

Burst 内发射、接收的脉冲的数量和 PRF 将决定各个子带的方位分辨率。为了减小距离模糊的影响和避免星下点回波，各个子带的 PRF 是单独设计的。由于各个子带的多普勒调频率是不同的，为了维持各个子带有大致相同的方位分辨率，各个子带 Burst 的持续时间和多普勒调频率的乘积要保持近似相等。

"扇贝效应"是 ScanSAR 成像模式特有的辐射不均匀现象，表现为图像中沿方位向出现明显的周期性的条纹，需要进行精确校正。目前国内外已经开展了很多"扇贝效应"校正技术的研究工作，取得了一定的效果，也还存在进一步改进的余地（明峰，2005）。

目标在天线方向图上的分布情况和受到的调制如图 6.21 所示。

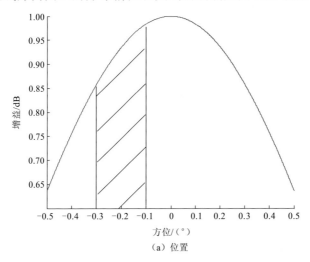

（a）位置

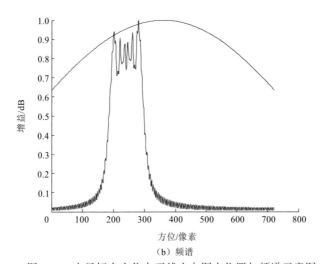

（b）频谱

图 6.21　点目标在方位向天线方向图上位置与频谱示意图

对方位向的任何一个点目标，如果先不考虑目标本身散射特性的影响，则该目标获得的能量即是方位向 FFT 时间内它对应的天线方向图增益的积分，可以表示为下式：

$$A(\eta) = \int_{\eta - T_\mathrm{fit}/2}^{\eta + T_\mathrm{fit}/2} W_\mathrm{a}^2(t)\mathrm{d}t \qquad (6.52)$$

式中：η 为天线中心经过目标的时间；$W_\mathrm{a}^2(t)$ 为双程方位向天线方向图；T_fit 为方位向 FFT 对应的时间长度。

可以看出，积分限中的 η 决定了积分的结果，也就是说 $A(\eta)$ 是关于方位向时间 η 的函数，因此目标的方位向位置决定了其在方位向上获得的能量增益。

6.3.1　改进的多普勒中心频率估计

根据仿真实验，较小的多普勒中心频率估计误差都会导致在辐射校正后的图像中残留一个较大的增益偏差，图 6.22 为多普勒中心频率偏移值与校正误差关系，校正函数选取了较为简单的天线方向图倒数。

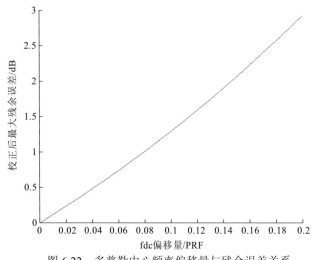

图 6.22　多普勒中心频率偏移量与残余误差关系

可以看出当多普勒中心频率偏移与 PRF 之比达到 20%时，校正残余误差已经接近 3 dB。而一般工程上要求"扇贝效应"校正后残余误差不超过 0.1 dB，此时需要校正精度达到 PRF 的 1%，因此精确的多普勒中心频率估计技术是"扇贝效应"去除的重要基础。

但由于 ScanSAR 特有的 Burst 工作模式，大大限制了能够参与多普勒中心估计的数据范围，即由于每个目标只受到方位向天线方向图一部分的照射，不同目标所受的能量加权不一致，这导致传统的基于能量均衡的多普勒中心频率估计方法（Hughes et al.，2002；Marandi，1997；Bamler，1991；Jin，1986）都无法获得较好的估计精度。因此，ScanSAR 模式下的多普勒中心频率估计问题要比条带模式复杂、严格得多。最佳比值法和强度均衡法是目前采用较多的进行 ScanSAR 数据多普勒中心频率估计的方法。但是这两种方法也存在问题：最佳比值法的计算量很大；而强度均衡法只是求均方意义下的最优解，精度不高。

此外，更重要的是上述方法都没有考虑系统加性噪声的影响，因而在低信噪比地区难以获得很好的估计精度。而 GF-3 卫星主要应用为海洋应用，因此提出了一种适应低信噪比区域的多普勒中心频率估计方法。

图像上点的功率由目标本身的散射特性与天线方向图的加权决定，可以将功率的表达式写成下式：

$$S(\theta) = G^2(\theta) \cdot I(\theta) + N \tag{6.53}$$

式中：θ 为目标在方位向天线方向图中偏离中心的角度；$G^2(\theta)$ 为双程天线方向图的能量加权；$I(\theta)$ 为由目标散射特性获得的能量；N 为系统加性噪声的功率。

考虑两个相邻 burst 的重叠区域，由式（6.53），任何一个目标都可以写出以下两个式子：

$$S_i(\theta) = G^2(\theta - \theta_1 + \Delta\theta) \cdot I(\theta) + N_1 \tag{6.54}$$

$$S_{i+1}(\theta) = G^2(\theta - \theta_2 + \Delta\theta) \cdot I(\theta) + N_2 \tag{6.55}$$

式中：θ_1 和 θ_2 分别为两段方向图上中心的角度；$\Delta\theta$ 为天线方向图中心角度的偏移值，等价于多普勒中心频率，问题就是求解 $\Delta\theta$。这里 $S_i(\theta)$ 表示的是方位位置 θ 上所有距离门上目标功率的均值。

求解中，希望能够消除目标散射特性的影响，因此将式（6.54）和式（6.55）作比并处理如下：

$$[S_i(\theta) - N_1]G^2(\theta - \theta_2 + \Delta\theta) - [S_{i+1}(\theta) - N_2]G^2(\theta - \theta_1 + \Delta\theta) = 0 \tag{6.56}$$

这里采用牛顿迭代法对式（6.56）进行求解，牛顿迭代法的基本思想是方程 $f(x) = 0$ 的解可以通过如下的迭代得到

$$x_{n+1} = x_n - \frac{f(x_n)}{f'(x_n)} \tag{6.57}$$

此时

$$f(\Delta\theta) = [S_i(\theta) - N_1]G^2(\theta - \theta_2 + \Delta\theta) - [S_{i+1}(\theta) - N_2]G^2(\theta - \theta_1 + \Delta\theta) \tag{6.58}$$

$$f'(\Delta\theta) = [S_i(\theta) - N_1][G^2(\theta - \theta_2 + \Delta\theta)]' - [S_{i+1}(\theta) - N_2][G^2(\theta - \theta_1 + \Delta\theta)]' \tag{6.59}$$

根据式（6.57）～式（6.59）即可迭代求出 $\Delta\theta$。这样，对方位向上每个点都可以获得一个多普勒中心频率估计值，再对重叠区域内所有的估计值取平均得到最终的估计结果。

6.3.2　弱信噪比条件下"扇贝效应"抑制方法

　　为了抑制"扇贝效应"，一般使用校正函数对各个目标的辐射强度进行归一化处理。采用校正函数的目的是只对目标回波信号进行补偿，但在实际中，系统噪声与雷达回波很难区分，这样在对回波信号进行补偿的同时，也相当于对系统噪声进行了加权。

　　如图 6.23 所示，在高信噪比场景，雷达所扫描区域的后向散射特性比较强、噪声在雷达回波中的贡献相对小，采用校正函数进行补偿后就可以获得很好的

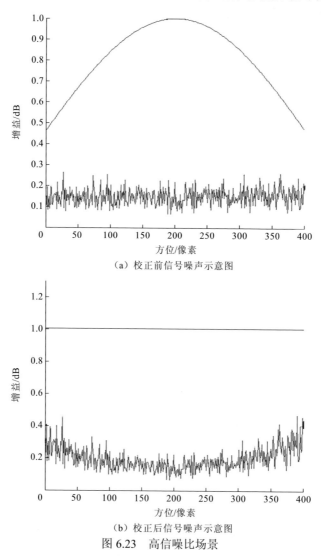

（a）校正前信号噪声示意图

（b）校正后信号噪声示意图

图 6.23　高信噪比场景

辐射均匀性。但在低信噪比场景（图 6.24），雷达所扫描地区的后向散射特性比较弱、噪声的贡献比较大时，采用校正函数进行补偿实际上对系统噪声进行了调制，在方位向波束的边缘会出现明显的噪声条带，反而加重了辐射不均匀性。下面对系统噪声在 ScanSAR 方位向辐射校正中的影响进行了定量化的分析。

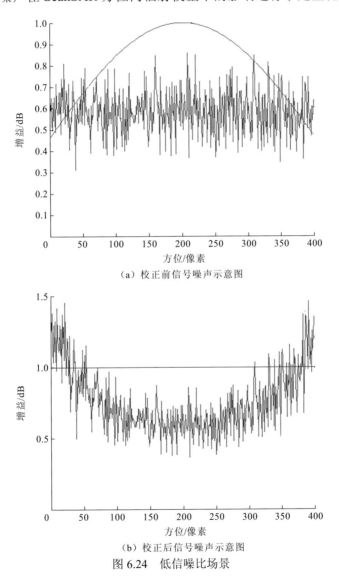

（a）校正前信号噪声示意图

（b）校正后信号噪声示意图

图 6.24　低信噪比场景

考虑方位向上连续的 3 个 burst，128 个距离门，假设天线方向图为 sinc 型，场景均匀并服从瑞利分布，仿真了不同信噪比下用天线方向图的倒数直接进行方位向辐射校正的结果（128 个距离门平均后），如图 6.25 所示。为了具体量化系统噪声在校正后图像上的影响，这里统计了 burst 边缘与中心的增益起伏，结果如图 6.26 所示。

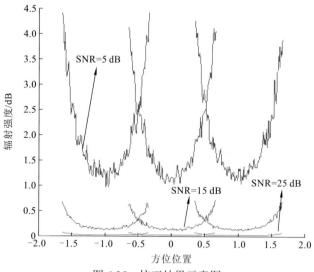

图 6.25 校正结果示意图

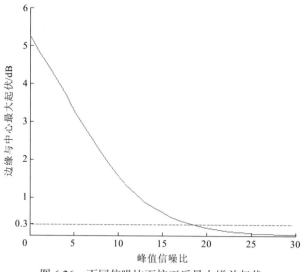

图 6.26 不同信噪比下校正后最大增益起伏

经验表明，在均匀场景中残余"扇贝效应"幅度控制在 0.3 dB 以内，对应用影响不大。可以看出，当信噪比达到约 18 dB 时，校正结果的 burst 边缘与中心增益起伏才能控制在 0.3 dB 之内。而海面等弱散射场景下，ScanSAR 系统的信噪比较低，需要采取适当的方法对系统噪声进行抑制。

以 GF-3 卫星 1A 级产品为例，后向散射系数计算公式重写如下：

$$\sigma_{dB}^0 = 10\lg[P^I (\text{Qualify Value} / 32\,767)^2] - K_{dB} \tag{6.60}$$

为了消除噪声的影响，通常还需减去噪声功率 $P_N(r)$，具体方法如下：

$$\sigma_{dB}^0 = 10\lg[P^I (\text{Qualify Value} / 32\,767)^2 - P_N(r)] - K_{dB} \tag{6.61}$$

噪声功率为随距离向变化的一组数值，考虑了由距离方向图调制和成像处理增益导致的沿距离向噪声功率差异，但并未考虑 ScanSAR 模式方位向方向图的调制。考虑 ScanSAR 特殊的工作机制，很难给出二维描述的等效噪声系数。

利用信噪比对方向图进行调制，采用调制后的方向图进行补偿：

$$G_a'(x) = G_a(x)\left(1 + \frac{1}{\text{SNR}(x)}\right) \tag{6.62}$$

式中：x 为方位向像素；$\text{SNR}(x)$ 为信噪比；采用 $G_a'(x)$ 代替 $G_a(x)$ 进行方位向方向图的校正，可以使得在弱信噪比下校正后的图像场景的后向散射系数更加一致，由噪声引起的"扇贝效应"被减弱，残余的"扇贝效应"主要是由中心频谱误差导致。

6.3.3　处理结果

图 6.27 给出了 2017 年 2 月 25 日获得的巴西热带雨林的 GF-3 卫星窄幅扫描模式图像。对比图像显示，在实施如上节所述的"扇贝校正"的基础上，由"扇贝效应"造成的图像亮度阶跃从 2 dB 降低到 0.5 dB，使扫描 SAR 图像质量得到了明显的改善。

　　（a）"扇贝效应"校正前图像　　　　　　　（b）"扇贝效应"校正后图像

图 6.27　GF-3 卫星巴西热带雨林图像（局部）

窄幅扫描模式，VV 极化，UTC 时间 2017 年 2 月 25 日

6.4　相干斑噪声抑制

相干斑噪声 SAR 图像中的固有噪声,对相干斑噪声抑制是 SAR 图像处理的基本处理步骤之一。随着近年来极化 SAR 数据的广泛应用,对相干斑噪声抑制算法不仅要求能够有效抑制相干斑噪声,还要尽可能地保持极化 SAR 数据的极化散射特性及图像结构特征。相干斑噪声抑制算法主要分为四类:第一类是多视处理,第二类是基于 SAR 图像局部统计特性的自适应滤波,第三类是基于小波的方法,第四类就是基于偏微分方程的方法(乔明,2004)。

本节针对 GF-3 卫星数据,分别介绍单极化和多极化两种相干斑噪声抑制技术。

6.4.1　单极化图像相干斑噪声抑制

采用小波去噪与前后向扩散结合的方法进行单极化 SAR 图像噪声抑制,先通过小波变换滤除大部分的斑点噪声,在此过程中,尽量保持边缘等细节信息,同时尽量避免小波去噪在高频引入的噪声产生的不连续点;再次经过前后向扩散方法,进一步处理图像。在局部范围内使用逆扩散过程不会破坏偏微分方程解的稳定性,而且可以达到图像增强的效果。在强目标区域扩散系数取负值,达到增强目标、提高分辨率的作用;在均匀目标区域扩散系数取值小,减少扩散平滑,实现保留边缘和目标的功能。并且能够根据场景像素功率值的变化,自适应地选取合适的参数求解偏微分方程。基于前向-后向扩散方程的自适应斑点噪声抑制及图像增强关键的问题在于如何选取扩散系数及扩散时间。

单极化 SAR 图像噪声抑制算法流程如图 6.28 所示。

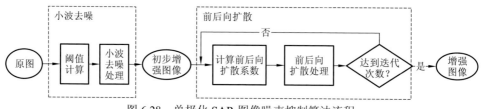

图 6.28　单极化 SAR 图像噪声抑制算法流程

具体步骤如下。

(1)对原始图像进行改进小波去噪,其中门限值选取为

$$\sigma = \frac{\text{median}(|W|)}{0.674\,5} \tag{6.63}$$

滤除图像中大部分噪声,减小噪点等对前后向扩散过程的影响。

（2）改进前后向扩散过程。扩散过程如下：

$$\begin{cases} g_{n+1} = g_n + h\Big[-\lambda_n c\big(|g_n|\big)\Big]|g_n| + (1-\lambda_n)\nabla\cdot\Big[c\big(|g_n|\big)\nabla|g_n|\Big] \\ g_0 = |I| \end{cases} \tag{6.64}$$

扩散系数

$$c(s) = \frac{1}{1+(s/k_{\mathrm{f}})^n} - \frac{\alpha}{1+[(s-k_b)/w]^{2m}}, \qquad s = |\nabla u| \tag{6.65}$$

式中：s 先选取为像素功率值，计算出扩散系数 c_1，再选取 s 为梯度值，计算相应扩散系数 c_2，选取扩散系数为二者较小值。k_{f} 为扩散过程的边界，$[k_b-w, k_b+w]$ 为逆向过程边界，具体选值依据不同图像进行确定。各参数参考值为 $n=2$，$m=3$，$\alpha=0.8$。

权值函数

$$\lambda = \frac{\big(|g|\big)^n}{\big(|\bar{g}|\big)^n + \big(|g|\big)^n} \tag{6.66}$$

$$\begin{aligned}\Big\{\nabla\cdot\Big[c\big(|g_n|\big)\nabla|g_n|\Big]\Big\}_{i,j} &= (c_{i,j}+c_{i+1,j})(|g|_{i+1,j}-|g|_{i,j}) - (c_{i-1,j}+c_{i,j})(|g|_{i,j}-|g|_{i-1,j}) \\ &\quad + (c_{i,j}+c_{i,j+1})(|g|_{i,j+1}-|g|_{i,j}) - (c_{i,j}+c_{i,j-1})(|g|_{i,j}-|g|_{i,j-1})\end{aligned} \tag{6.67}$$

6.4.2　多极化图像相干斑噪声抑制

多极化 SAR 图像较单极化 SAR 图像，可提供更为丰富的信息。针对全极化 SAR 图像，采用结构检测与极化分类结合的斑点噪声抑制算法。根据极化信息分类，可以将极化信息相同或相近的像素划到一类中，保证滤波时目标的极化信息基本不被破坏。通过结构检测，将强目标、暗目标等区分开来，以保证在滤波过程中图像中的结构信息不被破坏（Ding et al.，2013）。

全极化 SAR 图像噪声抑制算法流程如图 6.29 所示。具体步骤如下。

图 6.29　全极化 SAR 图像噪声抑制算法流程

1. 结构判定

利用快速结构判定方法，将像素分为亮目标、暗目标及背景像素三类。但已有方法大都是通过图像域像素能量在局部区域内分布进行划分，需要整个图像逐像素进行判定，计算速度慢；或者先设定门限值，对满足门限值条件的像素再进行判定，但门限值的选取对判定结果有很大影响，很难选取。因此提出快速结构判定方法，利用小波变换的特点，在像素分类误差不大的情况下，大大提高速度。

考虑小波变换子带中包含一定的结构信息，速度较快，人工参与少，因此可以利用小波变换的 LL，LH，HL，HH 4 个子带所代表的不同信息进行判定。其中，子带 LL 表征图像的低频信息，图像的大部分信息都集中在这一子带上；子带 LH 表征图像水平方向的细节信息；子带 HL 表征图像垂直方向的细节信息；子带 HH 表征图像对角线方向上的细节信息。考虑小波变换的意义，利用小波变换可以粗略提取出边缘信息，但其中存在一些噪点等并非目标的提取，因此，在此基础上，需进一步依据等效视数及局部区域内能量进行判定。

此步骤仅对 4 个子带中，小波系数大于各自门限值的像素进行下一步判定，其余像素被认定为背景像素，大大提高了运算效率。同时，门限值的选取由各层小波系数确定，不需要人工选取。

2. 极化去取向

由于实际观测的地面目标有自己的定向角，得到的极化 SAR 图像中的每个像素点一般有自己的定向角，对极化 SAR 数据的处理带来一定难度，为了消除这些随机分布的定向角的影响，一般要进行去定向处理，即将各个目标逆向旋转，使其达到 0 度定向角的标准位置。

目前国际上对去定向操作的定义为：目标通过围绕雷达视线在与雷达视线垂直的平面上旋转，使得目标共极化通道（HH 和 VV）的能量达到最大。即经过去定向操作，使得目标在共极化通道的能量尽量大，同时也相当于使交叉极化（HV 和 VH）通道的能量尽量小。为了使得共极化通道的能量最大，对于散射矩阵 S，使 $|S_{HH}|^2 + |S_{VV}|^2$ 的值最大即可，对于多极化 SAR 的相干矩阵是使得 T_{11} 和 T_{22} 的值最大，也相当于只要 T_{22} 的值达到最大即可。

3. 目标分类

首先构建目标的散射矢量：

$$\boldsymbol{k}_{\mathrm{L}} = \begin{bmatrix} S_{\mathrm{HH}} & \sqrt{2}S_{\mathrm{HV}} & S_{\mathrm{VV}} \end{bmatrix}^{\mathrm{T}} \tag{6.68}$$

$$\boldsymbol{k}_{\mathrm{P}} = \frac{1}{\sqrt{2}} \begin{bmatrix} S_{\mathrm{HH}} + S_{\mathrm{VV}} & S_{\mathrm{HH}} - S_{\mathrm{VV}} & 2S_{\mathrm{HV}} \end{bmatrix}^{\mathrm{T}} \tag{6.69}$$

由目标散射矢量 $\boldsymbol{k}_{\mathrm{L}}$，$\boldsymbol{k}_{\mathrm{P}}$ 与其共轭转置进行外积，得到对应的协方差矩阵 $\boldsymbol{C}$、$\boldsymbol{T}$ 为

$$C = \boldsymbol{k}_{\mathrm{L}} \times \boldsymbol{k}_{\mathrm{L}}^{\mathrm{H}} = \begin{bmatrix} |S_{\mathrm{HH}}|^2 & \sqrt{2}S_{\mathrm{HH}}S_{\mathrm{HV}}^* & S_{\mathrm{HH}}S_{\mathrm{VV}}^* \\ \sqrt{2}S_{\mathrm{HV}}S_{\mathrm{HH}}^* & 2|S_{\mathrm{HV}}|^2 & \sqrt{2}S_{\mathrm{HV}}S_{\mathrm{VV}}^* \\ S_{\mathrm{VV}}S_{\mathrm{HH}}^* & \sqrt{2}S_{\mathrm{VV}}S_{\mathrm{HV}}^* & |S_{\mathrm{VV}}|^2 \end{bmatrix} \tag{6.70}$$

$$T = \boldsymbol{k}_{\mathrm{P}} \times \boldsymbol{k}_{\mathrm{P}}^{\mathrm{H}} = \frac{1}{2}\begin{bmatrix} |S_{\mathrm{HH}}+S_{\mathrm{VV}}|^2 & (S_{\mathrm{HH}}+S_{\mathrm{VV}})(S_{\mathrm{HH}}-S_{\mathrm{VV}})^* & 2(S_{\mathrm{HH}}+S_{\mathrm{VV}})S_{\mathrm{HV}}^* \\ (S_{\mathrm{HH}}+S_{\mathrm{VV}})^*(S_{\mathrm{HH}}-S_{\mathrm{VV}}) & |S_{\mathrm{HH}}-S_{\mathrm{VV}}|^2 & 2(S_{\mathrm{HH}}-S_{\mathrm{VV}})S_{\mathrm{HV}}^* \\ 2(S_{\mathrm{HH}}+S_{\mathrm{VV}})^*S_{\mathrm{HV}} & 2(S_{\mathrm{HH}}-S_{\mathrm{VV}})^*S_{\mathrm{HV}} & 4|S_{\mathrm{HV}}|^2 \end{bmatrix} \tag{6.71}$$

再利用极化分解等方法,将极化协方差矩阵分解为表面散射、二次散射、体散射等散射机制,实现极化分类。

在实际自然界中,表面散射对应的实例有海面、湖面、机场跑道、某些类型的岩石等。二次散射模型的典型实例有飞机的尾翼、建筑物的墙壁与地面构成的夹角等。对于体散射模型,现实中的典型代表有森林、大量枝叶组成的植被区域等。

对被判定为背景像素与暗目标的像素,依据一定的分类算法,被再次划分到不同的类别,包括表面散射、二次散射、体散射或除此之外的第四类。相同目标被划分为相同类别的像素,具有相似的散射特性,有助于后续滤波过程中边缘特性及目标散射特性的保持。

4. 滤波

利用图像局部统计特性进行图像斑点滤波的典型方法之一,其选择一定长度的窗口作为局部区域,假定先验均值和方差可以通过计算局域的均值和方差得到。对于极化滤波来说,对极化协方差矩阵或极化相干矩阵中的所有元素进行噪声抑制。

设乘性噪声模型为

$$y = xv \tag{6.72}$$

式中:y 为观测像元值;x 为无噪声的像元值;v 为具有均值为 1,方差为 σ_v^2 的噪声,可利用线性最小均方滤波器进行滤波

$$\hat{x} = \bar{y} + b(y - \bar{y}) \tag{6.73}$$

式中:$\hat{x}$ 为滤波后的像元值;$\bar{y}$ 为局部均值;b 为具有 0~1 的权函数,可以通过以下式计算:

$$b = \frac{\mathrm{var}(x)}{\mathrm{var}(y)} \tag{6.74}$$

$$\mathrm{var}(x) = \frac{\mathrm{var}(y) - \bar{y}^2 \sigma_v^2}{1 + \sigma_v^2} \tag{6.75}$$

6.4.3 处理结果

图 6.30 为采用单极化图像相干斑噪声抑制技术，黄海海域 GF-3 卫星精细条带 1 模式 HH 极化图像处理结果。与经典中值滤波方法处理结果对比，本书方法在抑制相干斑噪声的同时能获得更好的图像纹理信息。

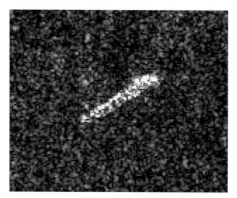 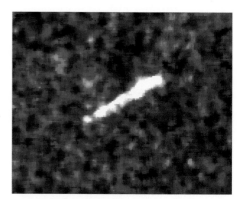

（a）GF-3卫星图像（局部）　　　　　　　　　（b）中值滤波结果

（c）自适应斑点噪声抑制算法结果

图 6.30　GF-3 卫星单极化图像相干斑噪声抑制处理结果对比

图 6.31（a）、（d）分别是 GF-3 卫星美国奥克兰国际机场附近（局部）全极化数据合成的伪彩图；6.31（b）、（e）为经典散射模型滤波处理结果；6.31（c）、（f）为本书方法处理结果。从图中可以看出，本书方法与经典散射模型滤波处理结果相比，相干斑噪声抑制效果更好，机场等轮廓清晰更清晰，船只等目标特性保持效果较好。

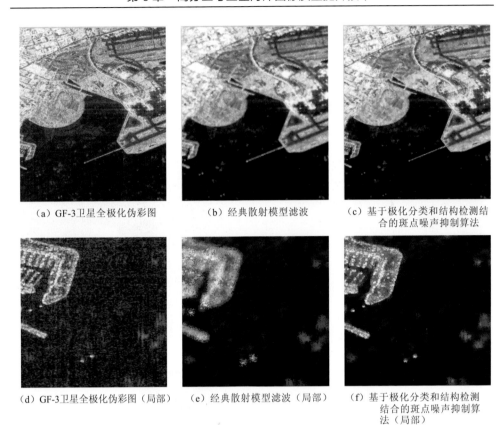

（a）GF-3卫星全极化伪彩图　　　　（b）经典散射模型滤波　　　（c）基于极化分类和结构检测结
　　　　　　　　　　　　　　　　　　　　　　　　　　　　　　　　合的斑点噪声抑制算法

（d）GF-3卫星全极化伪彩图（局部）　（e）经典散射模型滤波（局部）　（f）基于极化分类和结构检测
　　　　　　　　　　　　　　　　　　　　　　　　　　　　　　　　结合的斑点噪声抑制算
　　　　　　　　　　　　　　　　　　　　　　　　　　　　　　　　法（局部）

图 6.31　GF-3 卫星全极化图像的斑点噪声处理结果对比

第 7 章　高分三号卫星海洋领域典型应用

　　自"高分专项"启动以来，自然资源部和原国家海洋局积极推动高分卫星的应用示范工作。作为 GF-3 卫星牵头主用户，国家卫星海洋应用中心除组织完成卫星数据应用示范工作外，还面向海洋领域用户提供了数据分发服务。截至 2019 年 12 月底，国家卫星海洋应用中心累计分发 GF-3 卫星数据 208 814 景，数据量 286.13 TB（包括通过数据分发网站分发数据 140 119 景，192.32 TB），有力支撑了 GF-3 卫星应用示范。

　　目前，GF-3 卫星及其他高分卫星数据已经广泛应用于海洋权益维护、海洋防灾减灾、海洋环境保护、海岛海岸带调查监管、海洋监测预报、海洋科学研究、海洋产业和应急服务等海洋主体业务（自然资源部科技发展司，2020；国家卫星海洋应用中心，2018，2017）。本章将主要介绍 GF-3 卫星在海洋领域的典型应用及采用的技术方法。

7.1 海洋防灾减灾

我国是世界上少数几个遭受多种海洋灾害的国家之一，包括风暴潮、巨浪及热带气旋、温带气旋和冷空气大风所造成的突发性的海洋灾害，每年都给我国沿海经济建设、海洋开发和人员生命财产带来巨大的损失。GF-3 卫星提供我国临近海域的台风、海面溢油、海冰、绿潮信息。为灾害监测和评估、应对重大环境事件提供地理空间信息支持。

7.1.1 台风监测

1. 应用概况

2017 年我国沿海台风频发，GF-3 卫星正式投入使用后即用于西北太平洋区域台风监测工作。针对 SAR 卫星观测性能，国家卫星海洋应用中心联合航天科技集团五院总体部、国家卫星气象中心与中国资源卫星应用中心等单位制定了有效的观测流程，首次获取了 GF-3 卫星台风监测数据（林明森 等，2017）。在 2017 年共监测有编号台风 6 个，获取台风及登陆区域精细观测数据 30 余景，并制作了专题产品（Lin et al.，2017）。如图 7.1 所示。

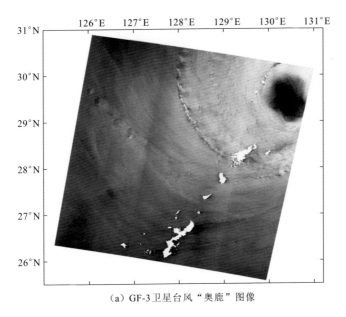

（a）GF-3 卫星台风"奥鹿"图像

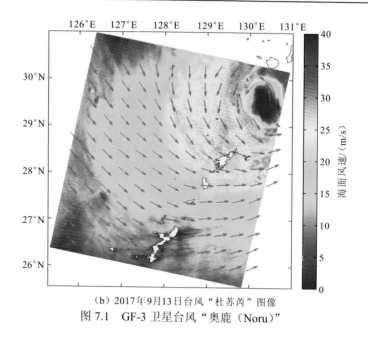

（b）2017年9月13日台风"杜苏芮"图像
图 7.1　GF-3 卫星台风"奥鹿（Noru）"

目前 GF-3 卫星数据已用于国家卫星海洋应用中心台风业务化监测工作，基于海洋二号卫星、MetOp-A/B 卫星、中法海洋卫星、GF-3 卫星等多源卫星资料，及时向国家、海区、省市三级海洋预报部门提供台风专题产品，为汛期台风预报会商提供了近实时的台风实况信息保障，为台风 SAR 遥感科学研究提供了有效的数据支撑。

2. 技术方法

海面风速反演过程中海面风向确定一般使用外部风向信息（如数值模式风场、准同步观测微波散射计风场等）或 SAR 图像的风向信息（如风条纹、背风波等）。热带气旋（台风/飓风）发生时，常伴随降雨的发生，降雨雨团所携带的下沉风到达海面向四周扩散后，与背景海面风场相互叠加，会形成顺风一侧比逆风一侧明亮的 SAR 雨团图像特征。利用该降雨与海面相互作用在 SAR 图像上的图像特征，也可提取海面风向。在获得海面风向后，使用 CMOD5.N 等地球物理模式函数可反演获得同极化 SAR 数据覆盖区的海面风速，也可利用经验关系反演获得交叉极化 SAR 数据覆盖区的海面风速。

但是同极化数据在高风速条件下容易饱和；交叉极化数据在中低风速条件下信噪低，反演精度不高。因此在实际应用中，采用了一种双极化数据联合台风风场反演方法：即在风速高于 25 m/s 条件下，利用交叉极化数据后向散射系数与风速呈线性关系，进行高分速反演；在风速小于 20 m/s 条件下，采用同极化数据进行风速反演；在风速 20～25 m/s 的范围内，采用同极化数据与交叉极化数据风速反演结果加权的方法反演风速（Ye et al.，2019）。

$$U = \begin{cases} U_{pq}, & U_{pq} \geqslant 25 \text{ m/s} \\ wU_{pq} + (1-w)U_{pq}, & U_{pp} \geqslant 20 \text{ m/s}, \ U_{pq} \leqslant 25 \text{ m/s} \\ U_{pp}, & U_{pp} < 20 \text{ m/s}, \ U_{pq} \leqslant 25 \text{ m/s} \end{cases} \qquad (7.1)$$

式中：U_{pq} 和 U_{pp} 分别为交叉极化和同极化 SAR 数据反演的海面风速；$w = [(U_{pq} - 20)/5]$ 为权重系数。

对于风速高于 25 m/s 条件下风速反演，可以采用 GF-3 卫星 VH 极化数据拟合的地球物理模式函数（Ren et al.，2017）：

$$\sigma_{VH}^0 = 0.557U_{10} - 33.669 \qquad (7.2)$$

式中：σ_{VH}^0 为 GF-3 卫星 VH 极化数据的后像散射系数；U_{10} 为海面 10 m 高风速。

7.1.2　海上溢油监测

1. 应用概况

GF-3 卫星发射前，国家卫星海洋应用中心海上溢油卫星遥感监测业务化系统主要基于国外卫星数据进行我国渤海、东海、南海重点海域溢油遥感监测（邹亚荣 等，2011）。GF-3 卫星发射后，其数据已替代外星数据成为海上溢油监测主要数据源，为海上溢油事件快速响应、应急处理和巡航执法提供辅助决策支持。

2018 年 1 月 6 日巴拿马籍油船"桑吉"号与香港籍散货船"长峰水晶"号在长江口以东约 160 海里处发生碰撞，船载凝析油大量外泄，对海洋环境造成严重影响。在"桑吉"号油轮溢油卫星遥感应急监测任务使用的卫星遥感数据中，90%以上为 GF-3 卫星数据（袁新哲 等，2018）。

2. 技术方法

采用 SAR 数据监测海上溢油重点是基于溢油油斑特征，实现海上溢油自动检测。实际采用最大熵方法进行溢油油斑提取，方法如下。

信息熵是一个随机变量，它是指某一信源发出某一消息所含有的信息量。所发出的消息不同，它们所含有的信息量也就不同。任何一个消息的自信息量都代表不了信源所包含的平均自信息量。不能作为整个信源的信息测度，因此定义自信息量的数学期望为信源的平均自信息量：

$$H(X) = E\left[\lg\frac{1}{p(x_i)}\right] = -\sum_{i=1}^{n} p(x_i)\lg P(x_i) \qquad (7.3)$$

式中：x 为灰度级；$H(X)$ 为灰度级对应熵值；$P(x_i)$ 为灰度级对应的分布概率。

1）一维最大熵阈值

图像熵是图像特征的一种统计形式，它反映了图像中平均信息量的多少。图像的一维熵表示图像中灰度分布的聚集特征所包含的信息量。一维最大熵阈值方法是统计图像中每一个灰度等级出现的概率 $P(x)$，计算该灰度级的熵：

$$H = -p(x)\lg P(x)\mathrm{d}x \tag{7.4}$$

图像熵反映了图像的均匀性，图像越均匀，熵越大，越不均匀，熵越小。若图像同时包含目标和背景，则熵值减小；若只包含目标或背景，则熵值增大。据此，将图像灰度直方图划分为两部分，分别计算熵，则两部分熵值和最大者为分割阈值。

假设灰度级 T 为图像分割阈值，即图像中低于 T 灰度级的像元点构成目标（O），高于 T 的像元点构成背景（B），则各灰度级的分布概率为

$$P_{\mathrm{O}} = \frac{P_i}{P_t}, \quad i = 1, 2, \cdots, t \tag{7.5}$$

$$P_{\mathrm{B}} = \frac{P_i}{1 - p_t}, \quad i = t+1, t+2, \cdots, L-1 \tag{7.6}$$

式中：$P_t = \sum_{t=0}^{t} p_i$，则图像目标区与背景区的熵分别为

$$H_{\mathrm{O}} = -\sum_i \frac{p_i}{p_t}\lg\left(\frac{p_i}{p_t}\right), \quad i = 1, 2, \cdots, t \tag{7.7}$$

$$H_{\mathrm{B}} = -\sum_i \frac{p_i}{1-p_t}\lg\left(\frac{p_i}{1-p_t}\right), \quad i = t+1, t+2, \cdots, L-1 \tag{7.8}$$

对图像中每一个灰度级，计算目标熵与背景熵的和。取 H 最大值对应的灰度级 T_H 作为分割图像的最佳阈值。

$$T_H = \max(H_{\mathrm{O}} + H_{\mathrm{B}}) \tag{7.9}$$

2）二维最大熵阈值

图像的一维熵可以表示图像灰度分布的聚集特征，却不能反映图像灰度分布的空间特征，为了表征这种空间特征，可以在一维熵的基础上引入能够反映灰度分布空间特征的特征量来组成图像的二维熵。选择图像中各个像元 i 及其四邻域的均值 j 构成一个二维向量，表示了灰度分布的空间特征量，记为 (i,j)，则

$$P_{ij} = f(i,j)/N^2 \tag{7.10}$$

式（7.10）能反映某像素位置上的灰度值与其周围像素灰度分布的综合特征，其中 $f(i,j)$ 为特征二元组 (i,j) 出现的频数，N 为图像的尺度，定义离散的图像二维熵为

$$H = \sum_{i=0}^{255} p_{ij} \lg p_{ij} \qquad (7.11)$$

构造的图像二维熵可以在图像所包含信息量的前提下，突出反映图像中像素位置的灰度信息和像素邻域内灰度分布的综合特征。

假设以 (s, t) 分割图像，则目标区与背景区二维熵最大值对应的灰度级与邻域均值为最佳分割阈值。

3）最大熵阈值的改进

二维最大熵阈值分割算法综合利用了图像的像元点灰度和邻域灰度两个基本特征，一般而言，较之一维最大熵阈值法，二维阈值分割可获取更好的效果。但由于二维最大熵分割需要计算邻域均值，并组成二维矢量，整个计算量提高了一个数量级，比一维最大熵阈值分割时间消耗更多。实际处理中，SAR 图像中海面一般呈现比较均匀的纹理和灰度分布，故使用一维最大熵往往即可以获得较为理想的分割结果。但由于 SAR 图像斑点噪声影响，根据公式计算得到的最佳分割阈值分割的结果往往伴随众多的碎小图斑。在大量数据试验基础上，提出了最大熵阈值的两点改进：

（1）给目标区和背景区熵值分别赋以权重系数；

（2）在最大熵确定的阈值基础上，考虑斑点噪声的影响因子。

具体在计算图像熵值时，由于目标区和背景区所占的图像范围不同，认为它们各自熵值对图像整体熵的贡献率也不同，从而给其赋以不用的权重系数，实践证明，可以较好地改善所确定最大熵阈值的分割效果。

$$T_H = \max(A \cdot H_O + B \cdot H_B) \qquad (7.12)$$

式中：A、B 为权重系数，且 $A+B=1$。

同时，对于获得的分割阈值，计算待分割区域图像灰度统计标准差，依次作为图像斑点噪声水平的参考估计值，在分割阈值的基础上减去灰度标准差，并将该差值作为新的分割阈值。实践证明该方法对分割效果的提升非常显著，并且原始分割阈值减去 1/2 倍的灰度标准差效果最好。

$$\hat{T}_H = T_H - \frac{\sigma}{2} \qquad (7.13)$$

式中：σ 为图像灰度分布统计标准差。

最大熵方法分割后的图像内部可能存在不连续点，需要采用膨胀腐蚀等形态学方法进一步处理。

图 7.2 为 GF-3 卫星雷州半岛东部海域海面溢油图像油膜区提取结果。图中红色矢量为人机交互提取结果，黄色矢量为计算机自动提取结果。

图 7.3 为 2018 年"桑吉"号溢油应急监测期间，利用 GF-3 卫星图像提取的结果。

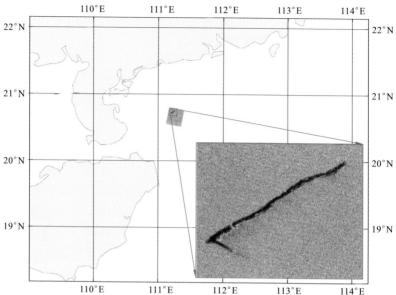

图 7.2　雷州半岛东部海域油膜区 GF-3 卫星图像人工与自动检测结果对比图

精细条带 1 模式，VV 极化，UTC 时间 2017 年 7 月 20 日

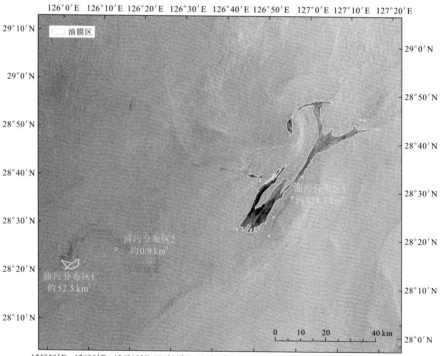

图 7.3　GF-3 卫星"桑吉"号海上溢油监测结果图

精细条带 2 模式，VV 极化，UTC 时间 2018 年 1 月 21 日

7.1.3　绿潮监测

1. 应用概况

绿潮是在特定环境条件下，海水中浒苔等大型绿藻爆发性增殖或高度聚集引起的水体变色的一种有害生态现象。近年来，我国黄海海域连续发生不同规模的绿潮灾害。特别是 2008 年 6 月青岛海域附近绿潮爆发，可能对当年北京奥运会青岛奥帆赛区赛事举行造成影响，国家卫星海洋应用中心也在同年利用光学卫星和国外 SAR 卫星图像开始了绿潮监测工作（蒋兴伟 等，2019）。

经过十余年发展，我国近海绿潮遥感监测已成为卫星中心主要业务化工作之一。卫星中心基于 HY-1C、EOS/MODIS、GF-1、GF-2、GF-4 等光学卫星数据及 GF-3 卫星数据，每年向国家、海区、省市三级部门和单位发布绿潮灾害监测通报、专报，实现绿潮灾害早期发现和全过程跟踪监测，为绿潮漂移路径预测和防灾减灾提供了准确及时的信息服务。

2. 技术方法

在 SAR 图像上，当绿潮较薄时，绿潮阻尼了海面微尺度波的形成，减弱了绿潮区域的雷达回波信号波，绿潮分布区域亮度较暗；当海面有绿潮大面积堆积时，由于绿潮本身粗糙面大大增加了回波信号的强度，绿潮分布区域为较亮的斑点、斑块或者条带。

绿潮信息提取流程是在进行几何校正和滤波降噪等预处理的基础上，通过分析绿潮与海水的纹理特征，建立绿潮的 SAR 图像解译标志，进行绿潮信息提取。此外，需要利用专业软件和人机交互方式剔除亮白的船舶、小的岛屿、厚的云层、降雨区等异常区。对船舶和岛屿可通过图像所在位置、形状、尺度等关联信息进行识别（Xiao et al.，2017）。SAR 数据信息提取流程见图 7.4。

图 7.5（a）为 2017 年 GF-3 卫星绿潮图像，图 7.5（b）为绿潮信息提取结果。

图 7.6 为 2020 年 5 月 7 日 6 时 GF-3 卫星黄海绿潮图像与 2020 年 5 月 7 日 11 时

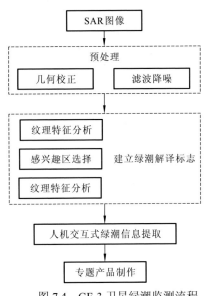

图 7.4　GF-3 卫星绿潮监测流程

HY-1C 星光学图像绿潮提取结果叠加图（绿色部分）。从图中可提取绿潮的向西偏北方向漂移，漂移位移约 3 km。

（a）GF-3 卫星绿潮图像　　　　　　　　　　　（b）绿潮提取结果

图 7.5　黄海绿潮 GF-3 卫星图像（局部）及绿潮提取结果

全极化条带 1 模式，四极化，UTC 时间 2017 年 7 月 5 日

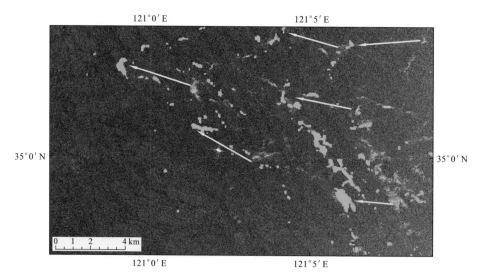

图 7.6　黄海绿潮 GF-3 卫星与 HY-1C 卫星绿潮监测

标准条带模式，VV 极化，UTC 时间 2020 年 5 月 7 日

7.1.4　海冰监测

1. 应用概况

我国渤海、黄海北部每年都有部分海域被海冰覆盖。整个冰期约 3～4 个月，其中辽东湾地区冰期最长达到 130 天。冰情最严重的年份，渤海 70% 以上海域被海冰覆盖，造成海冰灾害。国家卫星海洋应用中心利用 EOS/MODIS、GF-3 卫星等高分卫星、HJ-1-A/B、RadarSat-2 等多源卫星数据，对渤海及黄海北部的冬季海冰冰情开展了业务化监测，实现了冰情监测期间每天一期海冰监测通报，通过传真、电子邮件和网站等方式向国家、海区、省市三级部门和单位提供服务，并与北海分局建立了卫星海冰冰情监测会商机制，为海冰冰情监测与灾害评估和应急响应提供了不可或缺的信息支撑。图 7.7 为 GF-3 卫星辽东湾海冰监测结果。

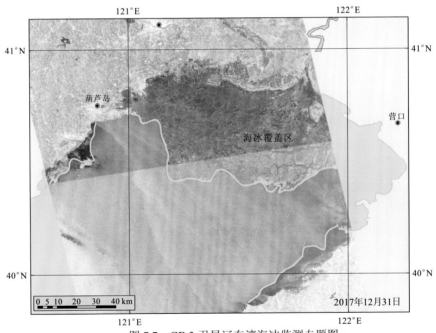

图 7.7　GF-3 卫星辽东湾海冰监测专题图

标准条带模式，VV 极化，UTC 时间 2017 年 12 月 31 日

2. 技术方法

1）海冰检测

渤海、黄海北部海冰监测主要采用 GF-3 卫星标准条带模式和扫描模式数据，上述成像模式数据极化方式为双极化。

（1）双极化 SAR 海冰图像的特征提取与特征降维。分别提取图像的纹理特征和后向散射特征。典型的后向散射特征包括双极化数据的 σ^0、极化比、极化差等；典型的纹理特征包括均值、方差、角二阶距、熵、对比度等（Zhang et al.，2016b）。

由于纹理特征和后向散射特征所构成的多维度海冰特征集，其内部是相关冗余的。为去除冗余特征，需要利用提取具有代表性的有效特征子集，并融合有效特征子集的优点，提高海冰分类精度。为此，利用流形学习中的局部线性嵌入算法，以找到冗余信息最小、最能反映海冰全部信息的有效特征集。在应用局部线性嵌入算法时需定义启发函数，其表达式如下：

$$F = |\text{Card}(\bar{N}_B D) - \text{Card}(\underline{N}_B D)| / \text{Card}(U) \tag{7.14}$$

式中：$\text{Card}(\bar{N}_B D)$ 表示上近似的样本个数；$\text{Card}(\underline{N}_B D)$ 表示下近似的样本个数；$\text{Card}(U)$ 表示样本的总个数。在应用时，每次计算所有剩余特征的启发函数值，选择具有最小的函数值的特征加入有效特征集中，直到原来负域样本为空集为止。

（2）基于空间语义判别的海冰检测。基于 SAR 特征降维图像，采用高斯核函数映射的方法，将其变换为不同的单核函数，使得原始空间线性不可分的数据映射为高维线性可分数据。然后将不同的单核核函数进行线性加权，从而生成核函数的特征组合形式。

在语义级模型中，单元势函数 $f_i^{\text{unary}}(x_i \mid y)$ 利用逻辑分类器，描述了再给定统计分布模块时海冰类别标号的后验概率；成对势函数 $f_i^{\text{pairwise}}(x_i \mid y)$ 则描述了过分割块之间空间相似性，用于刻画不同海冰类型之间及海冰与开阔水之间的上下文关系。之后，在后验概率推理过程中，利用最小能量函数 Graph-Cut 方法，建立目标和背景之间概率图模型，在能量函数最小约束条件下，获取初步的海冰检测结果。最后，为了保证过分割块的空间连续性，采用空间平滑方法进行后处理，从而得到最终的海冰检测结果。

$$p(x \mid y, \varphi(y))$$
$$= \frac{1}{Z_{\text{CRF}}} \exp\left[\sum_{i \in S} f_i^{\text{unary}}(x_i \mid y) + \sum_{i \in S} \lg P(\varphi(y) \mid x_i) + \sum_{i \in S} \sum_{i \in N_i} f_{ij}^{\text{unary}}(x_i, x_j \mid y) \right] \tag{7.15}$$

2）海冰分类

海冰分类主要采用全极化 SAR 数据。通过利用海冰全极化 SAR 图像的 $|\rho_{\text{RRRL}}|$ 极化比、偶次散射分量、散射熵、平均 Alpha 角等极化散射特征，并结合二叉树分类的思想对海冰进行分类（张晰 等，2013）。

（1）分类流程。首先，利用 $|\rho_{\text{RRRL}}|$ 特征图像，分割海水、初生冰和其他海冰类型区域；然后利用偶次散射的比例分量区分灰（白）冰和固定冰；再次利用 $H\text{-}\alpha$ 分解得到的极化特征识别灰冰和灰白冰等海冰类型；最后利用经纬度信息进行陆地掩膜，去除陆地。每一次分类过程只得到两种海冰类别，依次逐步分类，直到

把所有海冰类型都区分出来。采用的技术流程图如图 7.8 所示。

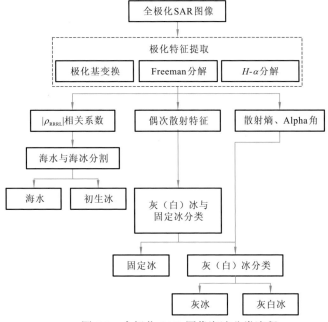

图 7.8　全极化 SAR 图像海冰分类流程

（2）利用圆极化比区分海冰和海水。首先进行全极化基变换，将线极化转换为圆极化。由于圆极化基与地物的表面粗糙度强相关，常用于定量地反演地物表面粗糙度。而海冰和海水具有显著不同的表面粗糙度特性，因此圆极化的极化比可用于区分海冰和海水。极化基变换：

$$\begin{bmatrix} S_{RR} & S_{RL} \\ S_{RL} & S_{LL} \end{bmatrix} = U^*_{(H,\,V)\to(R,\,L)} \begin{bmatrix} S_{HH} & S_{HV} \\ S_{HV} & S_{VV} \end{bmatrix} U^{-1}_{(H,\,V)\to(R,\,L)} \tag{7.16}$$

圆极化比可按下式计算：

$$\rho_{RRRL} = \frac{\langle S_{RR} S_{RL}^* \rangle}{\sqrt{\langle S_{RR} S_{RR}^* \rangle \langle S_{RL} S_{RL}^* \rangle}} \tag{7.17}$$

通常而言，在所有冰类型中，初生冰的粗糙度最小，而灰（白）冰和固定冰的粗糙度最大。

（3）利用偶次散射区分灰（白）冰和固定冰。海冰的极化散射分可分为表面散射、偶次散射和体散射。利用 Freeman 极化分解方法，可得到海冰三种散射的能量。Freeman 极化分解就可写为如下形式：

$$\langle [C_3] \rangle = f_s [C_3]_s + f_d [C_3]_d + f_v \langle [C_3] \rangle_v \tag{7.18}$$

式中：$[C_3]_s$ 为表面散射标准形式；$[C_3]_d$ 为偶次散射标准形式；$\langle[C_3]\rangle_v$ 为体散射标准形式。f_s，f_d 和 f_v 分别为三种散射成分的能量分量。由于固定冰在潮汐的长时间作用下，会产生大量的堆积和形变。因此固定冰的偶次散射分量非常显著。而灰白冰虽然表面粗糙度大，但主要以单次散射为主，偶次散射分量比较小，因此，可利用归一化处理的偶次散射分量来区分灰（白）冰与固定冰的。

（4）利用 $H\text{-}\alpha$ 分解识别灰冰和灰白冰。$H\text{-}\alpha$ 极化分解可通过对 $\langle[T_3]\rangle$ 进行对角化处理实现：

$$\langle[T_3]\rangle = \sum_{j=1}^{3} \lambda_j u_j u_j^{*T} \tag{7.19}$$

式中：符号 $*T$ 表示复共轭，实数 λ_i 为 $\langle[T_3]\rangle$ 的特征值，其中 $\lambda_1 \geqslant \lambda_2 \geqslant \lambda_3$。$H\text{-}\alpha$ 极化分解常用极化散射熵、Alpha 角来描述地物的散射特性，散射熵定义如下：

$$H = -\sum_{j=1}^{3} p_j \log_3 p_j, \qquad p_j = \lambda_j \Big/ \sum_{i=1}^{3} \lambda_i \tag{7.20}$$

Alpha 角定义为

$$\alpha = \sum_{j=1}^{3} p_i \alpha_i \tag{7.21}$$

由于固定冰的散射熵和 Alpha 角最小，灰白冰次之，灰冰最大，三者呈线性变化的趋势，采用该特征区分海冰类型。

图 7.9 分别为 2017 年 1 月 12 日、2017 年 1 月 22 日渤海辽东湾海冰 GF-3 卫星全极化数据合成的伪彩图，图 7.10 分别为上述图像海冰分类结果。

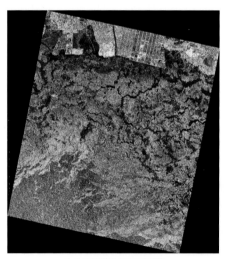

（a）2017年1月12日图像　　　　　　（b）2017年1月22日图像

图 7.9　渤海辽东湾海冰 GF-3 卫星全极化数据合成的伪彩图

全极化条带 1 模式，四极化

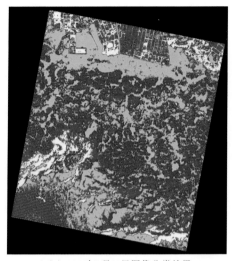

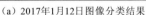

（a）2017年1月12日图像分类结果　　　　　　（b）2017年1月22日图像分类结果

图 7.10　GF-3 卫星全极化 SAR 图像海冰分类结果

蓝色：海水；白色：灰白冰；绿色：灰冰；红色：初生冰

7.2　海域与海岸带监测

GF-3 卫星能够获取海域使用类型、位置分布、用海面积监视数据，海岸变迁、海岸带植被等海岸带典型地物要素，为全面、及时地掌握海岸带与海域使用现状提供重要的客观依据。

7.2.1　海水养殖区监测

1. 应用概况

基于 GF-3 卫星全极化数据制作的辽宁省大连市长海县浮筏养殖类型专题图，已向辽宁省海域和海岛使用动态监视监测中心提供，据此制作了辽宁省养殖用海监测报告，每年一期，成为重要基础图件。

2. 技术方法

海水养殖区监测主要基于 GF-3 卫星全极化数据采用非监督多核模糊聚类方法（范剑超 等，2019，2017）进行浮筏养殖信息提取（图 7.11），方法如下。

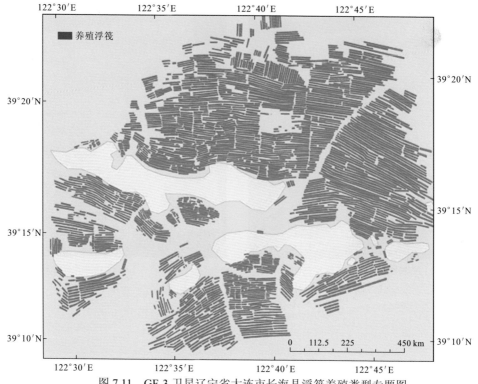

图 7.11　GF-3 卫星辽宁省大连市长海县浮筏养殖类型专题图

基于全极化条带 1 模式，UTC 时间 2016 年 12 月 31 日

1）养殖浮筏极化特征提取

在 GF-3 极化 SAR 数据养殖浮筏成像特性分析基础上，基于物理模型的浮筏养殖极化散射类型，建立浮筏养殖的极化分解模型

$$\langle[C]\rangle = f_s[C]_{\text{surface}} + f_d[C]_{\text{double}} + f_h[C]_{\text{helix}} + f_u[C]_{\text{hybrid}} \qquad (7.22)$$

式中：f_s 为海水表面散射和浮球表面散射分量的贡献；f_d 为海水浮球二面角散射分量的贡献；f_h 为海水浮球螺旋体散射分量的贡献；f_u 为水下表面散射和水下体散射分量的贡献。

基于 Yamaguchi 四分量分解过程，将浮筏养殖极化散射模型分解为表面散射、偶次散射、体散射和螺旋体散射，并根据浮筏养殖物理特性对四分量分解过程各散射分量进行加权优化，增强占优散射分量比重，获取可有效区分海水和养殖浮筏的极化特征。

在此基础上，采用经典极化分解模型和本书提出的浮筏养殖极化分解模型对 GF-3 极化 SAR 数据进行极化特征提取，然后进行模糊聚类，建立区分度指标 V_K 如下所示：

$$V_K = \frac{\sum_{j=1}^{N} \sum_{i=1}^{C} u_{ij}^2 \|x_i - v_i\|^2 - \frac{1}{C} \sum_{i=1}^{C} \|v_i - \overline{v}\|^2}{\min_{i \neq k} \|v_i - v_k\|^2}$$ （7.23）

式中：x 为遥感样本；v 为各极化特征模糊聚类中心；$\overline{v}$ 为聚类中心平均值；u 为聚类后隶属度指标；N 为样本总数；C 为类别数。

2）空间域特征、变换域特征提取

选取灰度共生矩阵、非下采样轮廓波变换和二维 Gabor 变换，提取更具区分性的空间域、变换域特征，反映浮筏纹理结构、边缘轮廓等信息。

3）多核模糊聚类

将上述浮筏养殖极化 SAR 多源特征合并构成统一的通用向量形式，针对每类特征源，构建多核框架，将原始数据映射到高维空间，克服浮筏养殖目标先验概率分布未知的影响，如下式所示：

$$K_{\text{com}}(x_j, v_i) = \sum_{l=1}^{S} w_l \boldsymbol{K}_l(x_j, v_i) = \sum_{l=1}^{S} w_l \exp\left(-\frac{\|x_j - v_i\|}{2\sigma_l^2} \right)$$ （7.24）

式中：$K_{\text{com}}(x_j, v_i)$ 为多核函数，由带有核宽参数 $\sigma_1, \sigma_2, \cdots, \sigma_S$ 的多个高斯核函数 $K_1, K_2, \cdots, K_S$ 线性组合而成；$w_l \in [0,1]$ 是核矩阵 $\boldsymbol{K}_l$ 的权重；x_j 为原始样本；v_i 为模糊聚类中心，$l = 1, 2, \cdots, S$，S 表示包含特征源类型的数目。通过上式将多源特征有效集成到统一框架中，每类特征对应不同的核函数进行协同学习。考虑到高斯核函数 $K(x_j, x_j) = \Phi(x_j)^{\mathrm{T}} \Phi(x_j) = 1$ 的特点，极化 SAR 多核模糊聚类的目标函数如下式所示：

$$J(U, v, w) = 2 \sum_{j=1}^{N} \sum_{i=1}^{C} u_{ij}^m \left[1 - \sum_{l=1}^{S} w_l \exp\left(-\frac{\|x_j - v_i\|^2}{2\sigma_l^2} \right) \right]$$ （7.25）

受约束于 $\sum_{i=1}^{C} u_{ij} = 1, u_{ij} \in [0,1]$；$j = 1, 2, \cdots, N$；$\sum_{l=1}^{S} w_l = 1, w_l \in [0,1]$，其中隶属度 u，聚类中心 v 和多核权值 w 为有约束待优化参数。这样将不同类型极化 SAR 特征有机集成到同一模糊聚类学习算法中。因为多核函数权值 w 无法获得闭环精确解，所以构建神经动力学优化模型

$$\begin{cases} y(t+1) = y(t) - \beta \left[\sum_{l=1}^{S} w_l(t) - 1 \right] \\ w_l(t) = g[c_l - y(t)], \quad l = 1, \cdots, S \end{cases}$$ （7.26）

式中：$\beta > 0$；$c_l = -\sum_{j=1}^{N} \sum_{i=1}^{C} u_{ij}^m \left[\exp(-\|x_j - v_i\|^2 / 2\sigma_l^2) \right]$；$g(\cdot)$ 为 Heaviside 阶跃激励

函数。通过神经网络迭代逼近计算，获得最优的多核函数权值参数。最后通过距离聚类中心最近方法进行反模糊化，获得浮筏养殖目标范围面积。

7.2.2 围填海监测

1. 应用概况

在海域使用动态监测工作中，主要利用 GF-3 卫星、GF-1 等卫星遥感数据，对全国区域用海规划实施情况、新增围填海动态变化情况开展了业务化遥感监测，完成全国区域用海规划遥感监测报告、全国围填海动态遥感监测分析报告、全国海域使用疑点疑区监测月报，为海域综合管理提供信息服务。

2. 技术方法

1）建立围填海方式 SAR 图像遥感解译标志

依据相关围填海类型在 SAR 图像上的可分性，将 SAR 图像经过降噪处理后，建立围填海遥感分类系统，根据各围填海类型在影像上的纹理、形状、空间组合等特征，建立相应的围填海类型解译标志，包括建设填海造地用海、农业填海造地用海、港口建设用海、盐业用海、围海养殖用海、其他用海等。

2）基于主动轮廓模型的 SAR 图像海岸线自动提取

SAR 图像完成辐射与几何校正、相干斑降噪等预处理后，选取随机初始岸线，采用改进的基于区域距离正则项几何主动轮廓（regional distance regularized geometric active contour models，RDRGAC）模型进行循环迭代计算，自动提取岸线，并将得到的岸线栅格数据矢量化，通过 ArcGIS 软件行使矢量编辑功能对基础原始海岸线精修正得到围填海变迁数据。具体包括以下步骤。

（1）建立 RDRGAC 模型。RDRGAC 模型与传统水平集方法相比引入距离正则项，对传统活动模型中的能量泛函再填上一项内部能量泛函，用于纠正水平集与符号距离函数的偏差，从而实现水平集函数在演化过程中无须周期性地重新初始化水平集函数的目标，精确搜索轮廓边缘并大幅度缩短迭代时间。定义水平集函数为 ϕ 为

$$C = \{\phi(x, y) = 0\} \tag{7.27}$$

$$\Omega_{\text{int}} : \phi(x, y) < 0 \tag{7.28}$$

$$\Omega_{\text{ext}} : \phi(x, y) > 0 \tag{7.29}$$

式中：Ω 为图像的定义域；C 为轮廓线；$\{\phi(x, y) = 0\}$ 为水平集函数；x, y 为图像的坐标点；Ω_{int} 为被轮廓线划分的图像内部区域；Ω_{ext} 为被轮廓线划分的图像外部区域。

初始水平集函数定义如下：

$$\phi_0(X) = \begin{cases} -c_0, & \text{如果 } X \in R_0 \\ c_0, & \text{其他} \end{cases}$$　　　　　（7.30）

式中：$c_0 > 0$ 是常量，一般情况下，$c_0 > 1$，通常设置 $c_0 = 2$；R_0 为图像域 Ω 中的区域；$\phi_0(X)$ 为初始水平集函数。

RDRGAC 模型设计一个演化曲线的能量泛函，定义为

$$\varepsilon(\phi) = \mu R_p(\phi) + \lambda L_g(\phi) + \alpha A_g(\phi)$$　　　　　（7.31）

式中：λ, α 都为能量项系数，$\lambda > 0$，$\alpha \in R$。当初始轮廓设置在目标区外部，区域面积项系数 $\alpha > 0$，轮廓线在迭代过程中收缩至岸线边缘，当初始轮廓设置在目标区内部，系数 $\alpha < 0$，轮廓线在迭代过程中扩张至岸线边缘；$L_g(\phi)$ 表示长度项；$A_g(\phi)$ 表示区域面积项；$\mu > 0$ 是常量；$R_p(\phi)$ 是水平集正则项，定义如下所示：

$$R_p(\phi) = \frac{1}{2} \int_{\Omega} (|\nabla\phi| - 1)^2 dx$$　　　　　（7.32）

在传统水平集函数中，作为距离函数的水平集函数必须不断重新初始化，以保持 $\nabla\phi = 1$。但每次初始化非常耗时，公式中惩罚项的加入能使水平集函数保持 $\nabla\phi = 1$，避免了水平集函数周期性更新，提高算法收敛速度。能量函数 $L_g(\phi)$ 表示长度项，$A_g(\phi)$ 表示区域面积项，分别定义为

$$L_g(\phi) = \int_{\Omega} g\delta(\phi)|\nabla\phi| dX$$　　　　　（7.33）

$$A_g(\phi) = \int_{\Omega} gH(-\phi) dX$$　　　　　（7.34）

式中：沿着 ϕ 的零水平集，$L_g(\phi)$ 计算函数 g 的线性积分；当 ϕ 的零水平集轮廓到达目标边缘时，能量函数 $L_g(\phi)$ 会呈现最小化，$A_g(\phi)$ 计算权重区域面积 $\Omega_{\text{int}}: \phi(x, y) < 0$。$g$ 为边缘指示器函数，定义为

$$g = \frac{1}{1 + |\nabla G_\sigma * I|^2}$$　　　　　（7.35）

式中：G_σ 为标准差为 σ 的高斯核函数；∇ 为梯度算子；$*$ 为卷积运算，此卷积运算是为了平滑图像减少噪声。当 $g = 1$ 时，能量函数 $A_g(\phi)$ 就是区域 Ω_{int} 的面积并且在水平集迭代过程中加速零水平集轮廓的运动。

将上述公式代入能量泛函中，能量函数 $\varepsilon(\phi)$ 被近似为

$$\varepsilon_\varepsilon(\phi) = \mu \int_{\Omega} p(|\nabla\phi|) dX + \lambda \int_{\Omega} g\delta_\varepsilon(\phi)|\nabla\phi| dX + \alpha \int_{\Omega} gH_\varepsilon(-\phi) dX$$　　　（7.36）

式中：p 为能量密度函数；δ_ε 为一维的 Dirac 函数；H_ε 为一维的 Heaviside 函数。

通过变分法求解能量泛函的极值，得到关于 ϕ 的梯度矢量流如下：

$$\frac{\partial\phi}{\partial t} = \mu\,\text{div}(d_p|\nabla\phi|\nabla\phi) + \lambda\delta_\varepsilon(\phi)\text{div}\left(g\frac{\nabla\phi}{|\nabla\phi|}\right) + \alpha g\delta_\varepsilon(\phi)$$　　　（7.37）

为了便于数值计算，用 $\delta_\varepsilon(\phi)$ 代替 $\delta(\phi)$，即

$$\delta_\varepsilon(x) = \begin{cases} \dfrac{1}{2\varepsilon}\left(1+\cos\dfrac{\pi x}{\varepsilon}\right), & |x| \leqslant \varepsilon \\ 0, & |x| > \varepsilon \end{cases} \tag{7.38}$$

式中：ε 一般取 1.5。采用逆向差分有限算法得到水平集函数更新方程，如下所示：

$$\phi_{i,j}^{k+1} = \phi_{i,j}^{k} + \frac{\partial\phi}{\partial t} \tag{7.39}$$

式中：k 为迭代周期，$\phi_{i,j}^{k}$ 为水平集函数在格点 (i, j) 的第 k 个周期取值，t 为时间。

（2）改进的 RDRGAC 模型。在基于区域距离正则项几何主动轮廓模型 RDRGAC 模型中，区域面积项系数 α 与岸线边缘强弱有关，通过建立区域面积项系数 α 与等效视数（equivalent number of looks，ENL）的关系，实现自动设定参数 α，减少相干斑噪声影响的同时，最大程度逼近海岸线。

ENL 度量图像区分不同后向散射特性区域的能力，是衡量一幅 SAR 图像斑点噪声相对强度的一种指标，等效视数越大，表明图像上斑点越弱。根据多景 SAR 图像的统计实验，建立 α 值与相应图像 ENL 的非线性拟合关系，ENL 与区域面积项系数 α 建立的相关关系接近对数关系，即

$$\alpha = -0.811\ln(\text{ENL}) + 3.3008, \quad R^2 = 0.963 \tag{7.40}$$

对大多数 SAR 图像来讲，参数 α 取值范围为 $0<\alpha\leqslant 5$。针对弱边缘图像即 ENL $\geqslant 7.6$，所取 $0<\alpha\leqslant 1.5$；针对强边缘图像 ENL <7.6，所取 $1.5<\alpha\leqslant 5$；当轮廓线在权重区外，向内扩散模式时，即 $\alpha>0$ 时满足上述公式；当轮廓线在权重区内，向外扩散模式时，即 $\alpha<0$ 时，只需 $|\alpha|$ 满足上述公式。

（3）获得围填海变迁数据。利用上述改进的 RDRGAC 模型通过使 GF-3 卫星图像的 ENL 同相应 α 建立相关关系，实现 α 值自动设定，再利用距离正则化水平集能量函数进行自动循环迭代计算提取岸线，再将岸线栅格数据矢量化，通过 ArcGIS 软件行使矢量编辑功能对海岸线精修正得到围填海变迁数据。

3）外业精度验证

在围填海现场进行亚米级 GPS 测量，分别针对相应年份围填海信息进行 GPS 站位点现场测量，获取现场测量结果。将围填海信息自动提取岸线结果和人工目视解译结果、现场测量结果进行一致性检验。

若外业精度验证不达标，即围填海信息自动提取岸线、人工目视解译和现场测量的结果不一致，则重复围填海变迁数据提取步骤，用 ArcGIS 软件行使矢量编辑功能，人工对计算的错误岸线进行修正，从而获取围填海变迁数据。

图 7.12（a）为选做基础数据的 2007 年 4 月 13 日辽宁省大连金州湾未兴建金州湾机场时期 SPOT5 光学卫星图像，图 7.12（b）为采用本书方法对 2017 年 1 月

22 日 GF-3 卫星图像围填海信息提取结果，图 7.13 为利用 GF-3 卫星图像制作的围填海结果图。

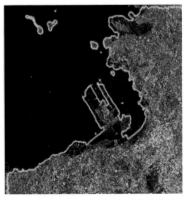

（a）2007年大连金州湾光学图像（基础数据）　　　（b）2017年GF-3卫星图像围填海信息
提取结果

图 7.12　GF-3 卫星辽宁省大连金州湾围填海提取

精细条带 1 模式，HV 极化，UTC 时间 2017 年 1 月 22 日

图 7.13　GF-3 卫星辽宁省大连金州湾围填海图

7.2.3　海岸带监测

1. 应用概况

自 2016 年起,利用覆盖黄河口三角洲海岸带区域的 GF-3 卫星遥感图像数据,开展了黄河口自然保护区 GF-3 卫星遥感应用示范工作。利用 GF-3 卫星高分辨率数据,结合历史海岸线数据和覆盖潮间带区域的 LiDAR 点云数据制作的黄河三角洲海岸线动态变化专题产品,为东营市海洋渔业局的海域使用规划和管理提供重要的信息支持;利用 GF-3 卫星全极化率数据制作的滨海湿地类型分类专题产品,已经作为黄河三角洲自然保护区冬季防火任务布防图的底图数据。

2. 技术方法

1)海岸线监测

SAR 海岸线监测涉及人工岸线、自然岸线自动提取方法和淤泥质岸线自动提取方法。

(1)SAR 图像相干斑降噪预处理。综合采用 Lee 滤波、中值滤波、低通滤波和数学形态学方法进行图像相干斑降噪处理,在不降低图像空间分辨率条件下,降低相干斑噪声对后续处理的影响。

(2)基于纹理特征信息的水陆分割。基于均值和方差纹理图像,选择陆地植被、礁盘和水体的纹理特征信息进行分类。选择监督分类中的最小距离分类法进行分类,采用欧氏距离对分类的样本进行判定。基于纹理特征信息获取监督分类结果,再利用数学形态学闭运算及分类后处理技术消除细小斑块,并进行礁盘与水域融合,从而分离陆地与水域。

(3)人工岸线提取(图 7.14)。由于人工岸线多以修建人工堤坝为主,其岸线位置多为堤坝位置,在 SAR 图像中显示为海陆分界线。通过对图像进行几何校正,大体选择人工岸线所在的遥感数据,开展图像裁切,对 SAR 图像进行滤波去除杂波,然后基于纹理特征信息与监督分类方法获取到陆地与海水分离的图像,通过栅矢化处理得到其矢量图层,再利用斑块面积信息对矢量图层内的碎斑进行融合和剔除处理得到海陆分界线,最后进行假边界剔除及平滑处理得到矢量图层水陆边界。

(4)淤泥质岸线提取(图 7.15)。基于激光雷达点云数据,提取图像的 DEM 数据,利用人工岸线提取流程中的步骤,获取图像的瞬时水边线,参考所查找的潮汐表数据,进行瞬时水边线推算,采用潮汐推算技术和专家解译系统,提取淤泥质海岸线。

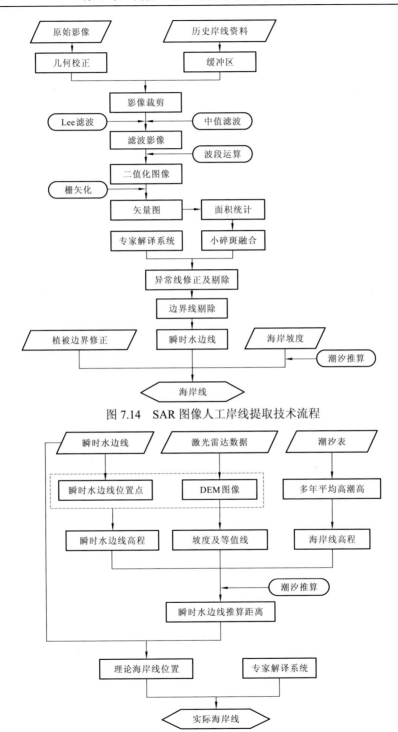

图 7.14　SAR 图像人工岸线提取技术流程

图 7.15　SAR 图像淤泥质岸线提取技术流程

利用 2016 年 GF-3 卫星图像和 1996 年 Landsat 卫星 TM 图像，开展了黄河入海口 1996 年清八汊改道以来的河口段岸线变迁遥感监测，获取准确的岸线变迁结果。图 7.16 为制作的 1996～2016 年黄河口湿地岸线变迁遥感图。

图 7.16　基于 GF-3 卫星与 Landsa 卫星数据制作的黄河口三角洲岸线变迁图

超精细条带模式，HH 极化，UTC 时间 2016 年 11 月 15 日

2）滨海湿地监测

滨海湿地特别是河口型淤泥质滨海湿地中，湿地类型复杂多样，多受潮汐和海岸带区域天气条件的影响。利用覆盖黄河三角洲黄河入海口两侧滨海湿地的 GF-3 卫星全极化数据与光学卫星图像，进行了河口湿地典型地物类型分类方法研究和制图（图 7.17）。不同潮间带区位的裸露淤泥质潮滩（含水量不同）、芦苇、盐地碱蓬、柽柳、互花米草、河流和刺槐林等，因其冠层结构、高度、密度、底质含水量等的不同，在不同极化 SAR 数据和极化分解分量中均表现为不同的特征，能够提取滨海湿地典型地物信息（万剑华 等，2018）。

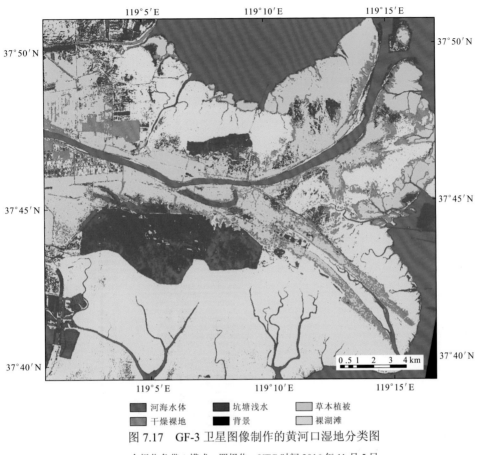

图 7.17　GF-3 卫星图像制作的黄河口湿地分类图

全极化条带 1 模式，四极化，UTC 时间 2016 年 11 月 5 日

（图例：河海水体　坑塘浅水　草本植被　干燥裸地　背景　裸湖滩）

在此基础上，利用不同极化通道数据、不同极化分解分量和同时期中分辨率光学图像，采用十余种波段或极化组合方式，对黄河口滨海湿地进行了分类实验。结果显示，四极化通道数据融合 GF-1 卫星 WFV 图像分类效果最好，极化通道数据结合不同极化分解分量分类结果次之，上述方法分类精度稳定，分类精度优于 80%。

7.3　极地环境监测与科考保障

极地环境变化与全球环境与气候变化有着密切联系。极地航道对于经济、军事及极地科考都具有重要意义。GF-3 卫星能够提供极地冰覆盖、极地航道监测数据，为应对全球变化与极地科学考察提供有力保障。

　　2016 年 11 月，尽管 GF-3 卫星在轨测试尚未结束，但卫星数据已经用于中国第 33 次南极科考"雪龙号"科考船极地航行保障工作，成为国家卫星海洋应用中心其后历次极地科考保障重要的数据源之一。2018 年，"雪龙号"科考船卫星数据船载移动接收与处理系统经过升级改造，实现了 GF-3 卫星数据船载接收，在第 9 次北极考察和第 35 次南极考察期间实施了多次 GF-3 卫星实时接收任务，提供了多幅高分辨率 SAR 海冰数据。为"雪龙号"科考船冰区航行、作业及南极中山站、罗斯海新站冰区停靠卸货提供了高分辨率 SAR 海冰专题图产品（曾韬 等，2018）。

　　图 7.18 为 2018 年第 35 次南极科考期间，国家卫星海洋应用中心向考察队提供的利用 GF-3 卫星图像制作中山站冰情分析图。

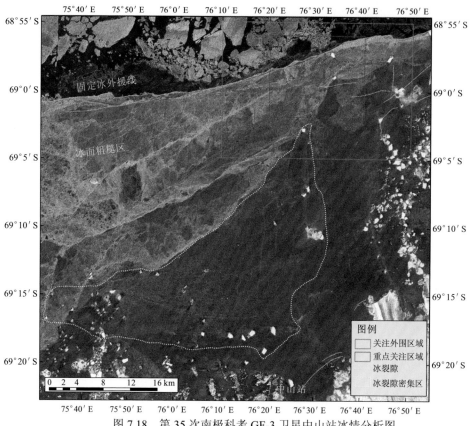

图 7.18　第 35 次南极科考 GF-3 卫星中山站冰情分析图

全极化条带 1 模式，VV 极化，UTC 时间 2018 年 11 月 28 日

　　2019～2020 年我国第 36 次南极科考首次实现了"双龙探极"（雪龙号与雪龙2 号）。图 7.19 为考察期间中山站附近 GF-3 卫星图像，图中可见破冰开路的雪龙2 号科考船与行驶在破冰航道上的雪龙号科考船。

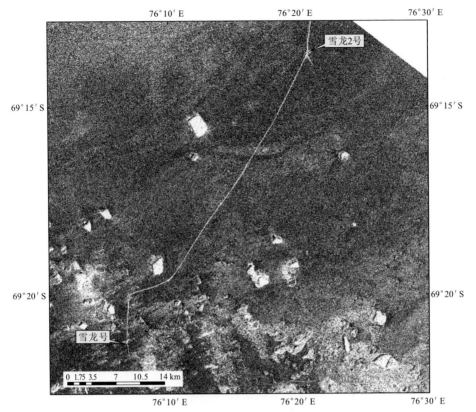

图 7.19　第 36 次南极科考"双龙探极"GF-3 卫星图像

超精细条带模式，HH 极化，UTC 时间 2019 年 11 月 22 日

7.4　海洋权益维护

我国主张的管辖海域约 300 万平方千米，拥有广泛的海洋权益。GF-3 卫星通过获取的海上船舶、海上油气平台监视数据，为海洋权益维护、油气资源保护等提供信息服务和辅助决策支持。

7.4.1　船舶监视

1. 应用概况

海上船舶是重要的海上监视目标，利用 SAR 卫星数据进行船舶检测在航运、海上搜救、渔业资源保护、海上维权和军事等领域有着广泛应用。

2019 年国家卫星海洋应用中心根据江苏省渔业指挥部伏季休渔期间海洋捕捞渔

船动态监控需求，开展了江苏省海域伏季休渔期海上船舶监测服务示范应用工作，2019 年 6 月至 7 月期间，利用 GF-3 卫星数据完成了 19 期海上船舶目标监视产品制作，为江苏海洋伏休管理提供了有力支持。在此基础上，2019 年末基于"海洋卫星数据保障和智能服务系统"开展了江苏省海洋海上移动目标和固定目标监测工作。

2. 技术方法

在实际应用中采用了基于单通道 G^0 分布的恒虚警检测算法（An et al., 2014）。

1) 极化通道选择

对于广域海面场景进行目标检测，通常采用较大幅宽的成像模式。GF-3 卫星较大幅宽的成像模式极化方式为双极化，其中交叉极化通道图像中由于海面回波强度较低，目标与海面对比度要明显高于同极化数据，采用交叉极化单通道 SAR 数据进行船舶检测也能够满足性能要求。

2) 海杂波 G^0 分布模型

海杂波参数化建模是恒虚警检测算法的基础，近年来 G^0 分布模型因其参数估计简便稳定，且对非均匀区域海杂波的符合能力要强于 K 分布，正逐渐应用于恒虚警目标检测算法。

若假设 SAR 图像后向散射系数数据符合乘性噪声模型 $z=xy$，其中随机变量 y 符合逆伽马分布表示海面后向散射系数本身的分布，x 符合伽马分布表示乘性相干斑噪声，则 SAR 最终观测到的海面后向散射系数数据 z 符合 G^0 分布，即 x、y 的概率密度函数分别如下：

$$f(x)=\frac{L^L x^{L-1}}{\Gamma(L)}\exp(Lx)，\quad g(y)=\frac{[\mu(\alpha-1)]^\alpha y^{-\alpha-1}}{\Gamma(\alpha)}\exp\left[\frac{-\mu(\alpha-1)}{y}\right] \quad (7.41)$$

式中：$L>0$ 为斑点噪声视数；$\alpha>1$ 为逆伽马分布的形状参数；$\mu>0$ 为逆伽马分布的期望。

3) 实测 SAR 数据 G^0 分布模型双参数估计

G^0 分布共包含 L，α 和 μ 三个参数，其中期望 μ 的估计方法如下：

$$\mu=E(z) \quad (7.42)$$

当 G^0 分布应用于实际 SAR 数据时，参数 α 和 L 均是未知的，由式（7.42）可知 G^0 分布的一、二、三阶矩如下：

$$E(z)=\mu，\ E(z^2)=\frac{\mu^2(\alpha-1)}{(\alpha-2)}\left(1+\frac{1}{L}\right)，\ E(z^3)=\frac{\mu^3(\alpha-1)^2}{(\alpha-2)(\alpha-3)}\left(1+\frac{1}{L}\right)\left(1+\frac{2}{L}\right) \quad (7.43)$$

令

$$\frac{E(z^2)}{E^2(z)}=\frac{(\alpha-1)(L+1)}{(\alpha-2)L}=A，\quad \frac{E(z^3)}{E(z)E(z^2)}=\frac{(\alpha-1)(L+2)}{(\alpha-3)L}=B \quad (7.44)$$

则可得如下方程

$$\begin{cases}(A-1)\alpha L+(1-2A)L-\alpha+1=0\\(B-1)\alpha L+(1-3B)L-2\alpha+2=0\end{cases}\tag{7.45}$$

上述方程的解为

$$\alpha=\frac{3B+1-4A}{B+1-2A},\qquad L=\frac{2(B-A)}{AB+A-2B}\tag{7.46}$$

因为，$A=\dfrac{E(z^2)}{E^2(z)}=1+\dfrac{1}{L_E}$，则参数 α 和 L 的解可用 B 和 L_E 表示如下：

$$\begin{cases}\alpha=\dfrac{3B+1-4A}{B+1-2A}=3+\dfrac{2}{L_E(B+1)-2(L_E+1)}=3+\dfrac{2}{L_E(B-1)-2}\\[4mm]L=\dfrac{2(B-A)}{AB+A-2B}=\dfrac{2(L_EB-L_E-1)}{B+L_E+1-BL_E}=2\left(\dfrac{B}{B+L_E+1-BL_E}-1\right)\end{cases}\tag{7.47}$$

实际应用时为了使参数估计方法鲁棒，采用如图 7.20 所示的参数估计流程。

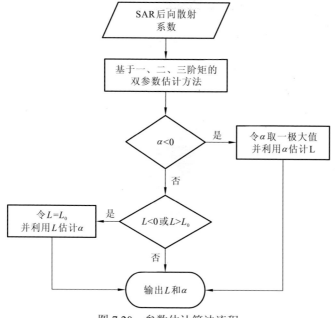

图 7.20　参数估计算法流程

　　参数估计流程首先使用基于一、二、三阶矩的双参数估计方法，该方法可以使估计出的参数模型与实际用于估计的数据集在一至三阶矩上均相等，然而若实际数据与 G^0 分布并不符合，也就是说估计出的 L 和 α 出现异常值，则自动退化为仅适用一阶和二阶矩的估计方法，这时估计出的 G^0 分布参数模型仅与实际数据的在一和二阶矩上相等。

4）船舶检测结果与 AIS 数据关联匹配

将船舶检测结果与 AIS 数据关联匹配，可以进一步获取船舶身份信息（图 7.21）。目前国产民用 SAR 卫星尚未配置 AIS 接收机（GF-3 卫星后续业务卫星将配置 AIS 接收机，见 8.3.1 小节），主要使用海洋一号 C 星、海洋二号 B 星搭载的 AIS 接收机数据以及岸基 AIS 数据源，具体方法是：获取 SAR 观测区域、观测时间点前后 1 h 内的 AIS 报文；首先完成 AIS 动态报文信息的航迹关联，获得船舶航迹信息；随后，在 SAR 观测时间点对每条船舶航迹进行时空插值，计算出基于 AIS 数据获得的 SAR 观测时间点海面船舶位置信息。相关信息按 AIS 景产品进行存储。

SAR 卫星：GF-3
观测时间：2019-12-25 10:26:09
观测模式：精细条带 2（FSII）
产品级别：L2，VHVV 极化

AIS 来源：商业
接收时间：2019-12-25
产品级别：报文

○　SAR 船舶目标（有 AIS 目标匹配）：3 个
○　SAR 检测目标（无 AIS 目标匹配）：6 个
●　AIS 船舶目标（有 SAR 目标匹配）：3 个
●　AIS 推算目标（无 SAR 目标匹配）：1 个

—　AIS 轨迹（20 min）

0　5　10　20　30　40 km

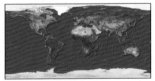

图 7.21　GF-3 卫星图像与 AIS 数据联合船舶匹配结果

精细条带 1 模式，VV 极化，UTC 时间 2019 年 12 月 25 日

在 SAR 船舶检测结果和 AIS 检测结果的匹配关联上，首先统计分析 SAR 定位误差及 AIS 位置误差（AIS 位置误差包括 GNSS 定位误差和时间基准不一致带来的船舶运动误差），通过对两个误差的分析，确定采用动态门限匹配技术，实现 SAR 船舶检测结果和 AIS 船舶位置信息的自动匹配。

7.4.2　油气平台监视

1. 应用概况

南海蕴藏着丰富的油气资源。近年来，某些南海周边国家在我国管辖海域内建设了多个油气平台，损害了我国海洋权益。2016 年 12 月～2017 年 3 月 GF-3 卫星在轨测试期间，国家卫星海洋应用中心利用 GF-3 卫星多时相数据，对南海我国管辖海域油气平台分布情况进行了监测，并利用高分光学卫星数据进行了验证。

2. 技术方法

利用 GF-3 卫星相同观测区的多时相数据，基于上节所述检测方法海上目标检测结果，通过不同时间目标位置信息匹配自动识别固定目标。确定固定目标的基本思路是：目标在前后两景图像中的位置不变则认为是固定目标；在前一景图像中存在的目标如在后一景图像中不存在，则认为其是移动目标。

实际固定目标判别时将采用如下目标属性变化的描述方法。目标属性包括海面像元、未知目标、固定目标、疑似固定目标四类，目标属性变化的规则如图 7.22 所示。即连续两次以上观测到才认为是固定目标（图 7.23）。

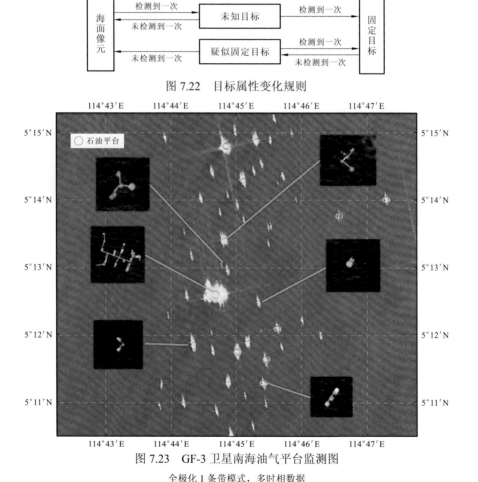

图 7.22　目标属性变化规则

图 7.23　GF-3 卫星南海油气平台监测图

全极化 1 条带模式，多时相数据

7.5　海洋动力环境监测与海洋科学研究

海浪、海面风场、内波、浅海水下地形、中尺度涡和锋面数据，能够为海洋预报、海洋动力环境监测、海洋科学研究及沿海重大工程论证提供支撑。

7.5.1　海浪

海浪是最重要、最基本的海洋动力环境要素。利用 GF-3 卫星数据反演的海浪方向谱是描述海浪关于波数能量分布的一个物理量，海浪在某个时空的所有统计性质，均可由海浪方向谱获得。

1. 海浪谱反演

1）波向反演

采用 SLC 图像交叉谱反演海浪波向流程如图 7.24 所示，首先基于分视技术估计 SAR 交叉谱，SAR 交叉谱是一个复数谱，虚部的谱可以分为正、负两部分，其中，正数的一部分谱的运动方向代表海浪的运动方向，可用于海浪波向。

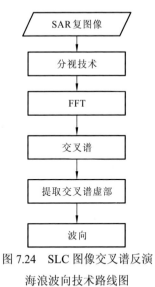

图 7.24　SLC 图像交叉谱反演
海浪波向技术路线图

采用的分视处理步骤如下：

（1）对 SLC 图像进行方位向快速傅里叶变换，得到多普勒谱；

（2）去除天线加权，使多普勒谱的频谱包络近似为矩形；

（3）利用矩形带通滤波器将多普勒谱分割为互不重叠的三部分；

（4）对每个子多普勒谱进行方位向的快速傅里叶逆变换，得到三个 SAR 子视图像。

利用分视技术得到两幅图像用于估计交叉谱。SLC 图像交叉谱定义为

$$P = I_k^s(\mathbf{k}, 0) I_k^{s*}(\mathbf{k}, \Delta t) \tag{7.48}$$

式中：$I_k^s(\mathbf{k}, 0)$ 为成像时间为零的 SAR 图像的傅里叶级数；$I_k^{s*}(\mathbf{k}, \Delta t)$ 为与其相隔 Δt 的另一幅图像，当其表达式中的 Δt 设为零时，SAR 交叉谱完全等同于 SAR 图像谱。SAR 图像交叉谱与海浪谱的准线性关系为

$$
\begin{cases}
\mathrm{Re}\left[P_{\boldsymbol{k}}^{SC}(\boldsymbol{k},\Delta t)\right]=\exp(-k_x^2\xi'^2)\left[\dfrac{|T_{\boldsymbol{k}}^S|^2}{2}F(\boldsymbol{k})+\dfrac{|T_{-\boldsymbol{k}}^S|^2}{2}F(-\boldsymbol{k})\right]\cos(w\Delta t)\\[4mm]
\mathrm{Im}\left[P_{\boldsymbol{k}}^{SC}(\boldsymbol{k},\Delta t)\right]=\exp(-k_x^2\xi'^2)\left[\dfrac{|T_{\boldsymbol{k}}^S|^2}{2}F(\boldsymbol{k})+\dfrac{|T_{-\boldsymbol{k}}^S|^2}{2}F(-\boldsymbol{k})\right]\sin(w\Delta t)
\end{cases}
\tag{7.49}
$$

式中：Re 为实部；Im 为虚部；w 为波浪的角频率。

2）截断波长估计

截断波长是成像模型中一个重要的参量，它反映了 SAR 成像过程中图像谱在方位向受到的截断效应的大小。SAR 图像成像模型中的散射量平均偏移方差 ξ'^2 与 SAR 图像截断波长的关系为

$$
\xi'^2=(\lambda_c/\pi)^2
\tag{7.50}
$$

故只要计算出 SAR 图像的截断波长即可估计出 ξ'^2。通过傅里叶变换可计算出 SAR 图像的自相关函数，提取其方位向剖面，然后通过与高斯函数拟合的方法可估计出截断波长 λ_c。

3）SAR 截断波长有效波高估计

SAR 在方位向散射量方差可表示为

$$
\xi'^2=\left\langle\xi^2\right\rangle=\beta^2\left\langle\upsilon^2\right\rangle=\beta^2\int|T_{\boldsymbol{k}}^v|^2\,F(\boldsymbol{k})\mathrm{d}\boldsymbol{k}
\tag{7.51}
$$

式中

$$
\beta=R/V
\tag{7.52}
$$

$$
T_{\boldsymbol{k}}^v=-w\left(\sin\theta\frac{\boldsymbol{k}_r}{|\boldsymbol{k}|}+i\cos\theta\right)
\tag{7.53}
$$

式中：$\boldsymbol{k}_r$ 为方位向波数；β 为斜距与卫星速度之比；R 为卫星到海面的斜距；V 为卫星速度；$T_{\boldsymbol{k}}^v$ 为时距离向速度调制传递函数；$w=\sqrt{gk}$ 为重力波角频率，$g=9.8\ \mathrm{m/s^2}$ 是重力加速度；θ 为入射角。

一般情况下，有效波高由海浪谱按下式估计：

$$
H_s=4\sqrt{\int F(\boldsymbol{k})\mathrm{d}\boldsymbol{k}}
\tag{7.54}
$$

从而得到

$$
\frac{H_s}{\lambda_c}=\frac{4}{\pi\beta}\sqrt{\frac{\int F(\boldsymbol{k})\mathrm{d}\boldsymbol{k}}{\int(g\sin^2\theta\cos^2\theta\varphi+\cos^2\theta)F(\boldsymbol{k})\mathrm{d}\boldsymbol{k}}}
\tag{7.55}
$$

式中：$\cos\varphi=\dfrac{\boldsymbol{k}_r}{|\boldsymbol{k}|}$。

4）基于 GF-3 卫星数据的截断波长有效波高估计

实际应用中采用了基于 GF-3 卫星 VV 极化 SAR 数据与 ECMWF 模式预报数据的拟合，建立的截断波长估计有效波高经验模型：

$$H_s(\lambda_c) = 1.62 \cdot \frac{\lambda_c}{\beta} - 0.17 \qquad (7.56)$$

图 7.25 为依照本书方法对南海 GF-3 卫星波模式数据反演海浪谱实例。

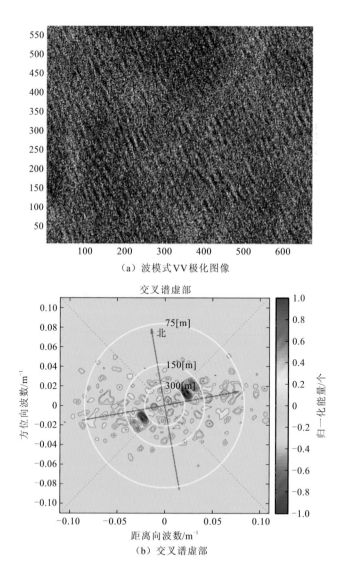

（a）波模式 VV 极化图像

（b）交叉谱虚部

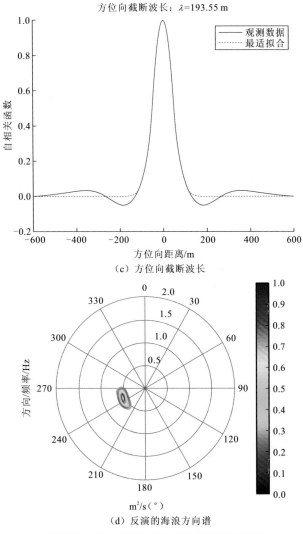

（c）方位向截断波长

（d）反演的海浪方向谱

图 7.25　GF-3 卫星波模式数据海浪谱反演

波模式，VV 极化，UTC 时间 2019 年 10 月 25 日

2. 台风浪反演

传统 SAR 海浪反演模式在高风速（风速 > 24 m/s）条件下是失效的，国内利用 GF-3 卫星台风图像率先开展了台风浪反演探索研究，并取得了初步成果（Shao et al.，2019；Ji et al.，2018）。

SAR 特有的非线性速度聚束效应在台风情况较强；此外，台风观测采用的是大宽幅的扫描模式，因此图像空间分辨率较低，基于成像物理机制的研究台风浪反演算法存在困难，现阶段有必要发展基于图像参数的经验反演算法。

（1）通过 WAVEWATCH-III 海浪模式模拟了与 2017 年 5 景 GF-3 卫星 VV 极化台风图像时间匹配的有效波高数据，模拟的台风"奥鹿"（Noru）与台风"天鸽"（Hato）的有效波高与高度计卫星 Jason-2 的有效波高产品对比，标准差分别为 0.47 m、0.27 m，表明模式模拟结果适用于台风浪研究。

（2）计算台风 SAR 图像 NRCS 和图像方差等图像参数，以及基于交叉极化 SAR 数据反演得到了台风风速。通过 NRCS、图像方差和风速数据与模拟的有效波高匹配，得到了效波高与上述参数的相关关系：有效波高与 NRCS 和图像方差具有线性关系；在固定的有效波高下，NRCS 与入射角负相关，而图像方差与入射角正相关。

尽管在可用数据中，有效波高仅达到 5 m，但是 NRCS 和图像方差与台风时期的有效波高直接相关。根据上述研究发现的关系，提出了两种简单的针对 GF-3 卫星图像的台风波浪有效波高反演算法，公式如下：

$$\mathrm{SWH} = a\begin{pmatrix} \sigma_{\mathrm{VV}}^{0} \\ \mathrm{cvar} \end{pmatrix} + b \tag{7.57}$$

式中：σ_{VV}^{0} 为以 dB 为单位的 NRCS；系数 a 和 b 是调谐常数。

运用上述公式，反演整个数据集并与 WWATCH III 模式的有效波高模拟结果对比。发现使用包括 NRCS 项和 cvar 项的台风浪反演算法，相关系数分别为 0.5 和 0.4。发现包括 NRCS 项的算法的性能优于包括 cvar 项的算法的性能。

图 7.26（a）展示了台风泰利 2017 年 9 月 16 日 GF-3 捕捉到的图像，图 7.26（b）则展示了基于上述算法模拟的台风浪。从图中可以看到螺旋形的台风眼，台风眼

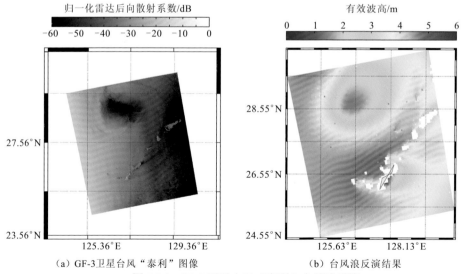

（a）GF-3 卫星台风"泰利"图像 　　　（b）台风浪反演结果

图 7.26　GF-3 卫星台风"泰利"台风浪反演

宽幅扫描模式，VH 极化，UTC 时间 2017 年 9 月 6 日

左侧的有效波高高于左侧，另外，由于岛屿的阻挡作用，顺着风向的岛屿后侧出现低浪区，这与海浪的传播过程一致。

7.5.2　海风

与传统测风散射计不同，SAR 独有的高分辨率能够获取高分辨率海面风场。海面风场也是 GF-3 卫星后续业务卫星海洋地面处理系统业务化产品，将作为海洋动力环境卫星海面风场产品的重要补充，主要用于近岸海面风场精细监测。

SAR 图像风场反演的难点是风向反演。图像中的风条纹可以用于确定风向，对于不包含风条纹的图像，可采用基于目标函数的 SAR 风场反演方法（解学通等，2010）：

1. 最大似然估计的目标函数建立

最大似然估计的海面风场反演方法假定，后向散射截面积测量值与模型值（预测值）之间的总体偏差符合均值为 0 的高斯正态分布，总体偏差由测量误差和模型误差叠加构成。最大似然估计风矢量反演的目标函数为

$$J_{\mathrm{MLE}}(w, \Phi) = -\sum_{i=1}^{N}\left\{\frac{\left[z_i - M(w, \Phi - \phi_i, p_i)\right]^2}{2V_{R_i}} + \ln\sqrt{V_{R_i}}\right\} \quad (7.58)$$

式中：z 为雷达后向散射截面积的实际测量值；M 为由模型函数计算所得雷达后向散射截面积；φ 为雷达观测方位角。总体误差的方差 V_R 由模型函数和散射计系统特性决定，是设计参数和测量参数的函数。

风场反演就是寻找使得上式取得局部最大值的风矢量。在实际风场反演中，目标函数一般存在 2~4 个局部最大值。每个局部最大值对应的风矢量为一个可能解，也称为模糊解。将得到的模糊解按目标函数值由大到小的顺序排列就得到一组模糊解序列。模糊解中只有一个是真实解，要得到最终的真实解，需要进行模糊去除。

2. 快速风矢量搜索

对风场反演的某一地面分辨单元，快速风矢量搜索算法具体步骤如下。

（1）进行粗搜索。取风向为 0°，给定一个起始风速，在风速区间范围内按所设间隔，寻找使目标函数取得最大值的风速，记录风速值和相应的目标函数值。在风速方向上取起始点左边（或右边）的相邻点，分别计算起始点和该点的目标

函数值并进行比较，如果相邻点的目标函数值大于起始点的目标函数值，则继续向左（或向右）搜索，反之向右（或向左）搜索，直到找到一个使得目标函数取得最大值的风速。

（2）进行精搜索。以粗搜索得到的局部最大值点作为起点，以局部最大值点对应的风速为起始风速，采用与粗搜索相同的搜索策略，按所设定的风速间隔，寻找使目标函数取得最大值的风速，记录风速值和相应的目标函数值。

3. 风矢量模糊去除

由于 NRCS 与风速存在着对数正相关，与相对风向存在着双调和关系，在理论上只要有 2 个以上实测 NRCS，就可反演出一个确定的风矢量。但由于大气中水蒸汽及云雨对微波的吸收和散射作用，以及卫星运行状态的不稳定性，得到的 NRCS 会受到污染，通过最大似然法进行风场信息反演，也往往只能得到一组可能解，称为模糊解。模糊解一般为 2～4 个，少数情况下达到 6 个，其中只有一个接近真实风矢量，其他的称为伪解。利用数值风场数据对风场进行模糊去除方法是：对每个风元的模糊解按照目标函数值从大到小排序，保留前 4 个，然后从中挑选与数值风场风向最接近的模糊解为最终解。

图 7.27 为 2016 年卫星在轨测试期间，利用海南省东部附近海上试验区 GF-3 卫星图像反演的海面风场。

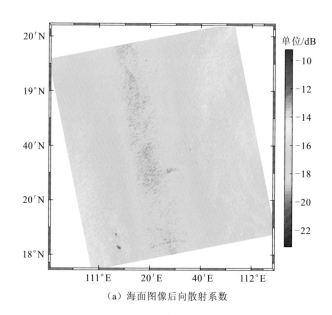

（a）海面图像后向散射系数

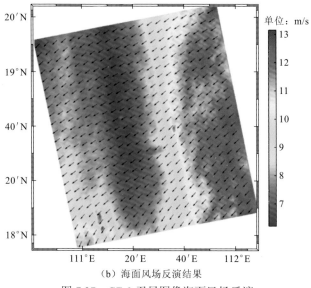

（b）海面风场反演结果

图 7.27　GF-3 卫星图像海面风场反演

标准条带模式，VV 极化，UTC 时间 2016 年 12 月 3 日

7.5.3　内波

内波是重要的海洋动力要素，在海洋混合、声学信号传播等过程中起着重要作用。内波传播会引起海面表层流辐聚或辐散，因此内波在 SAR 图像上表现为明暗相间的条纹，利用内波在 SAR 图像中呈现的这种特征可以检测内波，并进而提取内波参数（Yang et al.，2017）。

1. SAR 图像内波检测

首先对 SAR 图像进行相干斑降噪处理，可采用经验模态分解法、小波变换域滤波等在抑制相干斑噪声并能较好保持纹理信息的滤波算法；然后进行边缘检测，常用的边缘检测模板有 Laplacian 算子、Roberts 算子、Sobel 算子、Prewitt 算子和 Canny 边缘检测器等；检测结果经过膨胀、骨架和连接等数学形态学方法处理后，可以用于内波参数提取。

2. 内波波长

这里定义内波波长为小波包中相邻的两个内波极大值的间隔距离。海洋内波波长信息的提取方法可采用图像测量法，从内波波列中垂直于波峰线选取一内波剖面，滤波突出内波波列中的波峰（或波谷），计算各个波峰（或波谷）间的距离得到内波子波的波长，对各子波波长取均值即可得到内波的波长。

3. 内波波向

内波沿某方向传播时，中间部分速度较快，两端较慢，呈辐射形式传播，故可根据目视图像特征，直接判断内波波向。内波波向信息的提取同样可采用图像测量法，在内波前导波波峰线的中间点截取一垂直于波峰线的剖面，计算剖面线与正北向的交角，即为该内波的波向。

4. 内波波速

内波波速定义为内波相速度。根据 SAR 图像中内波特征，采用波群测量法计算提取内波波速。如果 SAR 图像中包含由同一激发源产生的两组或多组内波，提取这两组或多组内波间的距离（L），根据半日潮周期（T）即可计算内波波速。计算公式为

$$C_g \approx C_p \approx C_0 \approx L/T \qquad (7.59)$$

式中：C_p 为内波相速度；C_0 为线性波速。

5. 内波振幅

内波振幅信息提取的遥感模型主要是前导波间隔法。该方法利用 SAR 图像上测量得到的内波前导波信息反演海洋内波振幅。振幅的计算公式为

$$\eta_0 = \frac{4h_1^2 h_2^2}{l^2 3|h_2 - h_1|} \qquad (7.60)$$

式中：l 为半振幅宽度，它与 SAR 图像上内波前导波明暗点间隔 D 之间的关系是

$$l = D/1.32 \qquad (7.61)$$

6. 内波发生深度

海洋内波的发生深度 h_1 是内波波速和振幅信息提取的前提条件，可采用群速度计算法提取内波发生深度。

该方法利用遥感图像上测量得到的波群间隔信息，计算内波发生深度，公式为

$$h_1 = \frac{g'h \pm (g'^2 h^2 - 4g'h C_g^2)^{1/2}}{2g'} \qquad (7.62)$$

式中：h 为水深；$C_g \approx L/T$；$g' = g\Delta\rho/\rho_0$ 为约化重力加速度。

图 7.28 为 GF-3 卫星内波图像（全极化条带 1 模式，四极化，UTC 时间 2017 年 9 月 27 日 22 时 34 分）与相近时刻 Sentinel-1A 卫星在相同区域图像（干涉宽

幅模式，VV/VH 极化，UTC 时间 2017 年 9 月 27 日 22 时 35 分）镶嵌图。选取三个剖面（上图中红线所示）进行内波波长与波向的解译和比对，内波波长的星星比对相差 10.67%，波向的星星比对相差 0.23°。

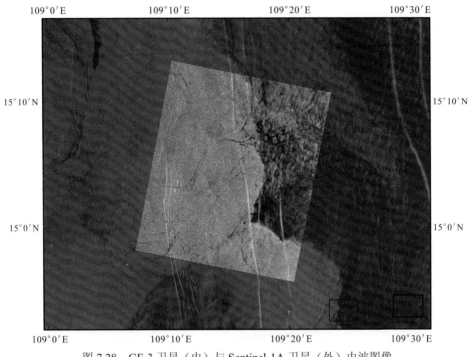

图 7.28　GF-3 卫星（内）与 Sentinel-1A 卫星（外）内波图像

7.5.4　海上强降水

海上降水是重要的中小尺度天气过程。利用 SAR 图像定量反演海上降水是近年来遥感领域的热点之一。卫星中心 GF-3 卫星开展了 SAR 图像海上降水反演技术研究，并取得了初步成果。

海洋降雨条件下对雷达后向散射起主要影响作用的因素包括：大气中雨滴对微波的散射（包括入射波与海面散射波的散射）与衰减吸收；海面粗糙度的改变（海面背景风场、降雨携带的下沉气流对海面风场的改变）；雨滴在水上表层产生的湍流对重力短波的抑制；雨滴撞击水面产生的环形波、溅射体的散射。在 SAR 图像上，降雨区域会表现为高亮的图像特征。在极少数强降雨条件下，也会体现"暗淡"的图像特性。降雨区在 SAR 图像上导致的后向散射系数关系可表示为（Contrerast et al.，2006）：

$$\sigma_{0pq} = 16\pi k^4 \cos^4\theta \,|\, g_{pq}(\theta)\,|^2 \,[W(2k\sin\theta,\varphi) + W_{rain}(R, 2k\sin\theta)] \qquad (7.63)$$

式中：W_{rain} 为降雨在水面产生的环形波谱，是降雨率 R 和波数 k 的函数。

由雨滴溅射体产生的雷达回波后向散射系数可表示为（Liu et al.，2016）：

$$\sigma_{0,\,rain}(\theta, L/\lambda) \sim \frac{V_r V_r^*}{|V_0|^2} = \frac{\beta^2}{1 - 2\beta\cos(4\pi L/\lambda\sin\theta) + \beta^2} \qquad (7.64)$$

式中：β 为经验系数；θ 为电磁入射角；λ 为电磁波场；$L = \left(\dfrac{5.17\pi \times 10^5}{1 + 7.79R^{-0.21}}\right)^{1/3} R^{-0.12}$

为降雨雨滴间的间距；R 为降雨率。取电磁波入射角为 38°，C 波段（5.4 GHz）的降雨条件下，β 取值为 0.5，大气中雨滴的吸收（α_{atm}）和散射（σ_{atm}）的经验模型为和（Nie et al.，2007）：

$$10\lg\{-10\lg[\alpha_{atm}(\theta)]\} = \sum_{n=0}^{N} x_a(n) R_{dB}^n \qquad (7.65)$$

$$10\lg[\sigma_{atm}(\theta)] = \sum_{n=0}^{N} x_r(n) R_{dB}^n \qquad (7.66)$$

分析降雨率与 SAR 图像数据后向散射的关系，可开展海洋降雨散射机理、降雨率反演等研究（叶小敏，2017）。图 7.29 为南海海域 GF-3 卫星海上强降雨图像，图 7.30 为提取的降雨区后向散射系数。

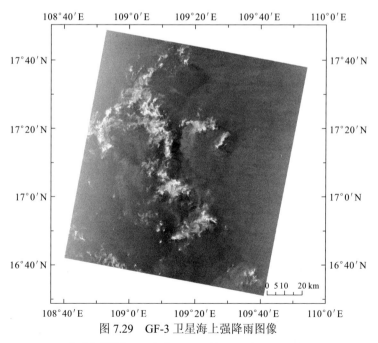

图 7.29　GF-3 卫星海上强降雨图像

标准条带模式，VV 极化，UTC 时间 2016 年 11 月 18 日

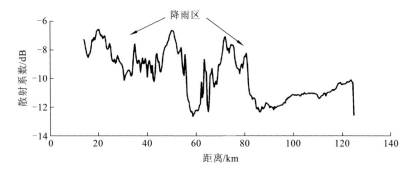

图 7.30　降雨区的 SAR 图像后向散射系数曲线

第8章 后续业务卫星展望

GF-3 卫星成功发射以来，为众多行业用户提供了高质量的成像数据，并广泛应用在海洋、水利、减灾、气象等行业。由于 GF-3 卫星单星在轨运行，受限于单星的重访和覆盖能力，尚不能为用户提供满足业务化应用时效的观测数据。

为了实现我国 SAR 卫星数据从示范应用到业务化应用的过渡，《国家民用空间基础设施中长期发展规划》，计划在十三五期间，在 GF-3 卫星基础上发射 2 颗海洋监视监测业务卫星——1 米 C-SAR 卫星（2 颗），3 颗组网运行，以满足海陆观测快速重访需求，为 C 频段多极化 SAR 卫星数据业务化应用奠定基础。

目前 1 米 C-SAR 卫星（2 颗）已经开始研制。在充分继承了 GF-3 卫星成熟技术基础上，1 m C-SAR 卫星（2 颗）经过以下优化与改进，进一步提升了卫星性能与应用能力。同时，国家卫星海洋应用中心正在研制的 1 米 C-SAR 卫星（2 颗）地面处理系统，将在 GF-3 卫星标准产品基础上，增加卫星数据产品种类，更好地满足卫星海洋应用需求。

（1）1 米 C-SAR 卫星（2 颗）与 GF-3 卫星组成卫星星座，组网运行；

（2）改进了成像模式；

（3）增加 AIS 信号接收系统与星上实时处理器；

（4）增加卫星每日观测时间；

（5）增加了卫星数据产品种类。

8.1 组成卫星观测星座

1 米 C-SAR 卫星（2 颗）将与 GF-3 卫星组成卫星星座，通过合理安排轨道相位，以增加观测次数，提高重访能力和全球覆盖能力，进而提升卫星观测时效性及应对灾害与重大突发事件处理能力。

2 颗 1 米 C-SAR 卫星将与 GF-3 卫星运行在同一轨道面，工作在重复周期为 29 天（共 418 轨）标称轨道，具体轨道参数（轨道平根数）如下所示。

（1）轨道类型：太阳同步回归冻结轨道；

（2）轨道半长轴：$a = 7\,126.436\,5$ km；

（3）轨道平均高度：$755.436\,5$ km（地球平均半径 6 371 km）；

（4）轨道偏心率：$e = 0.001\,15$；

（5）轨道倾角：$i = 98.411\,0°$；

（6）轨道近地点幅角：$\omega = 90°$；

（7）回归特性：29 天 418 圈；

（8）每天运行圈数：$14\frac{12}{29}$；

（9）降交点地方时：6:00 a.m.。

（10）1 米 C-SAR 卫星（2 颗）相对 GF-3 卫星相位差分别为 254.771°、105.229°。

1 米 C-SAR 卫星（2 颗）与 GF-3 卫星组成星座后，重访能力大幅提升，常规入射角下双侧视平均重访周期将由单星的一天左右提高到 8 h 左右；扩展入射角下双侧视平均重访周期将由单星的 14.5 h 左右提高到 3.6 h 左右。同时，卫星星座覆盖能力也大幅提高，若三颗卫星均采用 650 km 幅宽的全球观测模式，可在 48 h 的有效成像时间内，完成全球覆盖。

8.2 成像模式改进

根据 GF-3 卫星应用情况，1 米 C-SAR 卫星对成像模式主要进行了以下改进。

8.2.1 扫描模式改为 TOPSAR 模式

GF-3 卫星 3 种扫描成像模式（窄幅扫描、宽幅扫描与全球观测成像模式）采用了传统 ScanSAR 模式。此模式中目标被天线方向图的不同部分照射，图像会产生"扇贝效应"，需要研究针对性地进行"扇贝效应"消除处理。

而 1 米 C-SAR 卫星将 3 种 ScanSAR 模式改为采用 TOPSAR 成像模式，能够从体制上解决上述问题，即 SAR 图像中不存在"扇贝效应"，从而提高扫描模式图像质量与应用效果（TOPSAR 模式成像原理见 3.3.5 小节）。

目前已经基于 GF-3 卫星试验模式完成了 TOPSAR 模式成像验证试验。图 8.1（a）为 GF-3 卫星窄幅扫描模式图像，图 8.1（b）为未经辐射校正的方位向 4 跳 TOPSAR 试验模式成像结果，图中无明显拼接痕迹和"扇贝效应"引起的周期性亮暗条纹，验证了 TOPSAR 模式能够从成像机理上消除了扫描模式的"扇贝效应"，也为后续业务卫星研制提供了支撑。

（a）GF-3 卫星窄幅扫描模式图像

（b）TOPSAR 试验模式成像结果

图 8.1　GF-3 卫星 TOPSAR 试验模式成像比对

8.2.2　提高波模式空间分辨率和观测幅宽

对海浪专用观测模式——波模式进行重新设计，相对于 GF-3 卫星波模式，空间分辨率由 10 m 提高至 8 m、观测范围由 5 km×5 km 提高至 20 km×20 km，成像间隔由 50 km 改到 100 km。

通过提高空间分辨率能够增加海浪波数可检测范围，使反演更高频的海浪组分成为可能，从而能够更逼真地还原海浪状态。GF-3 卫星波模式数据海浪谱反演是基于 5 km×5 km 图像进行处理。增加幅宽，能够增加用于反演的图像数量，提高波模式数据的可用性。

8.2.3 试验模式

根据载荷技术进展，在 GF-3 卫星常规成像模式之外还设计了试验模式，并通过卫星在轨运行对试验模式进行了实际验证。表 8.1 给出了部分试验模式技术参数，根据实际应用需求，在进一步深入验证基础上，这些试验模式具备在 1 米 C-SAR 卫星（2 颗）实施的可行性。

表 8.1 GF-3 卫星主要试验模式技术指标

序号	试验模式	分辨率/m（R×A）	幅宽/km	极化方式	多视数（R×A）	说明
1	凝视聚束模式	1×0.5	10×5	单极化	1×1	高分辨率模式
2	宽幅超精细条带模式	3×3	50	双极化	1×1	
3	宽幅精细条带 1 模式	5×5	120	单极化	1×1	高分宽幅模式
4	宽幅全极化条带模式	10×8	40	全极化	1×1	

1. 聚束模式

聚束模式是 GF-3 卫星最高的分辨率成像模式，与滑动聚束模式不同，聚束模式成像过程中天线在方位向波束指向始终对准成像区域中心，因此可以进一步增加合成孔径时间，从而方位分辨率达到 0.5 m（见 3.3.2 小节），能够进一步提高卫星的精细监视能力。图 8.2 为南京长江大桥 GF-3 卫星聚束模式图像。

2. 高分宽幅模式

相对于 GF-3 卫星超精细条带模式、精细条带 1 模式和全极化条带 1 模式，通过优化设计与采用高分宽幅技术后，在不降低空间分辨率条件下，上述模式标称成像幅宽分别由 30 km、50 km 和 30 km 提高至 50 km、120 km 和 40 km。能够提高卫星观测效率，更好地兼顾不同用户的观测需求。图 8.3 为福建沿海 GF-3 卫星宽幅精细条带 1 模式图像，图 8.4 为澳大利亚新南威尔士州 GF-3 卫星宽幅全极化条带 1 模式图像。

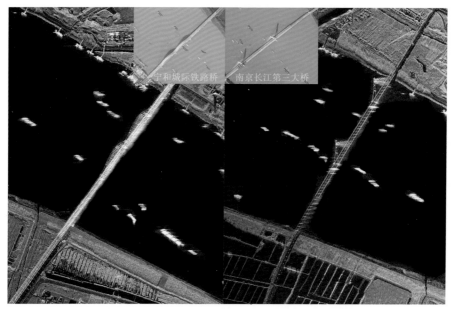

图 8.2　南京长江大桥 GF-3 卫星聚束模式图像

聚束模式，HH 极化，UTC 时间 2017 年 3 月 11 日

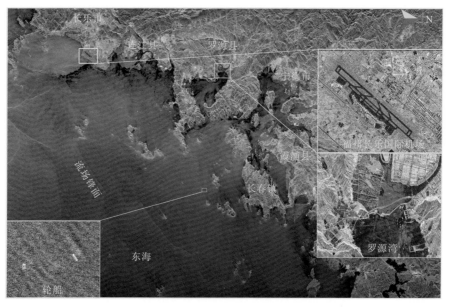

图 8.3　福建沿海 GF-3 卫星宽幅精细条带 1 模式图像

宽幅精细条带 1 模式，HH 极化，UTC 时间 2016 年 11 月 10 日

图 8.4　澳大利亚新南威尔士州 GF-3 卫星宽幅全极化条带 1 模式图像

宽幅精细条带 1 模式，HH 极化，UTC 时间 2019 年 10 月 29 日

8.3　增加 AIS 数据接收系统与星上实时处理器

8.3.1　接收 AIS 数据

海上船舶作为重要的海洋监视目标，对其进行有效的监视是重要的海洋应用领域之一。AIS 系统已广泛用于海上环境保护、海洋渔场监视、海上交通管控等领域。全世界已装载 AIS 系统的船舶超过 70 000 艘，并且该数字还在不断增长中。由于 AIS 数据有信息丰富、定位精度高等特点，作为非合作海上船舶目标辅助监视手段，还应用于海上权益维护领域。

1 米 C-SAR 卫星（2 颗）将增加 AIS 收据接收系统，通过接收监测海域海上船舶 AIS 数据，为海上船舶目标监视提供依据。此外，AIS 数据与卫星相同时刻 SAR 图像中的海上船舶检测结果进行关联匹配，能够有效改善基于 SAR 图像识别海上船舶目标的能力不足，可以为渔区作业、非法船舶活动、专属经济区突发性事件、海洋执法监察等应用提供更为准确的船舶监控数据。

8.3.2　星上实时处理

目前遥感卫星任务链主要由地面任务规划、遥感数据星上获取、星地数传、地面接收处理和数据产品分发等环节组成。有效信息获取时间延迟为小时级，不能满足海上突发事件、灾害应急监测等高时效应用需求。解决上述问题的根本途径是星上实时处理，在星上实现成像处理、感兴趣区域提取与目标检测等功能，将海量原始数据处理为少量、可直接应用的数据产品。

1 米 C-SAR 卫星（2 颗）星上实时处理器能够完成精细条带 1、全极化条带 1、窄幅 TOPSAR 3 种成像模式的实时成像与几何定位处理，并且能够基于 3 种成像模式数据实现海上船舶、海面溢油与陆表水体检测功能。将有效缩减地面处理和数据传输时间，提升海上突发事件与海陆自然灾害早发现、早预防、早处置的能力。

8.4　增加卫星每日观测时间

连续成像能力是衡量 SAR 卫星使用效率与可用性的重要指标。尤其是 2 种海洋专用模式——波模式与全球观测模式，需要长工作时间成像以满足对全球海浪与海面风的连续观测需求。

目前 GF-3 卫星规定的波模式、全球观测模式单次最长观测时间分别为 50 min 与 30 min，卫星每日观测时间为：任意 24 h 内工作时间不超过 140 min（如包含海洋观测模式，总时长不超过 160 min）。1 米 C-SAR 卫星通过系统优化，保证波模式、全球 TOPSAR 模式单次最长观测时间不少于 100 min，卫星每日观测时间为：任意 24 h 内工作时间不超过 180 min（如包含海洋观测模式，总时长不超过 200 min）。

8.5　增加数据产品种类与产品描述文件信息

GF-3 卫星后续业务卫星 1 米 C-SAR 卫星（2 颗），作为我国首批将业务化运行的雷达卫星计划于 2020 年发射。根据 GF-3 卫星数据产品示范应用以来的应用反馈，以及业务化应用对卫星产品的需求，国家卫星海洋应用中心基于正在建设的"十三五海洋观测卫星地面系统"中的 1 米 C-SAR 卫星海洋地面系统，将生产主要面向海洋应用的 1 米 C-SAR 卫星（2 颗）数据产品。

1 米 C-SAR 卫星（2 颗）设计的产品分为标准产品与海洋定制产品见表 8.2，表中字号加粗的产品为 1 米 C-SAR 卫星（2 颗）海洋地面处理系统相对于 GF-3 卫星地面处理系统新增的数据产品。新增数据产品处理技术主要基于国家卫星海洋卫星中心承担、参加高分专项"GF-3 卫星应用共性关键技术"项目群成果。

表 8.2　1 米 C-SAR 卫星海洋地面系统数据产品

产品级别	产品形式	产品类别
0 级	雷达回波数据产品	标准产品
	单视复图像斜距产品	
1A 级	动态海面成像产品	海洋定制产品
	运动船舶成像产品	
	方位模糊抑制产品	
	保分辨旁瓣抑制产品	
1B 级	幅度图像斜距产品	标准产品
1C 级	幅度图像地距产品	
2 级	系统级几何校正产品	
3 级	几何精校正产品	海洋应用定制产品
4 级	海浪谱产品	
	海面风场产品	
	AIS/SAR 船舶监测产品	
其他	精密定轨产品	
	AIS 报文产品	

　　拟新增的数据产品为 1 种标准产品和 8 种海洋定制产品，以及精密定轨产品和 AIS 报文产品。具体如下。

8.5.1　增加 4 种 1A 级海洋定制产品

　　1A 级海洋定制产品针对特定的海洋应用需求进行数据处理,产品形式仍为单视复图像。

1. 动态海面成像产品

　　目前 SAR 卫星数据成像参数都是针对静止场景设置的。采用静止场景成像参数对存在复杂运动的海面成像，会造成图像质量下降，严重情况下可能导致图像不可用。海洋地面处理系统针对标准产品处理流程生产的图像质量严重下降的海面场景数据产品进行重处理，通过采用针对动态海面回波数据估计计算多普勒成像参数等技术，改善图像质量。

2. 运动船舶成像产品

采用静止场景成像参数，同样会引起海面场景中运动船舶目标图像散焦。海洋地面处理系统针对包含散焦严重的运动船舶图像进行处理，通过估计每个运动船舶运动参数，提供重新聚焦后的船舶目标图像切片产品。

3. 方位模糊抑制产品

方位模糊是 SAR 图像中普遍存在的现象，会影响图像质量（3.3.1 小节）。对于包含海陆交界或海上船舶等地物明暗变化较大场景，方位模糊对图像的影响尤其严重。对于上述场景，海洋地面处理系统进行相应处理，提供经过方位模糊抑制后的产品。

4. 保分辨旁瓣抑制产品

海上船舶在 SAR 图像上表现为高亮度目标，在弱海面背景下，船舶目标旁瓣会严重影响目标检测结果和几何信息提取。常规采用加窗抑制旁瓣的处理方法，在抑制旁瓣的同时会降低图像空间分辨率。针对海上船舶监视应用场景，海洋地面处理系统拟基于近年来 SAR 数据处理技术进展，采用相关数据处理方法，提供在保持空间分辨率不降低条件下，经过抑制旁瓣后的数据产品。

8.5.2　增加 1C 级幅度图像地距标准产品

针对 GF-3 卫星标准产品方面没有地理参考级的幅度图像产品情况，增加了幅度图像地距产品。

8.5.3　增加 3 级几何精校正海洋定制产品

GF-3 卫星最高分辨率达到 1 m，而卫星标准产品系统级几何定位产品精度为 230 m（入射角范围 20°～50°，3σ）。对于使用高分辨率图像进行精细监测应用场景，标准产品几何定位精度与卫星高分辨率产品分辨率并不匹配。海洋地面处理系统采用有、无控制点高精度几何校正技术，提供定位精度为 1 个像元的几何精校正产品，以满足精细观测对高精度几何定位产品应用需求。

8.5.4　增加 3 种 4 级应用海洋定制产品

4 级海洋定制产品为海洋应用产品。

1. 海浪谱产品

主要基于海浪专用观测模式——波模式数据与外部风场数据，生产海浪谱产品。

2. 海面风场产品

主要基于海面风专用观测模式——全球观测模式数据与模式风场数据，生产海面风场产品。

3. AIS/SAR 船舶监测产品

利用卫星新增 AIS 载荷与 SAR 载荷同步获取的数据，通过将 SAR 数据船舶检测结果与 AIS 数据进行匹配，生产海上船舶识别产品。

8.5.5　增加精密定轨产品和 AIS 报文产品

在原有海洋卫星地面系统精密定轨分系统和 AIS 产品处理分系统功能升级基础上，基于 1 米 C-SAR 卫星双频 GPS 数据与 AIS 接收机数据，生产精密定轨产品与 AIS 报文产品。

8.5.6　增加产品描述文件信息

海洋地面处理系统还将增加产品描述文件内容，提供更多的产品质量信息（例如，增加原始数据质量信息）、产品性能信息（例如，增加产品 NESZ 信息）、产品定标处理信息、产品处理版本信息等以利于用户更好地使用数据产品。

参 考 文 献

陈琦, 赵长江, 马亮, 等, 2012. LEO 卫星电源系统拓扑研究. 航天器工程, 21(6): 60-66.

陈振知, 吴佳林, 古艳峰, 等, 2013. 长征四号乙/丙运载火箭多星发射技术现状与展望. 上海航天, 30(5): 43-47.

邓云凯, 禹卫东, 张衡, 等, 2020. 未来星载 SAR 技术发展趋势. 雷达学报, 9(1): 1-33.

范剑超, 王德毅, 赵建华, 等, 2017. 高分三号 SAR 影像在国家海域使用动态监测中的应用. 雷达学报, 6(5): 456-472.

国家卫星海洋应用中心, 2017. 2017 年中国海洋卫星应用报告.

国家卫星海洋应用中心, 2018. 2018 年海洋行业高分卫星应用报告.

国家卫星海洋应用中心, 2018. 2018 年中国海洋卫星应用报告.

韩冰, 张永军, 胡东辉, 等, 2011. 星载滑动聚束 SAR 成像模型误差校正方法研究. 电子与信息学报, 33: 1694-1699.

韩伟, 韩冰, 雷斌, 等, 2011. 一种改进的理想滤波器方位模糊抑制方法. 电子测量技术, 34(5): 25-29.

韩晓磊, 2013. 星载 SAR Mosaic 模式及斜视聚束技术研究. 北京: 中国科学院电子学研究所.

蒋莎, 2018. GF-3 卫星全极化 SAR 误差标校与数据质量评价方法研究. 北京: 中国科学院大学.

蒋兴伟, 何贤强, 林明森, 等, 2019. 中国海洋卫星遥感应用进展. 海洋学报, 41(10): 113-124.

李世强, 2004. 高分辨率宽测绘带合成孔径雷达系统研究. 北京: 中国科学院电子学研究所.

林明森, 张有广, 袁新哲, 2015. 海洋遥感卫星发展历程与趋势展望. 海洋学报, 37(1): 1-10.

林明森, 袁新哲, 刘建强, 等, 2017. 高分三号卫星在台风监测中的应用. 航天器工程, 26(6): 167-171.

林明森, 何贤强, 贾永君, 等, 2019. 中国海洋卫星遥感技术进展. 海洋学报, 41(10): 99-112.

刘杰, 张庆君, 李延, 等, 2017. 复杂约束条件下的高分三号卫星系统设计. 航天器工程, 26(6): 9-17.

明峰, 2005. 星载 ScanSAR 辐射校正关键技术研究. 北京: 中国科学院电子学研究所.

齐维孔, 2010. 基于数字波束形成和多发多收的星载合成孔径雷达系统及其信号处理研究. 北京: 中国科学院大学.

乔明, 2004. 基于偏微分方程的 SAR 图像降相干斑方法研究. 北京: 中国科学院电子学研究所.

任波, 赵良波, 朱富国, 2017. 高分三号卫星 C 频段多极化有源相控阵天线系统设计. 航天器工程, 26(6): 68-74.

涂兰芬, 刘久利, 周丽萍, 等, 2017. 高分三号卫星测控分系统设计与验证. 航天器工程, 26(6): 119-125.

万剑华, 张乃心, 任广波, 等, 2018. 典型滨海湿地植被全极化SAR显著性特征分析与融合分类. 测绘地理信息, 35(5): 95-101.

王建, 周智敏, 宋千, 等, 2009. SAR图像二维旁瓣自适应抑制技术. 信号处理, 7: 102-108.

王文平, 王向晖, 徐浩, 等, 2017. 高分三号卫星自主健康管理系统设计与实现. 航天器工程, 26(6): 40-46.

解学通, 林明森, 陈克海, 等, 2010. 基于目标函数特征的散射计海面风场反演方法. 信号处理, 26(7): 968-973.

杨强, 李翔, 王晓宇, 等, 2017. 大型SAR载荷外挂的卫星主承力结构设计. 航天器工程, 26(6): 87-92.

杨汝良, 戴博伟, 李海英, 2016. 极化合成孔径雷达极化层次和系统工作方式. 雷达学报, 5(2): 132-142.

叶小敏, 2017. 海上降雨微波散射机理及其在合成孔径雷达海洋探测中的应用研究. 青岛: 中国海洋大学.

尹迪, 2020. SAR多模式通用化成像处理方法研究. 北京: 中国科学院大学.

禹卫东, 1997. 合成孔径雷达信号处理研究. 南京: 南京航空航天大学.

禹卫东, 杨汝良, 邓云凯, 等, 2014. HJ-1-C卫星合成孔径雷达载荷设计与实现. 雷达学报, 3(3): 256-259.

袁新哲, 林明森, 刘建强, 等, 2018. 高分三号卫星在海洋领域的应用. 卫星应用, 6: 17-21.

曾韬, 石立坚, 刘建强, 等, 2018. 高分三号卫星在极地冰区导航中的应用评价. 遥感信息, 33(6): 24-29.

张驰, 刘杰, 王振兴, 等, 2017. 高分三号卫星自主任务规划设计与在轨验证. 航天器工程, 26(6): 29-33.

张晰, 张杰, 孟俊敏, 2013. 基于极化散射特征的极化合成孔径雷达海冰分类方法研究: 以渤海海冰分类为例. 海洋学报, 35(5): 95-101.

张传强, 孟恒辉, 耿利寅, 等, 2017. 星载平板有源SAR天线热设计与验证. 航天器工程, 26(6): 99-105.

张大鹏, 孟宪会, 2009. 一种航天器间并网供电方案的研究. 航天工程, 18(5): 101-107.

张庆君, 2017. 高分三号卫星总体设计与关键技术. 测绘学报, 46(3): 6-14.

张庆君, 韩晓磊, 刘杰, 2017. 星载合成孔径雷达遥感技术进展及发展趋势. 航天器工程, 26(6): 1-8.

赵良波, 李延, 张庆君, 等, 2017. 高分三号卫星图像质量指标设计与验证. 航天器工程, 26(5):

18-23.

周宏潮, 2005. 基于稀疏参数模型及参数先验的图像分辨率增强方法研究. 合肥: 国防科技大学.

自然资源部科技发展司, 2020. 自然资源部卫星遥感应用报告(2019).

周剑敏, 魏懿, 曹永梅, 等, 2017. 高分三号卫星控制分系统设计与在轨验证. 航天器工程, 26(6): 93-98.

邹亚荣, 梁超, 陈江麟, 等, 2011. 基于 SAR 的海上溢油监测最佳探测参数分析. 海洋学报, 33(1): 36-44.

AN W T, XIE C H, YUAN X Z, 2014, An improved iterative censoring scheme for cfar ship detection with sar imagery. IEEE Transaction on Geoscience and Remote Sensing, 52(8): 4585-4595.

BAMLER R, 1991. Doppler frequency estimation and the Cramer-Rao bound. IEEE Transactions on Geoscience and Remote Sensing, 29(3): 385-390.

BAMLER R, RUNGE H, 1991. PRF-ambiguity resolving by wavelength diversity. IEEE Transactions on Geoscience and Remote Sensing, 29(6): 997-1003.

BURG J P, 1967. Maximum entropy spectral analysis. Proc. Of the 37th meeting of the Annual Int. SEG Meeting, Oklahoma City.

CAPON J, 1969. High-resolution frequency-wavenumber spectrum analysis. Proc. of IEEE, 57(58): 1408-1418.

CARRARA W, GOODMAN R, MAJEWSKI R, 1995. Spotlight synthetic aperture radar: Signal processing algorithm. Boston: Artech House.

CASTILLO-RUBIO C F, LLORENTE-ROMANO S, BURGOS-GARCA M, 2007. Spatially variant apodization for squinted synthetic aperture radar images. IEEE Transactions on Image Processing, 16(8): 2023-2027.

CHEN J, LQBAL M, YANG W, et al., 2013. Mitigation of azimuth ambiguities in spaceborne stripmap SAR images using selective restoration. IEEE Transactions on Geoscience and Remote Sensing, 52(7): 4038-4045.

CONTRERAS R F, PLANT W J, 2006. Surface effect of rain on microwave backscatter from the ocean: Measurements and modeling. Journal of Geophysical Research: Atmospheres, 111(C8): 275-303.

CUMMING I G, WONG F H, 2019. 合成孔径雷达成像算法与实现//洪文, 等, 译. 北京: 电子工业出版社.

CURRIE A, BROWN M A, 1992. Wide-swath SAR. IEEE Proceedings (Radar and Signal

Processing). 139(2): 122-135.

DEGRAAF S R, 1994. Sidelobe reduction via adaptive FIR filtering in SAR imagery. IEEE Transactions on Image Processing, 3(3): 292-301.

DING Z G, ZENG T, DONG F, et al., 2013. An improved polsar image speckle reduction algorithm based on structural judgment and hybrid four-component polarimetric decomposition. IEEE Transactions on Geoscience and Remote Sensing, 51(8): 4438-4449.

EVANS J E, JOHNSON J R, SUN D F, 1982. High resolution angular spectrum estimation techniques for terrain scattering analysis and angle of arrival estimation. Assp Workshop Spectral Estimation.

FAN J C, ZHAO J H, AN W T, et al., 2019. Marine floating raft aquaculture detection of GF-3 PolSAR images based on collective multi-kernel fuzzy clustering. IEEE Journal of Selected Topics in Applied Earth Observations and Remote Sensing. 12(8): 2741-2754.

FREEMAN A, CURLANDER J C, 1989. Radiometric correction and calibration of SAR images. Photogrammetric Engineering and Remote Sensing, 55: 1295-1301.

GUARNIERI M A, 2005. Adaptive removal of azimuth ambiguities in SAR images. IEEE Transactions on Geoscience and Remote Sensing, 43(3): 625-633.

HUGHES W, VANDERKOOIJ M W A, 2002. Current estimation using burst mode data. Proc. 4th Eur. Conf. Synthetic Aperture Radar, Cologne, Germany.

JI Q Y, SHAO W Z, SHENG Y X, 2018. A promising method of typhoonwave retrieval from Gaofen-3 synthetic aperture radar image in VV-polarization. Sensors, 18: 2064.

JIN M Y, 1986. Optimal Doppler centroid estimation for SAR data from quasi-homogeneous source. IEEE Transactions on Geoscience and Remote Sensing, GE-24(6): 1022-1025.

JIN T T, QIU X L, HU D H, et al., 2017. Unambiguous imaging of static scenes and moving targets with the first chinese dual-channel spaceborne sar sensor. Sensors, 17: 1709.

KIM J, YOUNIS M, PRATS P, et al., 2013. First spaceborne demonstration of digital beamforming for azimuth ambiguity suppression. IEEE Transactions on Geoscience and Remote Sensing, 51: 579-590.

KRIEGER G, GEBERT N, MOREIRA A, 1996. Unambiguous SAR signal reconstruction from nonuniform displaced phase center sampling. IEEE Transactions on Geoscience and Remote Sensing, 34: 1123-1136.

KRIEGER G, GEBERT N, MOREIRA A, 2004. SAR signal reconstruction from non-uniform displaced phase centre sampling. IEEE International Geoscience and Remote Sensing Symposium, 3: 1763-1766.

KRIEGER G, GEBERT N, MOREIRA A, et al., 2004. SAR signal reconstruction from non-uniform displaced phase centre sampling. 2004 IEEE International Geoscience and Remote Sensing Symposium, Anchorage, AK, USA.

LEE J S, POTTIER E, 2013. 极化雷达成像基础与应用//洪文, 等, 译. 北京: 电子工业出版社.

LI F K, JOHNSON W K T, 1983. Ambiguities in spaceborne synthetic aperture radar systems. IEEE Transactions on Aerospace and Electronic Systems, AES-19(3): 389-397.

LI F K, HELD D N, CURLANDAR J C, et al., 1985. Doppler parameter estimation for spaceborne synthetic-aperture radars. IEEE Transactions on Geoscience and Remote Sensing, GE-23(1): 47-56.

LIN M S, YE X M, YUAN X Z, 2017. The first quantitative joint observation of typhoon by Chinese GF-3 SAR and HY-2 microwave scatterometer. Ocean Sinaca, 11(36):1-3.

LIU J, HAN B, DING C B, et al., 2017. The preliminary results about positioning accuracy of GF-3 SAR satellite system. Proceedings of the 2017 IEEE International Geoscience and Remote Sensing Symposium (IGARSS), Fort Worth, TA, USA, 6087-6089.

LIU L, GAO Y S, WANG K Z, et al., 2016a. A optronic SAR processor with high-speed and high-precision phase modulation. 2016 IEEE International Geoscience and Remote Sensing Symposium (IGARSS), Beijing.

LIU X A, ZHENG Q A, LIU R, et al., 2016b. A model of radar backscatter of rain-generated stalks on the ocean surface. IEEE Transactions on Genscience and Remote Sensing, 55(2): 767-776.

MARANDI S R, 1997. RADARSAT attitude estimation based on Doppler centroid measurements. CEOS Workshop on RADATSAT Data Quality, Montreal, Quebec.

MOREIRA A, 1993. Suppressing the azimuth ambiguities in synthetic aperture radar images. IEEE Transactions on Geoscience and Remote Sensing, 31(4): 885-895.

MOREIRA A, MITTERMAYER J, SCHEIBER R, 1996. Extended chirp scaling algorithm for air- and spaceborne SAR data processing in stripmap and scanSAR imaging modes. IEEE Transactions on Geoscience and Remote Sensing, 34: 1123-1136.

MUNSON D C, O' BREN J D, KJenkins W, 1983. A tomographic formulation of spotlight-mode synthetic aperture radar. Proceeding of the IEEE, 71(8): 917-925.

NIE C L, LONG DAVID G, 2007. A C-band wind/rain backscatter model. IEEE Transactions on Geoscience and Remote Sensing, 45(3): 621-631.

OSSOWSKA A, SPECK R, 2008. Hybrid strip-map/spotlight mode processing based on chirp scaling processing. In Proceedings of the IEEE International Radar Symposium, Wroclaw, Poland: 1-4.

RANEY R K, FREEMAN T, HAWKINS R W, et al, 1994a. A plea for radar brightness. International Geoscience & Remote Sensing Symposium, IEEE Xplore.

RANEY R K, RUNGE H, BAMLER, R, et al., 1994b. Precision SAR processing using chirp scaling. IEEE Transactions on Geoscience and Remote Sensing, 32: 786-799.

REN L, YANG J S, ALEX M, et al., 2017, Preliminary analysis of Chinese GF-3 SAR quad-polarization measurments to extract wind in each polarization. Remote Sensing, 9(12): 1215.

SCHMIDT R, 1986. Multiple emitter location and signal parameter estimation. IEEE Transactions on Antennas and Propagation, 34(3): 276-280.

SHAO W Z, DING Y Y, LI J C, 2019. Wave retrieval under typhoon conditions using a machine learning method applied to Gaofen-3 SAR imagery. Canadian Journal of Remote Sensing, 45(6): 723-732.

SMITH B H, 2000. Generalization of spatially variant apodization to noninteger Nyquist sampling rates. IEEE Transactions on Image Processing, 9(6): 1088-1093.

STANKWITZ H C, DALLAIRE R J, FIENUP J R, 1995. Nonlinear apodization for sidelobe control in SAR imagery. IEEE Transactions on Aerospace and Electronic Systems, 31(1): 267-279.

SUN G C, XIANG J X, XING M D, et al., 2018. A channel phase error correction method based on joint quality function of GF-3 SAR dual-channel images. Sensors, 18(9): 3131.

SUN J L, YU W D, DEN Y K, 2017. The SAR payload designed and performance for the GF-3 mission, Sensors, 17(10): 2419.

THOMPSON A A, IAN H, 2004. McLeod: The RADARSAT-2 SAR processor. Canadian Journal of Remote Sensing, 30: 336-344.

XIAO Y F, ZHANG J, CUI T W, 2017. High-precision extraction of nearshore green tides using satellite remote sensing data of the Yellow Sea, China. International Journal of Remote Sensing, 38(6): 1626-1641.

YANG J S, WANG J, REN L, 2017, The First quantitative remote sensing oceanic internal waves by chinese GF-3 SAR. Acta Oceananologica Sinica, 36(1): 118-118.

YE X M, LIN M S, YUAN X Z, 2019. A typhoon wind-field retrieval method for the dual-polarization sar imagery. IEEE Geoscience and Remote Sensing Letters, LGRS: 2902418.

ZHANG L J, ZHANG N, GAO Y S, et al., 2016. Reconstruction of azimuth signal for multichannel HRWS SAR imaging based on periodic extension. 2016 IEEE International Geoscience and Remote Sensing Symposium (IGARSS), Beijing.

ZHANG S X, XING M D, XIA X G, et al., 2013. A robust channel-calibration algorithm for multi-channel in azimuth hrWS SAR imaging based on local maximum-likelihood weighted minimum entropy. IEEE Transactions on Image Processing, 22(12): 5294-5305.

ZHANG X, ZHANG J, LIU M J, et al., 2016. Assessment of C-band compact polarimetry SAR for sea ice classification. Acta Oceanologica Sinica, 35(5): 79-88.

ZHU X X, HE F, YE F, et al., 2018. Sidelobe suppression with resolution maintenance for SAR images via sparse representation. Sensors, 18(5): 1589.

ZUO S S, XING M D, XIA X G, et al., 2017. Improved signal reconstruction algorithm for multichannel SAR based on the doppler spectrum estimation. IEEE Journal of Selected Topics in Applied Earth Observations and Remote Sensing, 10(4): 1425-1442.

附录 1 缩略语与术语表

缩略语/术语	英文全文	说明
AASR	azimuth ambiguity to signal ratio	方位模糊度
AIS	automatic identification system	船舶自动识别系统
AOS	advanced orbiting systems	高级在轨系统
ASR	ambiguity to signal ratio	模糊度
BAQ	block adaptive quantization	分块自适应量化
BDR	battery discharge regulator	放电调节器
BEA	battery error amplifier	蓄电池误差放大器
BP Algorithm	back projection algorithm	后向投影算法
CS Algorithm	chirp scaling algorithm	线性调频变标算法
dB	decibel	分贝
DCS Algorithm	de-ramp chirp scaling algorithm	去斜线性调频变标算法
DEM	digital elevation model	数字高程模型
DPCA	displaced phase center antenna	移动相位中心天线
ECS Algorithm	extend chirp scaling algorithm	扩展线性调频变标算法
ENL	equivalent number of looks	等效视数
GPS	global positioning system	全球定位系统
H	horizontal polarization	水平极化
Hz	hertz	赫兹
HH	horizontal polarization on transmit，horizontal polarization on receive	HH 极化
HV	horizontal polarization on transmit，vertical polarization on receive	HV 极化
ISLR	integral side lobe ratio	积分旁瓣比
km	kilometers	千米
LVDS	low voltage differential signaling	低电压差分信号

缩略语/术语	英文全文	说明
LDPC	low density parity check code	低密度奇偶校验码
MCD	main component decomposition	主成分分解
MEA	main error amplifier	主误差放大器
NESZ	noise equivalent sigma zero	噪声等效系数
NRCS	normalized radar cross section	归一化雷达散射截面积
PCU	power control unit	电源控制器
PSLR	peak side lobe ratio	峰值旁瓣比
PRF	pulse repetition frequency	脉冲重复频率
PRT	pulse repetition time	脉冲重复时间
RASR	range ambiguity to signal ratio	距离模糊度
RCS	radar cross section	雷达散射截面积
RPC	rational polynomial coefficient	有理多项式系数
SAR	synthetic aperture radar	合成孔径雷达
ScanSAR	scan synthetic aperture radar	扫描合成孔径雷达
SRTM	shuttle radar topography mission	航天飞机雷达地形测绘任务
S3R	sequential switching shunt regulator	控制顺序开关分流调节器
S4R	sequential switch shunt series regulator	开关顺序充电分流调节器
TOPSAR	terrain observation by progressive scans synthetic aperture radar	方位向电扫描合成孔径雷达
USB	unified S-band	统一 S 频段
V	vertical polarization	垂直极化
VH	vertical polarization on transmit，horizontal polarization on receive	VH 极化
VV	vertical polarization on transmit，vertical polarization on receive	VV 极化

附录 2　GF-3 波控编码表

波位码编号	侧视模式	模式	波位代号	近端视角/（°）	远端视角/（°）
0～31	无	测试模式			
32	右侧视	聚束模式	P1	16.306	18.594
33	右侧视	聚束模式	P2	16.656	18.944
34	右侧视	聚束模式	P3	16.986	19.274
35	右侧视	聚束模式	P4	17.326	19.614
36	右侧视	聚束模式	P5	17.656	19.944
37	右侧视	聚束模式	P6	17.986	20.274
38	右侧视	聚束模式	P7	18.316	20.604
39	右侧视	聚束模式	P8	18.646	20.934
40	右侧视	聚束模式	P9	18.976	21.264
41	右侧视	聚束模式	P10	19.306	21.594
42	右侧视	聚束模式	P11	19.626	21.914
43	右侧视	聚束模式	P12	19.946	22.234
44	右侧视	聚束模式	P13	20.266	22.554
45	右侧视	聚束模式	P14	20.586	22.874
46	右侧视	聚束模式	P15	20.906	23.194
47	右侧视	聚束模式	P16	21.226	23.514
48	右侧视	聚束模式	P17	21.526	23.814
49	右侧视	聚束模式	P18	21.846	24.134
50	右侧视	聚束模式	P19	22.156	24.444
51	右侧视	聚束模式	P20	22.466	24.754
52	右侧视	聚束模式	P21	22.766	25.054
53	右侧视	聚束模式	P22	23.076	25.364

波位码编号	侧视模式	模式	波位代号	近端视角/(°)	远端视角/(°)
54	右侧视	聚束模式	P23	23.376	25.664
55	右侧视	聚束模式	P24	23.686	25.974
56	右侧视	聚束模式	P25	23.986	26.274
57	右侧视	聚束模式	P26	24.276	26.564
58	右侧视	聚束模式	P27	24.576	26.864
59	右侧视	聚束模式	P28	24.876	27.164
60	右侧视	聚束模式	P29	25.166	27.454
61	右侧视	聚束模式	P30	25.446	27.734
62	右侧视	聚束模式	P31	25.736	28.024
63	右侧视	聚束模式	P32	26.026	28.314
64	右侧视	聚束模式	P33	26.306	28.594
65	右侧视	聚束模式	P34	26.596	28.884
66	右侧视	聚束模式	P35	26.876	29.164
67	右侧视	聚束模式	P36	27.156	29.444
68	右侧视	聚束模式	P37	27.436	29.724
69	右侧视	聚束模式	P38	27.716	30.004
70	右侧视	聚束模式	P39	27.986	30.274
71	右侧视	聚束模式	P40	28.256	30.544
72	右侧视	聚束模式	P41	28.526	30.814
73	右侧视	聚束模式	P42	28.796	31.084
74	右侧视	聚束模式	P43	29.056	31.344
75	右侧视	聚束模式	P44	29.336	31.624
76	右侧视	聚束模式	P45	29.586	31.874
77	右侧视	聚束模式	P46	29.846	32.134
78	右侧视	聚束模式	P47	30.116	32.404

续表

波位码编号	侧视模式	模式	波位代号	近端视角/（°）	远端视角/（°）
79	右侧视	聚束模式	P48	30.376	32.664
80	右侧视	聚束模式	P49	30.626	32.914
81	右侧视	聚束模式	P50	30.876	33.164
82	右侧视	聚束模式	P51	31.136	33.424
83	右侧视	聚束模式	P52	31.386	33.674
84	右侧视	聚束模式	P53	31.626	33.914
85	右侧视	聚束模式	P54	31.876	34.164
86	右侧视	聚束模式	P55	32.126	34.414
87	右侧视	聚束模式	P56	32.366	34.654
88	右侧视	聚束模式	P57	32.606	34.894
89	右侧视	聚束模式	P58	32.856	35.144
90	右侧视	聚束模式	P59	33.086	35.374
91	右侧视	聚束模式	P60	33.326	35.614
92	右侧视	聚束模式	P61	33.556	35.844
93	右侧视	聚束模式	P62	33.796	36.084
94	右侧视	聚束模式	P63	34.026	36.314
95	右侧视	聚束模式	P64	34.256	36.544
96	右侧视	聚束模式	P65	34.486	36.774
97	右侧视	聚束模式	P66	34.716	37.004
98	右侧视	聚束模式	P67	34.936	37.224
99	右侧视	聚束模式	P68	35.156	37.444
100	右侧视	聚束模式	P69	35.376	37.664
101	右侧视	聚束模式	P70	35.596	37.884
102	右侧视	聚束模式	P71	35.816	38.104
103	右侧视	聚束模式	P72	36.026	38.314
104	右侧视	聚束模式	P73	36.246	38.534

续表

波位码编号	侧视模式	模式	波位代号	近端视角/（°）	远端视角/（°）
105	右侧视	聚束模式	P74	36.456	38.744
106	右侧视	聚束模式	P75	36.666	38.954
107	右侧视	聚束模式	P76	36.886	39.174
108	右侧视	聚束模式	P77	37.086	39.374
109	右侧视	聚束模式	P78	37.296	39.584
110	右侧视	聚束模式	P79	37.496	39.784
111	右侧视	聚束模式	P80	37.706	39.994
112	右侧视	聚束模式	P81	37.906	40.194
113	右侧视	聚束模式	P82	38.116	40.404
114	右侧视	聚束模式	P83	38.306	40.594
115	右侧视	聚束模式	P84	38.496	40.784
116	右侧视	聚束模式	P85	38.696	40.984
117	右侧视	聚束模式	P86	38.896	41.184
118	右侧视	聚束模式	P87	39.086	41.374
119	右侧视	聚束模式	P88	39.276	41.564
120	右侧视	聚束模式	P89	39.466	41.754
121	右侧视	聚束模式	P90	39.656	41.944
122	右侧视	聚束模式	P91	39.836	42.124
123	右侧视	聚束模式	P92	40.026	42.314
124	右侧视	聚束模式	P93	40.216	42.504
125	右侧视	聚束模式	P94	40.386	42.674
126	右侧视	聚束模式	P95	40.576	42.864
127	右侧视	聚束模式	P96	40.656	42.944
128	右侧视	聚束模式	P97	40.836	43.124
129	右侧视	聚束模式	P98	41.006	43.294

续表

波位码编号	侧视模式	模式	波位代号	近端视角/（°）	远端视角/（°）
130	右侧视	聚束模式	P99	41.176	43.464
131	右侧视	聚束模式	P100	41.356	43.644
132	右侧视	聚束模式	P101	41.526	43.814
133	右侧视	聚束模式	P102	41.706	43.994
134	右侧视	聚束模式	P103	41.876	44.164
135	右侧视	聚束模式	P104	42.036	44.324
136	右侧视	超精细条带	UF1	17.536	19.824
137	右侧视	超精细条带	UF2	18.846	21.134
138	右侧视	超精细条带	UF3	20.126	22.414
139	右侧视	超精细条带	UF4	21.386	23.674
140	右侧视	超精细条带	UF5	22.616	24.904
141	右侧视	超精细条带	UF6	23.816	26.104
142	右侧视	超精细条带	UF7	24.996	27.284
143	右侧视	超精细条带	UF8	26.136	28.424
144	右侧视	超精细条带	UF9	27.256	29.544
145	右侧视	超精细条带	UF10	28.336	30.624
146	右侧视	超精细条带	UF11	29.396	31.684
147	右侧视	超精细条带	UF12	30.426	32.714
148	右侧视	超精细条带	UF13	31.426	33.714
149	右侧视	超精细条带	UF14	32.396	34.684
150	右侧视	超精细条带	UF15	33.346	35.634
151	右侧视	超精细条带	UF16	34.266	36.554
152	右侧视	超精细条带	UF17	35.156	37.444
153	右侧视	超精细条带	UF18	36.016	38.304
154	右侧视	超精细条带	UF19	36.856	39.144

续表

波位码编号	侧视模式	模式	波位代号	近端视角/(°)	远端视角/(°)
155	右侧视	超精细条带	UF20	37.666	39.954
156	右侧视	超精细条带	UF21	38.456	40.744
157	右侧视	超精细条带	UF22	39.216	41.504
158	右侧视	超精细条带	UF23	39.956	42.244
159	右侧视	超精细条带	UF24	40.676	42.964
160	右侧视	超精细条带	UF25	41.366	43.654
161	右侧视	超精细条带	UF26	42.136	44.424
162	右侧视	精细条带1	F1	16.335	20.105
163	右侧视	精细条带1	F2	18.400	22.060
164	右侧视	精细条带1	F3	21.150	24.670
165	右侧视	精细条带1	F4	23.020	26.340
166	右侧视	精细条带1	F5	24.925	28.115
167	右侧视	精细条带1	F6	27.710	30.850
168	右侧视	精细条带1	F7	29.365	32.175
169	右侧视	精细条带1	F8	30.780	33.620
170	右侧视	精细条带1	F9	32.425	35.215
171	右侧视	精细条带1	F10	34.710	37.350
172	右侧视	精细条带1	F11	36.185	38.675
173	右侧视	精细条带1	F12	37.516	39.804
174	右侧视	精细条带1	F13	38.926	41.214
175	右侧视	精细条带1	F14	40.286	42.574
176	右侧视	精细条带1	F15	41.316	43.604
177	右侧视	精细条带2	WF1	16.230	23.770
178	右侧视	精细条带2	WF2	21.235	28.185
179	右侧视	精细条带2	WF3	27.620	33.620

续表

波位码编号	侧视模式	模式	波位代号	近端视角/(°)	远端视角/(°)
180	右侧视	精细条带 2	WF4	32.490	37.790
181	右侧视	精细条带 2	WF5	37.050	41.290
182	右侧视	精细条带 2	WF6	40.330	44.270
183	右侧视	标准条带	S1	13.650	23.890
184	右侧视	标准条带	S2	19.685	28.515
185	右侧视	标准条带	S3	27.515	33.965
186	右侧视	标准条带	S4	31.625	37.775
187	右侧视	标准条带	S5	37.495	41.765
188	右侧视	标准条带	S6	40.050	44.090
189	右侧视	全极化条带 1	Q1	17.615	20.185
190	右侧视	全极化条带 1	Q2	19.715	22.285
191	右侧视	全极化条带 1	Q3	20.945	23.395
192	右侧视	全极化条带 1	Q4	22.265	24.615
193	右侧视	全极化条带 1	Q5	23.700	26.040
194	右侧视	全极化条带 1	Q6	25.026	27.314
195	右侧视	全极化条带 1	Q7	25.756	28.044
196	右侧视	全极化条带 1	Q8	27.176	29.464
197	右侧视	全极化条带 1	Q9	28.216	30.504
198	右侧视	全极化条带 1	Q10	29.416	31.704
199	右侧视	全极化条带 1	Q11	30.556	32.844
200	右侧视	全极化条带 1	Q12	32.296	34.584
201	右侧视	全极化条带 1	Q13	32.956	35.244
202	右侧视	全极化条带 1	Q14	33.606	35.894
203	右侧视	全极化条带 1	Q15	34.356	36.644
204	右侧视	全极化条带 1	Q16	35.256	37.544

续表

波位码编号	侧视模式	模式	波位代号	近端视角/(°)	远端视角/(°)
205	右侧视	全极化条带 1	Q17	35.266	37.554
206	右侧视	全极化条带 1	Q18	35.916	38.204
207	右侧视	全极化条带 1	Q19	36.546	38.834
208	右侧视	全极化条带 1	Q20	37.156	39.444
209	右侧视	全极化条带 1	Q21	37.766	40.054
210	右侧视	全极化条带 1	Q22	38.356	40.644
211	右侧视	全极化条带 1	Q23	38.926	41.214
212	右侧视	全极化条带 1	Q24	39.486	41.774
213	右侧视	全极化条带 1	Q25	40.036	42.324
214	右侧视	全极化条带 1	Q26	40.576	42.864
215	右侧视	全极化条带 1	Q27	41.096	43.384
216	右侧视	全极化条带 1	Q28	41.606	43.894
217	右侧视	全极化条带 2	WQ1	16.930	20.670
218	右侧视	全极化条带 2	WQ2	19.985	22.875
219	右侧视	全极化条带 2	WQ3	22.580	25.620
220	右侧视	全极化条带 2	WQ4	24.630	27.270
221	右侧视	全极化条带 2	WQ5	26.535	28.925
222	右侧视	全极化条带 2	WQ6	27.886	30.174
223	右侧视	全极化条带 2	WQ7	29.706	31.994
224	右侧视	全极化条带 2	WQ8	30.636	32.924
225	右侧视	全极化条带 2	WQ9	31.646	33.934
226	右侧视	全极化条带 2	WQ10	33.096	35.384
227	右侧视	全极化条带 2	WQ11	34.576	36.864
228	右侧视	全极化条带 2	WQ12	36.166	38.454
229	右侧视	全极化条带 2	WQ13	37.656	39.944

波位码编号	侧视模式	模式	波位代号	近端视角/（°）	远端视角/（°）
230	右侧视	全极化条带 2	WQ14	38.686	40.974
231	右侧视	全极化条带 2	WQ15	39.766	42.054
232	右侧视	全极化条带 2	WQ16	40.856	43.144
233	右侧视	低扩展入射	EL	9.085	18.875
234	右侧视	高扩展入射	EH1	41.430	44.170
235	右侧视	高扩展入射	EH2	43.530	46.170
236	右侧视	高扩展入射	EH3	45.430	48.170
237	右侧视	高扩展入射	EH4	47.206	49.494
238	右侧视	高扩展入射	EH5	48.756	51.044
239	右侧视	全球观测	G7	43.450	46.290
240～287	无	测试波位			
288	左侧视	聚束模式	P1	16.306	18.594
289	左侧视	聚束模式	P2	16.656	18.944
290	左侧视	聚束模式	P3	16.986	19.274
291	左侧视	聚束模式	P4	17.326	19.614
292	左侧视	聚束模式	P5	17.656	19.944
293	左侧视	聚束模式	P6	17.986	20.274
294	左侧视	聚束模式	P7	18.316	20.604
295	左侧视	聚束模式	P8	18.646	20.934
296	左侧视	聚束模式	P9	18.976	21.264
297	左侧视	聚束模式	P10	19.306	21.594
298	左侧视	聚束模式	P11	19.626	21.914
299	左侧视	聚束模式	P12	19.946	22.234
300	左侧视	聚束模式	P13	20.266	22.554
301	左侧视	聚束模式	P14	20.586	22.874

波位码编号	侧视模式	模式	波位代号	近端视角/（°）	远端视角/（°）
302	左侧视	聚束模式	P15	20.906	23.194
303	左侧视	聚束模式	P16	21.226	23.514
304	左侧视	聚束模式	P17	21.526	23.814
305	左侧视	聚束模式	P18	21.846	24.134
306	左侧视	聚束模式	P19	22.156	24.444
307	左侧视	聚束模式	P20	22.466	24.754
308	左侧视	聚束模式	P21	22.766	25.054
309	左侧视	聚束模式	P22	23.076	25.364
310	左侧视	聚束模式	P23	23.376	25.664
311	左侧视	聚束模式	P24	23.686	25.974
312	左侧视	聚束模式	P25	23.986	26.274
313	左侧视	聚束模式	P26	24.276	26.564
314	左侧视	聚束模式	P27	24.576	26.864
315	左侧视	聚束模式	P28	24.876	27.164
316	左侧视	聚束模式	P29	25.166	27.454
317	左侧视	聚束模式	P30	25.446	27.734
318	左侧视	聚束模式	P31	25.736	28.024
319	左侧视	聚束模式	P32	26.026	28.314
320	左侧视	聚束模式	P33	26.306	28.594
321	左侧视	聚束模式	P34	26.596	28.884
322	左侧视	聚束模式	P35	26.876	29.164
323	左侧视	聚束模式	P36	27.156	29.444
324	左侧视	聚束模式	P37	27.436	29.724
325	左侧视	聚束模式	P38	27.716	30.004
326	左侧视	聚束模式	P39	27.986	30.274

波位码编号	侧视模式	模式	波位代号	近端视角/(°)	远端视角/(°)
327	左侧视	聚束模式	P40	28.256	30.544
328	左侧视	聚束模式	P41	28.526	30.814
329	左侧视	聚束模式	P42	28.796	31.084
330	左侧视	聚束模式	P43	29.056	31.344
331	左侧视	聚束模式	P44	29.336	31.624
332	左侧视	聚束模式	P45	29.586	31.874
333	左侧视	聚束模式	P46	29.846	32.134
334	左侧视	聚束模式	P47	30.116	32.404
335	左侧视	聚束模式	P48	30.376	32.664
336	左侧视	聚束模式	P49	30.626	32.914
337	左侧视	聚束模式	P50	30.876	33.164
338	左侧视	聚束模式	P51	31.136	33.424
339	左侧视	聚束模式	P52	31.386	33.674
340	左侧视	聚束模式	P53	31.626	33.914
341	左侧视	聚束模式	P54	31.876	34.164
342	左侧视	聚束模式	P55	32.126	34.414
343	左侧视	聚束模式	P56	32.366	34.654
344	左侧视	聚束模式	P57	32.606	34.894
345	左侧视	聚束模式	P58	32.856	35.144
346	左侧视	聚束模式	P59	33.086	35.374
347	左侧视	聚束模式	P60	33.326	35.614
348	左侧视	聚束模式	P61	33.556	35.844
349	左侧视	聚束模式	P62	33.796	36.084
350	左侧视	聚束模式	P63	34.026	36.314
351	左侧视	聚束模式	P64	34.256	36.544

波位码编号	侧视模式	模式	波位代号	近端视角/(°)	远端视角/(°)
352	左侧视	聚束模式	P65	34.486	36.774
353	左侧视	聚束模式	P66	34.716	37.004
354	左侧视	聚束模式	P67	34.936	37.224
355	左侧视	聚束模式	P68	35.156	37.444
356	左侧视	聚束模式	P69	35.376	37.664
357	左侧视	聚束模式	P70	35.596	37.884
358	左侧视	聚束模式	P71	35.816	38.104
359	左侧视	聚束模式	P72	36.026	38.314
360	左侧视	聚束模式	P73	36.246	38.534
361	左侧视	聚束模式	P74	36.456	38.744
362	左侧视	聚束模式	P75	36.666	38.954
363	左侧视	聚束模式	P76	36.886	39.174
364	左侧视	聚束模式	P77	37.086	39.374
365	左侧视	聚束模式	P78	37.296	39.584
366	左侧视	聚束模式	P79	37.496	39.784
367	左侧视	聚束模式	P80	37.706	39.994
368	左侧视	聚束模式	P81	37.906	40.194
369	左侧视	聚束模式	P82	38.116	40.404
370	左侧视	聚束模式	P83	38.306	40.594
371	左侧视	聚束模式	P84	38.496	40.784
372	左侧视	聚束模式	P85	38.696	40.984
373	左侧视	聚束模式	P86	38.896	41.184
374	左侧视	聚束模式	P87	39.086	41.374
375	左侧视	聚束模式	P88	39.276	41.564
376	左侧视	聚束模式	P89	39.466	41.754

续表

波位码编号	侧视模式	模式	波位代号	近端视角/(°)	远端视角/(°)
377	左侧视	聚束模式	P90	39.656	41.944
378	左侧视	聚束模式	P91	39.836	42.124
379	左侧视	聚束模式	P92	40.026	42.314
380	左侧视	聚束模式	P93	40.216	42.504
381	左侧视	聚束模式	P94	40.386	42.674
382	左侧视	聚束模式	P95	40.576	42.864
383	左侧视	聚束模式	P96	40.656	42.944
384	左侧视	聚束模式	P97	40.836	43.124
385	左侧视	聚束模式	P98	41.006	43.294
386	左侧视	聚束模式	P99	41.176	43.464
387	左侧视	聚束模式	P100	41.356	43.644
388	左侧视	聚束模式	P101	41.526	43.814
389	左侧视	聚束模式	P102	41.706	43.994
390	左侧视	聚束模式	P103	41.876	44.164
391	左侧视	聚束模式	P104	42.036	44.324
392	左侧视	超精细条带	UF1	17.536	19.824
393	左侧视	超精细条带	UF2	18.846	21.134
394	左侧视	超精细条带	UF3	20.126	22.414
395	左侧视	超精细条带	UF4	21.386	23.674
396	左侧视	超精细条带	UF5	22.616	24.904
397	左侧视	超精细条带	UF6	23.816	26.104
398	左侧视	超精细条带	UF7	24.996	27.284
399	左侧视	超精细条带	UF8	26.136	28.424
400	左侧视	超精细条带	UF9	27.256	29.544
401	左侧视	超精细条带	UF10	28.336	30.624

续表

波位码编号	侧视模式	模式	波位代号	近端视角/(°)	远端视角/(°)
402	左侧视	超精细条带	UF11	29.396	31.684
403	左侧视	超精细条带	UF12	30.426	32.714
404	左侧视	超精细条带	UF13	31.426	33.714
405	左侧视	超精细条带	UF14	32.396	34.684
406	左侧视	超精细条带	UF15	33.346	35.634
407	左侧视	超精细条带	UF16	34.266	36.554
408	左侧视	超精细条带	UF17	35.156	37.444
409	左侧视	超精细条带	UF18	36.016	38.304
410	左侧视	超精细条带	UF19	36.856	39.144
411	左侧视	超精细条带	UF20	37.666	39.954
412	左侧视	超精细条带	UF21	38.456	40.744
413	左侧视	超精细条带	UF22	39.216	41.504
414	左侧视	超精细条带	UF23	39.956	42.244
415	左侧视	超精细条带	UF24	40.676	42.964
416	左侧视	超精细条带	UF25	41.366	43.654
417	左侧视	超精细条带	UF26	42.136	44.424
418	左侧视	精细条带1	F1	16.335	20.105
419	左侧视	精细条带1	F2	18.400	22.060
420	左侧视	精细条带1	F3	21.150	24.670
421	左侧视	精细条带1	F4	23.020	26.340
422	左侧视	精细条带1	F5	24.925	28.115
423	左侧视	精细条带1	F6	27.710	30.850
424	左侧视	精细条带1	F7	29.365	32.175
425	左侧视	精细条带1	F8	30.780	33.620
426	左侧视	精细条带1	F9	32.425	35.215

续表

波位码编号	侧视模式	模式	波位代号	近端视角/(°)	远端视角/(°)
427	左侧视	精细条带 1	F10	34.710	37.350
428	左侧视	精细条带 1	F11	36.185	38.675
429	左侧视	精细条带 1	F12	37.516	39.804
430	左侧视	精细条带 1	F13	38.926	41.214
431	左侧视	精细条带 1	F14	40.286	42.574
432	左侧视	精细条带 1	F15	41.316	43.604
433	左侧视	精细条带 2	WF1	16.230	23.770
434	左侧视	精细条带 2	WF2	21.235	28.185
435	左侧视	精细条带 2	WF3	27.620	33.620
436	左侧视	精细条带 2	WF4	32.490	37.790
437	左侧视	精细条带 2	WF5	37.050	41.290
438	左侧视	精细条带 2	WF6	40.330	44.270
439	左侧视	标准条带	S1	13.650	23.890
440	左侧视	标准条带	S2	19.685	28.515
441	左侧视	标准条带	S3	27.515	33.965
442	左侧视	标准条带	S4	31.625	37.775
443	左侧视	标准条带	S5	37.495	41.765
444	左侧视	标准条带	S6	40.050	44.090
445	左侧视	全极化条带 1	Q1	17.615	20.185
446	左侧视	全极化条带 1	Q2	19.715	22.285
447	左侧视	全极化条带 1	Q3	20.945	23.395
448	左侧视	全极化条带 1	Q4	22.265	24.615
449	左侧视	全极化条带 1	Q5	23.700	26.040
450	左侧视	全极化条带 1	Q6	25.026	27.314
451	左侧视	全极化条带 1	Q7	25.756	28.044

续表

波位码编号	侧视模式	模式	波位代号	近端视角/(°)	远端视角/(°)
452	左侧视	全极化条带1	Q8	27.176	29.464
453	左侧视	全极化条带1	Q9	28.216	30.504
454	左侧视	全极化条带1	Q10	29.416	31.704
455	左侧视	全极化条带1	Q11	30.556	32.844
456	左侧视	全极化条带1	Q12	32.296	34.584
457	左侧视	全极化条带1	Q13	32.956	35.244
458	左侧视	全极化条带1	Q14	33.606	35.894
459	左侧视	全极化条带1	Q15	34.356	36.644
460	左侧视	全极化条带1	Q16	35.256	37.544
461	左侧视	全极化条带1	Q17	35.266	37.554
462	左侧视	全极化条带1	Q18	35.916	38.204
463	左侧视	全极化条带1	Q19	36.546	38.834
464	左侧视	全极化条带1	Q20	37.156	39.444
465	左侧视	全极化条带1	Q21	37.766	40.054
466	左侧视	全极化条带1	Q22	38.356	40.644
467	左侧视	全极化条带1	Q23	38.926	41.214
468	左侧视	全极化条带1	Q24	39.486	41.774
469	左侧视	全极化条带1	Q25	40.036	42.324
470	左侧视	全极化条带1	Q26	40.576	42.864
471	左侧视	全极化条带1	Q27	41.096	43.384
472	左侧视	全极化条带1	Q28	41.606	43.894
473	左侧视	全极化条带2	WQ1	16.930	20.670
474	左侧视	全极化条带2	WQ2	19.985	22.875
475	左侧视	全极化条带2	WQ3	22.580	25.620
476	左侧视	全极化条带2	WQ4	24.630	27.270

波位码编号	侧视模式	模式	波位代号	近端视角/（°）	远端视角/（°）
477	左侧视	全极化条带 2	WQ5	26.535	28.925
478	左侧视	全极化条带 2	WQ6	27.886	30.174
479	左侧视	全极化条带 2	WQ7	29.706	31.994
480	左侧视	全极化条带 2	WQ8	30.636	32.924
481	左侧视	全极化条带 2	WQ9	31.646	33.934
482	左侧视	全极化条带 2	WQ10	33.096	35.384
483	左侧视	全极化条带 2	WQ11	34.576	36.864
484	左侧视	全极化条带 2	WQ12	36.166	38.454
485	左侧视	全极化条带 2	WQ13	37.656	39.944
486	左侧视	全极化条带 2	WQ14	38.686	40.974
487	左侧视	全极化条带 2	WQ15	39.766	42.054
488	左侧视	全极化条带 2	WQ16	40.856	43.144
489	左侧视	低扩展入射	EL	9.085	18.875
490	左侧视	高扩展入射	EH1	41.430	44.170
491	左侧视	高扩展入射	EH2	43.530	46.170
492	左侧视	高扩展入射	EH3	45.430	48.170
493	左侧视	高扩展入射	EH4	47.206	49.494
494	左侧视	高扩展入射	EH5	48.756	51.044
495	左侧视	全球观测	G7	43.450	46.290